工业和信息化普通高等教育"十二五"规划教材
21世纪高等教育计算机规划教材

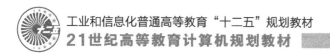

jQuery 程序设计 基础教程

Programming with jQuery

姚敦红 杨凌 张志美 李晓黎 等编著

U0262368

人民邮电出版社

北 京

图书在版编目（CIP）数据

jQuery程序设计基础教程 / 姚敦红等编著. -- 北京
: 人民邮电出版社, 2013.12(2019.4重印)
　21世纪高等教育计算机规划教材
　ISBN 978-7-115-33117-5

Ⅰ. ①j… Ⅱ. ①姚… Ⅲ. ①JAVA语言－程序设计－
高等学校－教材 Ⅳ. ①TP312

中国版本图书馆CIP数据核字(2013)第247022号

内 容 提 要

jQuery 是一套轻量级的 JavaScript 脚本库，是目前最热门的 Web 前端开发技术之一。jQuery 的语法很简单，它的核心理念是"write less, do more!"（事半功倍），相比而言，它实现同样的功能时所需要编写的代码更少。本书包括基础篇、进阶篇和高级应用篇，全面介绍了 jQuery 编程的基础知识和实用技术，还列举了大量应用实例，包括提示条、图片播放、菜单和选项卡、动画文本和图标菜单、广告设计等。读者在阅读本书时可以充分了解和体验 jQuery 的强大功能。

本书既可以作为大学本、专科"Web 应用程序设计"课程的教材，还可作为 Web 应用程序开发人员的参考用书。

◆ 编　　著　姚敦红　杨　凌　张志美　李晓黎　等
　　责任编辑　邹文波
　　责任印制　彭志环　焦志炜

◆ 人民邮电出版社出版发行　　北京市丰台区成寿寺路 11 号
　　邮编　100164　电子邮件　315@ptpress.com.cn
　　网址　http://www.ptpress.com.cn
　　固安县铭成印刷有限公司印刷

◆ 开本：787×1092　　1/16
　　印张：22　　　　　　　　2013 年 12 月第 1 版
　　字数：580 千字　　　　　2019 年 4 月河北第 12 次印刷

定价：49.00 元

读者服务热线：(010)81055256　印装质量热线：(010)81055316
反盗版热线：(010)81055315
广告经营许可证：京东工商广登字 20170147 号

前　言

随着 HTML5 规范的日臻完善和普及，Web 前端开发技术也越来越引人注目，如今已成为当前的热门技术。如何开发 Web 应用程序，设计精美、独特的网页已经成为当前的热门技术之一。许多高校的相关专业都开设了网页制作及程序开发类课程。

在 Web 应用程序中，大多数网页是由 HTML 语言设计的。在 HTML 语言中可以嵌入 JavaScript 语言，为 HTML 网页添加动态功能，比如响应用户的各种操作等。本书介绍的 jQuery 是 JavaScript 的一个轻量级脚本库。jQuery 的语法很简单，它的核心理念是 "write less，do more！"（事半功倍），相比而言，它实现同样的功能时所需要编写的代码更少。JQuery 还可以实现很多动画特效，从而使页面动感十足。

编者在多年开发 Web 应用程序和研究相关课程教学的基础上编写了本书。全书内容分为 3 个部分。第 1 部分介绍基础知识，由第 1 章、第 2 章组成，介绍了 jQuery 概述和 JavaScript 程序设计；第 2 部分介绍 jQuery 编程的具体细节，由第 3 章～第 8 章组成，详尽地讲解了 jQuery 选择器、操作 HTML 元素、jQuery 插件、表单编程、事件处理和设置 CSS 样式等技术；第 3 部分介绍 jQuery 编程的高级技术和应用实例，由第 9 章～第 13 章组成，包括 jQuery 动画特效、jQuery 与 Ajax、jQuery 与 HTML5、jQuery 特效应用实例和 jQuery Mobile 等。另外，本书每章都配有相应的习题，帮助读者理解所学习的内容，使读者能够巩固所学习的知识，达到学以致用的效果。

本书在内容的选择以及深度的把握上充分考虑到初学者的特点。为了方便初学者的阅读和学习，本书在关注 jQuery 最新技术的同时，也介绍了 JavaScript 程序设计的基础；在内容的安排上力求做到循序渐进，不仅适用于教学，也适用于开发 Web 应用程序的各类人员进行自学。

为了拓展读者的知识面，本书还介绍了与 jQuery 相关的热点 Web 前端开发技术，例如 CSS3、HTML5 以及针对触屏智能手机与平板电脑的 Web 开发框架 jQuery Mobile。HTML5、CSS3、jQuery 被称为未来 Web 应用的三驾马车，是设计网页特效的最新技术，也是读者最感兴趣的技术组合。

本书注重实用性，除了在介绍技术细节时结合了大量的实例外，还完整地介绍了 24 个 jQuery 特效应用实例，内容涉及 CSS 样式、Ajax 编程、设计页面布局、HTML5、提示条、图片播放、菜单、选项卡、广告设计等众多领域。jQuery 是开放源代码的项目，有很多志愿者投入了很多的时间和精力开发和扩展 jQuery 的功能，本书的一些实例就来源于互联网的共享源代码，共享源代码的版权归原作者所有。

　　本书提供教学 PPT 课件和源程序文件等，需要者可以登录人邮教育社区（www.ryjiaoyu.com）免费下载。

　　本书由姚敦红、杨凌、张志美、周汉昌、李晓黎编著，其中，姚敦红编写第 1 章~第 3 章，杨凌编写了第 4 章~第 5 章，张志美编写了第 6 章~第 7 章，周汉昌编写了第 8 章~第 10 章，李晓黎编写了第 11 章~第 13 章及附录 1 和附录 2。

　　由于编者水平有限，书中难免存在不足之处，敬请广大读者批评指正。

编　者

2013 年 10 月

目 录

第 1 部分
基础篇

第1章
jQuery 概述

本章主要介绍jQuery的概况，使读者了解什么是jQuery以及jQuery的优势，然后配置好jQuery的工作环境。通过简单实例的演示，使读者认识jQuery，并了解jQuery的开发工具，为阅读本书后面的内容奠定基础。

1.1 初识 jQuery

尽管近年来 jQuery 在 Web 前端开发技术中已经广为人知，但对于初学者来说，了解什么是jQuery、为什么要学习 jQuery、jQuery 的真实面目是什么样子，这些问题是首先需要解答的。本节就来解答这些问题。

1.1.1 什么是 jQuery

对于不了解 jQuery 的读者而言，可以从 jQuery 的首字母联想到它的根基。没错，jQuery 属于 Java 家族，它是一种快捷、小巧、功能丰富的 JavaScript 库。jQuery 提供很多支持各种浏览器平台的 API，使用这些 API 可以使 Web 前端开发变得更加轻松。

那么什么是 Web 前端开发呢？要回答这个问题，首先就要了解 Web 应用程序的基本架构。Web 应用程序基于浏览器/服务器（B/S）网络模型，其基本架构如图 1-1 所示。

图 1-1 Web 应用程序的基本架构

Web 应用程序只需要部署在 Web 服务器上即可，应用程序可以是 HTML（HTM）文件或 ASP、PHP 等脚本文件。用户只需要安装 Web 浏览器就可以浏览所有网站的内容。

从基本架构可以看出，Web 应用程序可以分为两个部分，即浏览器端和服务器端。Web 服务器通常需要有固定的 IP 地址和永久域名，其主要功能如下。

- 存放 Web 应用程序。
- 接受用户申请的服务。如果用户申请浏览 ASP、PHP 等脚本文件，则 Web 服务器会对脚本进行解析，生成对应的临时 HTML（HTM）文件。

- 如果脚本中需要访问数据库，则将 SQL 语句传送到数据库服务器，并接收查询结果。
- 将 HTML（HTM）文件传送到 Web 浏览器。

Web 浏览器的主要功能如下。

- 由用户向指定的 Web 服务器（网站）申请服务。申请服务时需要指定 Web 服务器的域名或 IP 地址以及要浏览的 HTML（HTM）文件或 ASP、PHP 等脚本文件。
- 从 Web 服务器下载申请的 HTML（HTM）文件。
- 解析并显示 HTML（HTM）文件，用户可以通过 Web 浏览器申请指定的 Web 服务器。
- Web 浏览器和 Web 服务器使用 HTTP 协议进行通信。

所谓 Web 前端开发，简而言之就是设计前台用户浏览的界面。说到这儿，可能有的读者会联想到美工。事实上，Web 前端开发工程师的前身就是美工。在 Web 1.0 时代，网站多由 HTML 文件组成，Web 前端开发工程师的主要工作就是设计静态网页，他们使用的工具多为 Dreamweaver 和 Photoshop。随着 Web 2.0 和 Web 3.0 时代的到来，静态网页设计已经不是 Web 前端开发工程师的主要工作了。使用 JavaScript 语言开发动态网页已经成为 Web 前端开发的重要组成部分。

作为 JavaScript 的轻型脚本库（只有 200 多 KB，压缩后只有 21KB），jQuery 的主要功能如下。

- 遍历和操作 HTML 元素。要实现动态网页，就需要在程序中对网页的内容进行控制。而 HTML 元素是构成网页的基本元素。jQuery 可以使用选择器选择网页中指定的 HTML 元素或遍历网页中的 HTML 元素，并可以在程序中获取和设置 HTML 元素的属性，对 HTML 元素进行创建、插入、删除、复制、替换等操作。本书将在第 3 章介绍 jQuery 选择器，在第 4 章介绍使用 jQuery 操作 HTML 元素的方法。
- 设置 HTML 元素的 CSS 样式。CSS（层叠样式表）是用来定义网页的显示格式的，使用它可以设计出更加整洁、漂亮的网页。通过在 jQuery 中设置 HTML 元素的 CSS 样式，可以很方便地动态改变 HTML 元素的显示样式。本书将在第 8 章介绍使用 jQuery 设置 CSS 样式的方法。
- 事件处理。jQuery 可以很方便地将事件处理函数绑定到指定的 HTML 事件，从而对 HTML 事件进行响应。相关内容将在第 7 章介绍。
- 很方便地实现与 Ajax 的交互。Ajax 是用于创建交互式 Web 应用的网页开发技术，可以实现与服务器之间的异步通信。关于 jQuery 与 Ajax 的内容将在第 10 章介绍。
- 实现动画特效。在前端开发技术中，如何使界面更加美观、绚丽是很重要的课题。jQuery 可以很方便地在 HTML 元素上实现动画效果，例如显示、隐藏、淡入淡出和滑动等，从而使页面活泼起来。本书将在第 9 章介绍 jQuery 动画特效。

1.1.2　jQuery 的优势

JavaScript 脚本库有很多，为什么 jQuery 如此引人注目呢？本节介绍 jQuery 与其他 JavaScript 脚本库和标准 JavaScript 相比的优势。

1. 易于使用

jQuery 的语法很简单，它的核心理念是"write less, do more!"（事半功倍）。相比而言，jQuery 在实现同样的功能时需要编写的代码更少（据估算，5 行 jQuery 就可以实现 30 行标准 JavaScript 代码的功能），这无疑减少了程序员的工作量。

2. 提供更多的功能强大的 API

相比而言，jQuery 提供更多的 API，而且涵盖的功能面更广，大大扩充了标准 JavaScript 的功能。

3．拥有强大的开源讨论区

jQuery 是开放源代码的项目，如果你有足够的兴趣和耐心，可以阅读某个 jQuery API 的源代码，了解它的实现过程，做到知其所以然。而且，国内外有一些比较知名的 jQuery 讨论区（如表 1-1 所示），有很多志愿者投入了大量的时间和精力开发和扩展 jQuery 的功能。因此，jQuery 拥有大量的插件，可以免费下载使用。如果读者在学习中遇到问题，可以到 jQuery 讨论区查阅资料、咨询专家。

表 1-1　　　　　　　　　　　　　比较知名的 jQuery 讨论区

jQuery 讨论区	网　　址
JQuery 中文社区	http://bbs.jquery.org.cn/forum.php
开源中国社区——jQuery 讨论区	http://www.oschina.net/question/tag/jquery
jQuery 中文论坛	http://www.jquerycn.cn/bbs/forum.php
jQuery Forum	http://forum.jquery.com/

4．设计更美观、专业的网页

使用 jQuery 的动画功能可以设计出相当于 Flash 特效网页的效果，而使用 jQuery 比使用 Flash 制作的网页要小很多，因此更易于加载。

jQuery 还有很多优势，但在不了解 jQuery 编程细节的情况下过多地讲这些优势，也只能是纸上谈兵。因此，读者还是通过后面的学习自己体会 jQuery 的强大功能吧。

1.1.3　下载 jQuery 脚本文件和配置 jQuery 环境

配置 jQuery 环境的方法很简单，有的情况下甚至不需要做任何配置。配置 jQuery 环境的目的就是使程序可以引用到 jQuery 脚本文件，可以通过下面两种方法引用 jQuery 脚本文件。

1．引用 jQuery 官网的在线最新脚本

jQuery 官网提供在线的最新 jQuery，地址如下：

```
http://code.jquery.com/jquery-latest.js
```

引用 jQuery 官网在线最新脚本的方法如下：

```
<script src="http://code.jquery.com/jquery-latest.js "></script>
<script>
 // jQuery 程序
 ……
</script>
```

使用这种方法不需要在本地做任何配置，就可以自动引用最新版本的 jQuery 脚本。

2．引用本地的 jQuery 脚本

在下面两种情况下，引用在线 jQuery 脚本会出现问题。

（1）Web 服务器不能访问互联网。例如，出于安全考虑，一些企业或机构的内部网站与外网是物理隔离的。

（2）jQuery 官网有时也可能会出现掉线的情况（尽管目前出现这种情况的概率很低）。

总之，如果无法访问 jQuery 官网，那么引用 jQuery 官网的在线最新脚本的方法就是无效的。因此引用本地 jQuery 脚本就不存在此问题。

要引用本地 jQuery 脚本，首先要下载最新版本的 jQuery 脚本库。jQuery 的官方网址为

http://www.jquery.com。可以通过下面的 URL 访问 jQuery 下载页面。

```
http://www.jquery.com/download
```

拉动滚动条至"Past Releases",可以看到曾经发布的版本,如图 1-2 所示。

图 1-2　下载 jQuery

在笔者编写本书时,最新版本的 jQuery 是 1.9.0 版,单击后面的超链接可以下载对应版本的 jQuery 脚本库。每个发布的版本都有两种脚本库可供下载,即 Minified 版和 Uncompressed 版。Minified 版是经过缩小化处理的,文件较小,适合项目使用,但不便于调试;Uncompressed 版是未经压缩处理的版本,体积较大,但便于调试和阅读。

单击 1.9.0 版本后面的 Minified 超链接,可以下载得到 jquery-1.9.0.min.js;单击 1.9.0 版本后面的 Uncompressed 超链接,可以下载得到 jquery-1.9.0.js。

本书假定使用 jquery-1.9.0.js,为了统一用法,将其重命名为 jquery.js,并复制到网站的根目录下。

引用本地 jQuery 脚本的方法如下:

```
<script src="jquery.js"></script>
<script>
// jquery 程序
……
</script>
```

此时需要将 jquery.js 放置在引用它的网页相同目录下,也可以指定 jquery.js 所在的目录。例如:

```
<script src="..\jquery.js"></script>
```

或者

```
<script src="jquery\jquery.js"></script>
```

1.1.4　第一个简单的 jQuery 程序

本节通过一个简单的实例,使读者认识 jQuery,理解 jQuery 编程的基本要点。

【例 1-1】　一个 jQuery 编程的简单实例,代码如下:

```
<html>
<head>
<script type="text/javascript" src="jquery.js"></script>
<script type="text/javascript">
$(document).ready(function(){
```

```
  $("p").click(function(){
  $(this).hide();
  });
});
</script>
</head>
<body>
<p>单击我，我就会消失。</p>
</body>
</html>
```

实例说明如下。

（1）$()是 jQuery()的缩写，它可以在 DOM（Document Object Model，文档对象模型）中搜索与指定的选择器（将在第 3 章中介绍）匹配的元素，并创建一个引用该元素的 jQuery 对象。

（2）$(document)是 jQuery 的常用对象，表示 HTML 文档对象。$(document).ready()方法指定 $(document)的 ready 事件处理函数。ready 事件在文档对象就绪的时候被触发。

（3）$("p")是 jQuery 一个选择器，用于选择网页中所有的<p>元素，$("p").click 方法指定<p>元素的 click 事件处理函数。click 事件在用户单击元素对象的时候被触发。

（4）$(this)是一个 jQuery 对象，表示当前引用的 HTML 元素对象（这里指 p 元素）。hide()方法用于隐藏当前引用的 HTML 元素对象。

（5）【例 1-1】首先在网页中使用 p 元素定义了一个字符串"单击我，我就会消失。"。然后通过 jQuery 编程指定单击 p 元素时执行$(this).hide()隐藏 p 元素。

浏览本例时应将网页文件和 jQuery 脚本库文件 jquery.js 放置在相同目录下。

1.2 jQuery 对象和 DOM 对象

jQuery 支持面向对象的程序设计思想，不但网页中的元素都可以转换为对应的 jQuery 对象，而且可以在程序中方便地使用标准的 DOM 对象。

1.2.1 DOM 对象

DOM 是 Document Object Model（文档对象模型）的编号，是 W3C（万维网联盟）推荐的处理可扩展置标语言（又称为可扩展标记语言）的标准编程接口。它是一种与平台和语言无关的应用程序接口(API)。

HTML DOM 定义了访问和操作 HTML 文档的标准方法。它把 HTML 文档表现为带有元素、属性和文本的树状结构（节点树），如图 1-3 所示。

可以看到，在 HTML DOM 中 HTML 文档由元素组成，HTML 元素是分层次的，每个元素又可以包含属性和文本。

在 HTML DOM 类结构中包含一组浏览器对象。这组浏览器对象构成浏览器对象模型（BOM），BOM 的结构如图 1-4 所示。

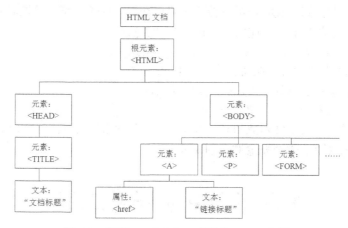

图 1-3　使用 HTML DOM 表现的 HTML 文档

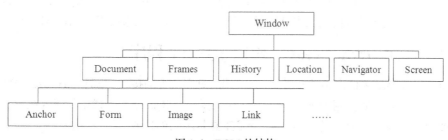

图 1-4　BOM 的结构

BOM 对象的具体功能如表 1-2 所示。

表 1-2　　　　　　　　　　　　　　　　BOM 对象的具体功能

对　　象	具体描述
Window	BOM 结构的最顶层对象，表示浏览器窗口
Document	用于管理 HTML 文档，可以用来访问页面中的所有元素
Frames	表示浏览器窗口中的框架窗口。Frames 是一个集合，例如 Frames[0]表示窗口中的第 1 个框架
History	表示浏览器窗口的浏览历史，就是用户访问过的站点的列表
Location	表示在浏览器窗口的地址栏中输入的 URL
Navigator	包含客户端浏览器的信息
Screen	包含客户端显示屏的信息

关于 BOM 对象的具体情况将会在第 2 章中介绍。

1.2.2　jQuery 对象

　　jQuery 对象不同于 DOM 对象，但在实际使用中经常被混淆。DOM 对象是通用的，既可以在 jQuery 程序中使用，也可以在标准 JavaScript 程序中使用。例如，在标准 JavaScript 程序中根据 HTML 元素 id 获取对应的 DOM 对象的方法如下：

```
var domObj = document.getElementById("id");
```

　　而 jQuery 对象来自 jQuery 类库，只能在 jQuery 程序中使用。也只有 jQuery 对象才能引用 jQuery 类库中定义的方法，因此应该尽可能地在 jQuery 程序中使用 jQuery 对象，这样才能充分发挥 jQuery 类库的优势。通过 jQuery 的选择器$()可以获得 HTML 元素以获取对应的 jQuery 对象。例如，根据 HTML 元素 id 获取对应的 jQuery 对象的方法如下：

```
var jqObj = $("#id");
```

关于 jQuery 选择器的具体情况将在第 3 章中介绍。

DOM 对象可以通过$()转换成 jQuery 对象，例如：

```
var jqObj = $( domObj);
```

本书后面将频繁使用 DOM 对象和 jQuery 对象，使用时会结合具体情况介绍。这里只要理解 DOM 对象和 jQuery 对象的基本概念和区别即可。

1.3　jQuery 开发工具

jQuery 只是一个开源的、轻量级的脚本库，并不是商业化的产品，因此 jQuery 并没有专用的开发工具。但是，很多经典的网页设计工具和开发工具都可以用来编辑和调试 jQuery 程序。

1.3.1　使用 Dreamweaver 编辑 jQuery 程序

Dreamweaver 是著名的网站开发工具，它使用所见即所得的接口，也具有 HTML 编辑的功能。很多前端设计人员都喜欢使用 Dreamweaver 设计网页，而 jQuery 程序通常是嵌入在 HTML 网页中的，因此使用 Dreamweaver 作为 jQuery 开发工具是不错的选择。

要使 Dreamweaver 支持 jQuery，就需要在 Dreamweaver 中安装一个 jQuery_API.mxp 插件（在本书下载源代码的 01 目录中提供了此插件的 Dreamweaver CS5 版本 jQuery_api_for_dw_cs5.mxp。如果读者使用其他版本的 Dreamweaver，可以自己搜索对应的 jQuery_API.mxp 插件）。

运行 Dreamweaver CS5，在菜单中依次选择"命令"→"扩展管理"命令，打开扩展管理对话框，如图 1-5 所示。

单击"安装"按钮，打开"选取要安装的扩展"对话框，选择 jQuery_api_for_dw_cs5.mxp，然后单击"打开"按钮。安装成功后的扩展管理对话框如图 1-6 所示。

　　本书提供的 jQuery_api_for_dw_cs5.mxp 插件是基于 jQuery 1.6.2 的，因此它只支持 jQuery 1.6.2 以前的语法。

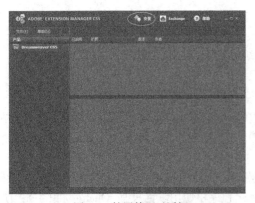

图 1-5　扩展管理对话框　　　　　　　　图 1-6　成功安装后的扩展管理对话框

重新启动 Dreamweaver 后，在新建或编辑网页时引用 jQuery.js，就可以自动提示 jQuery 语法了，如图 1-7 所示。

图 1-7 在 Dreamweaver 中自动提示 jQuery 语法

1.3.2 调试 jQuery 程序

使用 Dreamweaver 编辑 jQuery 程序很方便，但是不能调试 jQuery 程序。如果程序中有 bug 就不容易分析和解决了。

jQuery 是 JavaScript 的脚本库，因此调试 jQuery 程序实际上就是调试 JavaScript 程序，具体方法将在 2.7 节介绍。

练 习 题

1. 单项选择题

（1）在<script>元素中，可以使用（　　　）属性指定引用 jQuery 脚本的路径。

A．src　　　　　　　B．link　　　　　　　C．location　　　　　　D．js

（2）在 jQuery 程序中，（　　　）是 jQuery()的缩写。

A．jq()　　　　　　　B．#()　　　　　　　C．&()　　　　　　　D．$()

（3）在 jQuery 程序中，（　　　）是一个 jQuery 对象，表示当前引用的 HTML 元素对象。

A．self　　　　　　　B．$(self)　　　　　　C．$(this)　　　　　　D．this

2. 填空题

（1）可以通过下面两种方法引用 jQuery 脚本文件，即_____和_____。

（2）_____是 jQuery 的常用对象，表示 HTML 文档对象。

（3）_____是 Document Object Model（文档对象模型）的简称，是 W3C（万维网联盟）推荐的处理可扩展置标语言的标准编程接口。它是一种与平台和语言无关的应用程序接口（API）。

（4）要使 Dreamweaver 支持 jQuery，就需要在 Dreamweaver 中安装一个_____插件。

4. 简答题

（1）试述在 Web 应用程序的基本架构中，Web 服务器的主要功能。

（2）试述 Web 浏览器的主要功能。

（3）试述 jQuery 的优势。

（4）试列举 BOM 对象及其功能。

（5）试述 jQuery 对象与 DOM 对象的区别。

第2章
JavaScript 程序设计

jQuery 是 JavaScript 的脚本库，因此了解 JavaScript 程序设计的基础知识是阅读本书后面内容的基础。

2.1　在 HTML 中使用 JavaScript 语言

JavaScript 简称 js，是一种可以嵌入到 HTML 页面中的脚本语言。本节介绍在 HTML 中使用 JavaScript 语言的方法。

2.1.1　在 HTML 中插入 JavaScript 代码

在 HTML 文件中使用 JavaScript 脚本时，JavaScript 代码需要出现在<Script Language ="JavaScript">和</Script>之间。

【例 2-1】　一个简单的在 HTML 文件中使用 JavaScript 脚本实例。

```
<HTML>
<HEAD><TITLE>简单的 JavaScript 代码</TITLE></HEAD>
<BODY>
<Script Language ="JavaScript">
 // 下面是 JavaScript 代码
  document.write("Hello World! I'm JavaScript.");
  document.close();
</Script>
</BODY>
</HTML>
```

运行结果如图 2-1 所示。

document 是 JavaScript 的文档对象，document.write() 语句用于在文档中输出字符串，document.close()语句用于关闭输出操作。

图 2-1　简单的 JavaScript 脚本

　　　　在 JavaScript 中，使用"//"作为注释符。浏览器在解释程序时，将不考虑一行程序中"//"后面的代码。

2.1.2　使用 js 文件

另外一种插入 JavaScript 程序的方法是把 JavaScript 代码写到一个.js 文件当中（本书介绍的 jQuery 就保存为 js 文件），然后在 HTML 文件中引用该 js 文件，方法如下：

```
<script src="js 文件"></script>
```

【例 2-2】　使用引用 js 文件的方法实现【例 2-1】的功能。首先创建 output.js，内容如下：

```
document.write("这是一个简单的 JavaScript 程序!");
document.close();
```

HTML 文件的代码如下：

```
<HTML>
<HEAD><TITLE>简单的 JavaScript 代码</TITLE></HEAD>
<BODY>
<Script src="output.js"></Script>
</BODY>
</HTML>
```

2.2　基　本　语　法

本节介绍 JavaScript 基本语法，包括数据类型、值、变量、注释和运算符等，了解这些基本语法是使用 JavaScript 编程的基础。

2.2.1　数据类型

数据类型在数据结构中的定义是一个值的集合，以及定义在这个值集上的一组操作。使用数据类型可以指定变量的存储方式和操作方法。

JavaScript 包含 5 种原始数据类型，如表 2-1 所示。

表 2-1　　　　　　　　　　　　　　　JavaScript 的原始数据类型

类　　型	具体描述
undefined	当声明的变量未初始化时，该变量的默认值是 undefined
null	空值。如果引用一个没有定义的变量，则返回空值
boolean	布尔类型，包含 true 和 false
string	字符串类型，由单引号或双引号括起来的字符
number	数值类型，可以是 32 位、64 位整数或浮点数

2.2.2　变量

变量是内存中命名的存储位置，可以在程序中设置和修改变量的值。

在 JavaScript 中，可以使用 var 关键字声明变量，声明变量时不要求指明变量的数据类型。例如：

```
var x;
```

也可以在定义变量时为其赋值，例如：

```
var x = 1;
```

或者不定义变量，而通过使用变量来确定其类型，例如：

```
x = 1;
str = "This is a string";
exist = false;
```

JavaScript 变量名需要遵守下面两条简单的规则。

- 第一个字符必须是字母、下划线（_）或美元符号（$）。
- 其他字符可以是下划线、美元符号、任何字母或数字字符。

可以使用 typeof 运算符返回变量的类型，语法如下：

```
typeof 变量名
```

【例 2-3】　演示使用 typeof 运算符返回变量类型的方法，代码如下：

```
var temp;
document.write(typeof temp); //输出 "undefined"
temp = "test string";
document.write(typeof temp); //输出 "String"
temp = 100;
document.write(typeof temp); //输出 " Number"
```

2.2.3　注释

注释是程序代码中不执行的文本字符串，用于对代码行或代码段进行说明，或者暂时禁用某些代码行。使用注释对代码进行说明，可以使程序代码更易于理解和维护。注释通常用于说明代码的功能，描述复杂计算或解释编程方法，记录程序名称、作者姓名、主要代码更改的日期等。

向代码中添加注释时，需要用一定的字符进行标识。JavaScript 支持两种类型的注释字符。

1. //

"//"是单行注释符，这种注释符可与要执行的代码处在同一行，也可另起一行。从"//"开始到行尾均表示注释。对于多行注释，必须在每个注释行的开始使用"//"。【例 2-3】中已经演示了"//"注释符的使用方法。

2. /* ... */

"/* ... */"是多行注释符，其中的"..."表示注释的内容。这种注释字符可与要执行的代码处在同一行，也可另起一行，甚至用在可执行代码内。对于多行注释，必须使用开始注释符"/*"开始注释，使用结束注释符"*/"结束注释。注释行上不应出现其他注释字符。

【例 2-4】　使用"/* ... */"给【例 2-3】添加注释。

```
/* 一个简单的 JavaScript 程序,演示使用 typeof 运算符返回变量类型的方法
    作者：启明星
    日期：2013-03-25
*/
var temp;
document.write(typeof temp); /* 输出 "undefined" */
temp = "test string";
document.write(typeof temp); /* 输出 "String" */
temp = 100;
document.write(typeof temp); /* 输出 " Number" */
```

2.2.4　运算符

运算符可以指定变量和值的运算操作,是构成表达式的重要元素。JavaScript 支持一元运算符、

算术运算符、位运算符、关系运算符、条件运算符、赋值运算符、逗号运算符等基本运算符。本节分别对这些运算符的使用方法进行简单的介绍。

1. 一元运算符

一元运算符是最简单的运算符，它只有一个参数。JavaScript 的一元运算符如表 2-2 所示。

表 2-2   JavaScript 的一元运算符

一元运算符	具体描述

delete	删除对以前定义的对象属性或方法的引用。例如：
	`var o = new Object;  // 创建 Object 对象 o`
	`delete o;            // 删除对象 o`

void	出现在任何类型的操作数之前，作用是舍弃运算数的值，返回 undefined 作为表达式的值。
	`var x=1,y=2;`
	`document.write(void(x+y));  //输出: undefined`

++	增量运算符。了解 C 语言或 Java 的读者应该认识此运算符。它与在 C 语言或 Java 中的意义相同，可以出现在操作数的前面（此时叫做前增量运算符），也可以出现在操作数的后面（此时叫做后增量运算符）。++运算符对操作数加 1，如果是前增量运算符，则返回加 1 后的结果；如果是后增量运算符，则返回操作数的原值，再对操作数执行加 1 操作。例如：
	`var iNum = 10;`
	`document.write(iNum++);    //输出 "10"`
	`document.write(++iNum);    //输出 "12"`

——	减量运算符。它与增量运算符的意义相反，可以出现在操作数的前面（此时叫做前减量运算符），也可以出现在操作数的后面（此时叫做后减量运算符）。—运算符对操作数减 1，如果是前减量运算符，则返回减 1 后的结果；如果是后减量运算符，则返回操作数的原值，再对操作数执行减 1 操作。例如：
	`var iNum = 10;`
	`document.write(iNum--);    //输出 "10"`
	`document.write(--iNum);    //输出 "8"`

+	一元加法运算符，可以理解为正号。它把字符串转换成数字。例如：
	`var sNum = "100";`
	`document.write(typeof sNum);   //输出 "string"`
	`var iNum = +sNum;`
	`document.write(typeof iNum);   //输出 "number"`

-	一元减法运算符，可以理解为负号。它把字符串转换成数字，同时对该值取负。例如：
	`var sNum = "100";`
	`document.write(typeof sNum);   //输出 "string"`
	`var iNum = -sNum;`
	`document.write(iNum);          //输出 "-100"`
	`document.write(typeof iNum);   //输出 "number"`

2. 算术运算符

算术运算符可以实现数学运行，包括加（+）、减（-）、乘（×）、除（/）和求余（%）等。具体使用方法如下。

```
var a,b,c;
a = b + c;
a = b - c;
a = b * c;
```

```
a = b / c;
a = b % c;
```

3. 赋值运算符

赋值运算符是等号（=），它的作用是将运算符右侧的常量或变量的值赋值到运算符左侧的变量中。主要的算术运算以及其他几个运算符都可以与"="组合成复合赋值运算符，如表 2-3 所示。

表 2-3　　　　　　　　　　　　　　　　复合赋值运算符

复合赋值运算符	具体描述

*=	乘法/赋值，例如：
	```var iNum = 10;```
	```iNum *= 2;```
	```document.write(iNum); //输出 "20"```

/=	除法/赋值，例如：
	```var iNum = 10;```
	```iNum /= 2;```
	```document.write(iNum); //输出 "5"```

%=	求余/赋值，例如：
	```var iNum = 10;```
	```iNum %= 7;```
	```document.write(iNum); //输出 "3"```

+=	加法/赋值，例如：
	```var iNum = 10;```
	```iNum += 2;```
	```document.write(iNum); //输出 "12"```

-=	减法/赋值，例如：
	```var iNum = 10;```
	```iNum -= 2;```
	```document.write(iNum); //输出 "8"```

<<=	左移/赋值，关于位运算符将在稍后介绍
>>=	有符号右移/赋值
>>>=	无符号右移/赋值

4. 关系运算符

关系运算符是对两个变量或数值进行比较，返回一个布尔值。JavaScript 的关系运算符如表 2-4 所示。

表 2-4　　　　　　　　　　　　　　JavaScript 的关系运算符

关系运算符	具体描述
==	等于运算符（两个=）。例如 a==b，如果 a 等于 b，则返回 True；否则返回 False

===	恒等于运算符（3 个=）。例如 a===b，如果 a 的值等于 b，而且它们的数据类型也相同，则返回 True；否则返回 False。例如：
	```var a=8;```
	```var b="8";```
	
	```a==b; //true```
	```a===b; //false```

续表

关系运算符	具体描述
!=	不等运算符。例如 a!=b，如果 a 不等于 b，则返回 True；否则返回 False
!==	不恒等，左右两边必须完全不相等（值、类型都不相等）才为 true
<	小于运算符
>	大于运算符
<=	小于等于运算符
>=	大于等于运算符

5. 位运算符

位运算符允许对整型数中指定的位进行置位。如果左右参数都是字符串，则位运算符将操作这个字符串中的字符。JavaScript 的位运算符如表 2-5 所示。

表 2-5　　　　　　　　　　　　JavaScript 的位运算符

位 运 算 符	具体描述
~	按位非运算
&	按位与运算
|	按位或运算
^	按位异或运算
<<	位左移运算
>>	有符号位右移运算
>>>	无符号位右移运算

6. 逻辑运算符

JavaScript 支持的逻辑运算符如表 2-6 所示。

表 2-6　　　　　　　　　　　　JavaScript 的逻辑运算符

逻辑运算符	具体描述
&&	逻辑与运算符。例如 a && b，当 a 和 b 都为 True 时等于 True；否则等于 False
||	逻辑或运算符。例如 a || b，当 a 和 b 至少有一个为 True 时等于 True；否则等于 False
!	逻辑非运算符。例如!a，当 a 等于 True 时，表达式等于 False；否则等于 True

7. 条件运算符

JavaScript 条件运算符的语法如下：

```
variable = boolean_expression ? true_value : false_value;
```

表达式将根据 boolean_expression 的计算结果为变量赋值 variable。如果 Boolean_expression 为 true，则把 true_value 赋给变量；否则把 false_value 赋给变量。例如，下面的代码将 iNum1 和 iNum2 中较大者赋值给变量 iMax 。

```
var iMax = (iNum1 > iNum2) ? iNum1 : iNum2;
```

8. 逗号运算符

使用逗号运算符可以在一条语句中执行多个运算，例如：

```
var iNum1 = 1, iNum = 2, iNum3 = 3;
```

2.3　常　用　语　句

本节将介绍 JavaScript 语言的常用语句，包括分支语句和循环语句等。

2.3.1　条件分支语句

条件分支语句是指当指定表达式取不同的值时，程序运行的流程也发生相应的分支变化。JavaScript 提供的条件分支语句包括 if 语句和 switch 语句。

1. if 语句

if 语句是最常用的一种条件分支语句，其基本语法结构如下：

```
if(条件表达式)
    语句块
```

只有当"条件表达式"等于 True 时，执行"语句块"。if 语句的流程图如图 2-2 所示。

【例 2-5】　if 语句的例子。

```
if(a > 10)
    document.write("变量a大于10");
```

如果语句块中包含多条语句，可以使用{}将语句块包含起来。例如：

```
if(a > 10) {
    document.write("变量a大于10");
    a = 10;
}
```

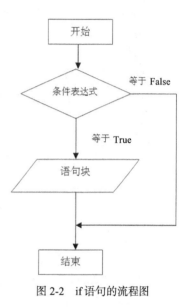

图 2-2　if 语句的流程图

if 语句可以嵌套使用，也就是说在"语句块"中还可以使用 if 语句。

【例 2-6】　嵌套 if 语句的例子。

```
if(a > 10) {
    document.write("变量a大于10");
    if(a > 100)
    document.write("变量a大于100");
}
```

　　　　在使用 if 语句时，"语句块"的代码应该比上面的 if 语句缩进 2 个或 4 个空格，从而使程序的结构更加清晰。

2. else 语句

可以将 else 语句与 if 语句结合使用，指定不满足条件时所执行的语句。其基本语法结构如下：

```
if(条件表达式)
    语句块 1
else
    语句块 2
```

当条件表达式等于 True 时，执行语句块 1，否则执行语句块 2。if…else…语句的流程图如

图 2-3 所示。

【例 2-7】 if...else...语句的例子。

```
if(a > 10)
    document.write("变量 a 大于 10");
else
    document.write("变量 a 小于或等于 10");
```

3. else if 语句

else if 语句是 else 语句和 if 语句的组合,当不满足 if 语句中指定的条件时,可以再使用 else if 语句指定另外一个条件,其基本语法结构如下:

```
if 条件表达式 1
    语句块 1
else if 条件表达式 2
    语句块 2
else if 条件表达式 3
    语句块 3
……
else
    语句块 n
```

在一个 if 语句中,可以包含多个 else if 语句。if...else if...else...语句的流程图如图 2-4 所示。

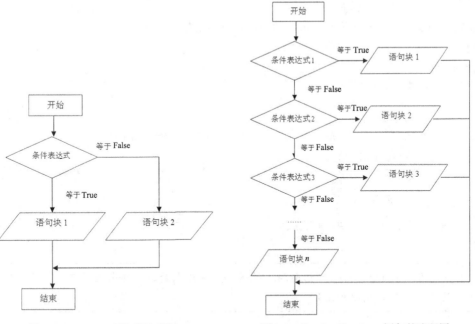

图 2-3　if...else...语句的流程图　　　　图 2-4　if...else if...else...语句的流程图

【例 2-8】 下面是一个显示当前系统日期的 JavaScript 代码,其中使用到了 if 语句、else if 语句和 else 语句。

```
<HTML>
<HEAD><TITLE>【例 2-8】</TITLE></HEAD>
<BODY>
<Script Language ="JavaScript">
```

```
        d=new Date();
        document.write("今天是");
        if(d.getDay()==1) {
            document.write("星期一");
        }
        else if(d.getDay()==2) {
            document.write("星期二");
        }
        else if(d.getDay()==3) {
            document.write("星期三");
        }
        else if(d.getDay()==4) {
            document.write("星期四");
        }
        else if(d.getDay()==5) {
            document.write("星期五");
        }
        else if(d.getDay()==6) {
            document.write("星期六");
        }
        else {
            document.write("星期日");
        }
    </Script>
    </BODY>
    </HTML>
```

Date 对象用于处理日期和时间, getDay()是 Date 对象的方法, 它返回表示星期的某一天的数字。

4. switch 语句

很多时候需要根据一个表达式的不同取值对程序进行不同的处理, 此时可以使用 switch 语句, 其语法结构如下:

```
switch(表达式) {
    case 值1:
        语句块 1
        break;
    case 值2:
        语句块 2
        break;
......
    case 值n:
        语句块 n
        break;
    default:
        语句块 n+1
}
```

case 子句可以多次重复使用, 当表达式等于值 1 时, 则执行语句块 1; 当表达式等于值 2 时, 则执行语句块 2; 以此类推。如果以上条件都不满足, 则执行 default 子句中指定的 "语句块 n"。每个 case 子句的最后都包含一个 break 语句, 执行此语句会退出 switch 语句, 不再执行后面的语句。switch 语句的流程图如图 2-5 所示。

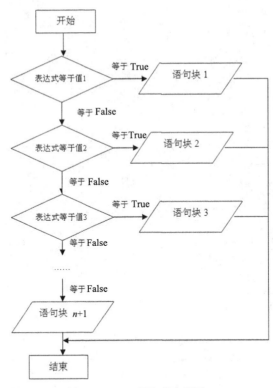

图 2-5　switch 语句的流程图

【**例 2-9**】　将【例 2-8】的程序使用 switch 语句来实现，代码如下：

```
<HTML>
<HEAD><TITLE>【例 2-9】</TITLE></HEAD>
<BODY>
<Script Language ="JavaScript">
    d=new Date();
    document.write("今天是");
        switch(d.getDay()) {
        case 1:
            document.write("星期一");
            break;
        case 2:
            document.write("星期二");
            break;
        case 3:
            document.write("星期三");
            break;
        case 4:
            document.write("星期四");
            break;
        case 5:
            document.write("星期五");
            break;
        case 6:
            document.write("星期六");
```

```
                break;
            default:
                document.write("星期日");
        }
</Script>
</BODY>
</HTML>
```

2.3.2　循环语句

循环语句即在满足指定条件的情况下循环执行一段代码，并在指定的条件下执行循环。

JavaScript 语言的循环语句包括 while 语句、do...while 语句、for 语句、continue 语句和 break 语句。

1. while 语句

while 语句的基本语法结构如下：

```
while(条件表达式) {
    循环语句体
}
```

当条件表达式等于 True 时，程序循环执行循环语句体中的代码。while 语句的流程图如图 2-6 所示。

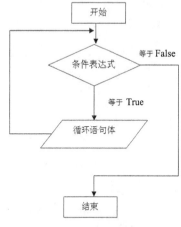

图 2-6　while 语句的流程图

 提示　　通常情况下，循环语句体中会有代码来改变条件表达式的值，从而使其等于 False 而结束循环语句。如果退出循环的条件一直无法满足，则会产生死循环。这是程序员不希望看到的。

【例 2-10】　下面通过一个实例来演示 while 语句的使用。

```
<HTML>
<HEAD>
<TITLE>【例 2-10】</TITLE>
</HEAD>
<BODY>
<Script Language ="JavaScript">
    var i = 1;
    var sum = 0;
    while(i<11) {
        sum = sum + i;
        i++;
    }
    document.write(sum);

</Script>
</BODY>
</HTML>
```

程序使用 while 循环计算从 1 累加到 10 的结果。每次执行循环体时，变量 i 会增加 1，当变量 i 等于 11 时退出循环。运行结果为 55。

2. do...while 语句

do...while 语句和 while 语句很相似，它们的主要区别在于 while 语句在执行循环体之前检查表达式的值，则 do...while 语句则是在执行循环体之后检查表达式的值。while 语句的流程图如图 2-7 所示。

do...while 语句的基本语法结构如下：

```
do  {
    循环语句体
} while(条件表达式);
```

【例 2-11】 下面通过一个实例来演示 do...while 语句的使用。

```
<HTML>
<HEAD>
<TITLE>【例 2-11】</TITLE>
</HEAD>
<BODY>
<Script Language ="JavaScript">
    var i = 1;
    var sum = 0;
    do{
            sum = sum + i;
            i++;
    }while(i<11);
    document.write(sum);
</Script>
</BODY>
</HTML>
```

程序使用 do...while 语句循环计算从 1 累加到 10 的结果。每次执行循环体时，变量 i 会增加 1，当变量 i 等于 11 时退出循环。运行结果为 55。

3. for 语句

JavaScript 中的 for 语句与 C++中的 for 语句相似，其基本语法结构如下：

```
for(表达式1; 表达式2; 表达式3) {
    循环体
}
```

程序在开始循环时计算表达式 1 的值，通常对循环计数器变量进行初始化设置；每次循环开始之前，计算表达式 2 的值，如果为 True，则继续执行循环，否则退出循环；每次循环结束之后，对表达式 3 进行求值，通常改变循环计数器变量的值，使表达式 2 在某次循环结束后等于 False，从而退出循环。while 语句的流程图如图 2-8 所示。

【例 2-12】 下面通过一个实例来演示 for 语句的使用。

```
<HTML>
<HEAD><TITLE>【例 2-12】</TITLE></HEAD>
<BODY>
<Script Language ="JavaScript">
    var sum = 0;
    for(var i=1; i<11; i++) {
        sum = sum + i;
    }
    document.write(sum);
</Script>
</BODY>
</HTML>
```

程序使用 for 语句循环计算从 1 累加到 10 的结果。循环计数器变量 i 的初始值被设置为 1，每次循环变量 i 的值增加 1；当 i<11 时执行循环体。运行结果为 55。

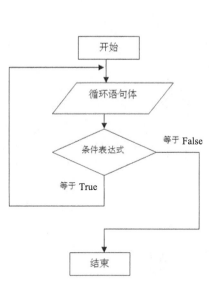

图 2-7　do...while 语句的流程图

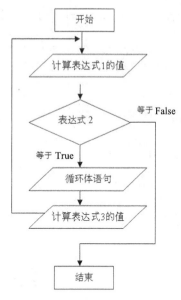

图 2-8　for 语句的流程图

使用 foreach 语句可以遍历数组中的元素，本书将在第 4 章介绍它的使用情况。

4．continue 语句

在循环体中使用 continue 语句可以跳过本次循环后面的代码，重新开始下一次循环。

【例 2-13】　如果只计算 1～100 之间偶数之和，可以使用下面的代码：

```
<HTML>
<HEAD>
<TITLE>【例 2-13】</TITLE>
</HEAD>
<BODY>
<Script Language ="JavaScript">
    var i = 1;
    var sum = 0;
    while(i<101) {
        if(i % 2 == 1)    {
            i++;
            continue;
        }
        sum = sum + i;
        i++;
    }
    document.write(sum);
</Script>
</BODY>
</HTML>
```

如果 i % 2 等于 1，表示变量 i 是奇数。此时，只对 i 加 1，然后执行 continue 语句开始下一次循环，并不将其累加到变量 sum 中。

5．break 语句

在循环体中使用 break 语句可以跳出循环体。

【例 2-14】 将【例 2-10】修改为使用 break 语句跳出循环体。

```
<HTML>
<HEAD><TITLE>【例 2-14】</TITLE></HEAD>
<BODY>
<Script Language ="JavaScript">
    var i = 1;
    var sum = 0;
    while(true) {
            if(i>=11)
                break;
            sum = sum + i;
            i++;
    }
    document.write(sum);
</Script>
</BODY>
</HTML>
```

2.4　函　　数

　　函数（function）由若干条语句组成，用于实现特定的功能。函数包含函数名、若干参数和返回值。一旦定义了函数，就可以在程序中需要实现该功能的位置调用该函数，给程序员共享代码带来了很大的方便。在 JavaScript 中，除了提供丰富的系统函数外，还允许用户创建和使用自定义函数。由于篇幅所限，本书不具体介绍 JavaScript 的系统函数，在后面使用到系统函数时会介绍其功能和用法。

2.4.1　创建自定义函数

　　可以使用 function 关键字来创建自定义函数，其基本语法结构如下：

```
function 函数名 (参数列表)
{
    函数体
}
```

　　参数列表可以为空，即没有参数；也可以包含多个参数，参数之间使用逗号（,）分隔。函数体可以是一条语句，也可以由一组语句组成。

　　【例 2-15】 创建一个非常简单的函数 PrintWelcome，它的功能是打印字符串“欢迎使用 JavaScript”，代码如下：

```
function PrintWelcome()
{
    document.write("欢迎使用 JavaScript");
}
```

　　调用此函数，将在网页中显示“欢迎使用 JavaScript”字符串。PrintWelcome()函数没有参数列表，也就是说，每次调用 PrintWelcome()函数的结果都是一样的。

　　可以通过参数将要打印的字符串通知自定义函数，从而可以由调用者决定函数工作的情况。

　　【例 2-16】 创建函数 PrintString()，通过参数决定要打印的内容。

```
function PrintString(str)
```

```
{
    document.write (str);
}
```

变量 str 是函数的参数。在函数体中，参数可以像其他变量一样被使用。

可以在函数中定义多个参数，参数之间使用逗号分隔。

【例 2-17】　定义一个函数 sum()，用于计算并打印两个参数之和。函数 sum()包含两个参数，num1 和 num2，代码如下：

```
function sum(num1, num2)
{
    document.write (num1 + num2);
}
```

2.4.2　调用函数

可以直接使用函数名来调用函数，无论是系统函数还是自定义函数，调用函数的方法都是一致的。

【例 2-18】　调用 PrintWelcome()函数，显示"欢迎使用 JavaScript"字符串，代码如下：

```
<HTML>
<HEAD><TITLE>【例 2-18】</TITLE></HEAD>
<BODY>
<Script Language ="JavaScript">
    function PrintWelcome()
    {
        document.write("欢迎使用 JavaScript");
    }
    PrintWelcome();
</Script>
</BODY>
</HTML>
```

如果函数存在参数，则在调用函数时，也需要使用参数。

【例 2-19】　调用 PrintString()函数，打开用户指定的字符串，代码如下：

```
<HTML>
<HEAD><TITLE>【例 2-19】</TITLE></HEAD>
<BODY>
<Script Language ="JavaScript">
    function PrintString(str)
    {
        document.write (str);
    }
    PrintString("传递参数");
</Script>
</BODY>
</HTML>
```

如果函数中定义了多个参数，则在调用函数时也需要使用多个参数，参数之间使用逗号分隔。

【例 2-20】　调用 sum()函数，计算并打印 1 和 2 之和，代码如下：

```
<HTML>
<HEAD><TITLE>【例 2-20】</TITLE></HEAD>
<BODY>
<Script Language ="JavaScript">
    function sum(num1, num2)
    {
```

```
        document.write (num1 + num2);
    }
    sum(1, 2);
</Script>
</BODY>
</HTML>
```

2.4.3   变量的作用域

在函数中也可以定义变量，在函数中定义的变量被称为局部变量。局部变量只在定义它的函数内部有效，在函数体之外，即使使用同名的变量，也会被看作是另一个变量。相应地，在函数体之外定义的变量是全局变量。全局变量在定义后的代码中都有效，包括它后面定义的函数体内。如果局部变量和全局变量同名，则在定义局部变量的函数中，只有局部变量是有效的。

【例 2-21】   局部变量和全局变量作用域的例子。

```
<HTML>
<HEAD><TITLE>【例 2-21】</TITLE></HEAD>
<BODY>
<Script Language ="JavaScript">
    var a = 100;          // 全局变量
    function setNumber() {
        var a = 10;   // 局部变量
        document.write(a);      // 打印局部变量 a
    }
    setNumber();
     document.write("<BR>");
    document.write(a);        // 打印全局变量 a
</Script>
</BODY>
</HTML>
```

在函数 setNumber()外部定义的变量 a 是全局变量，它在整个程序中都有效。在 setNumber()函数中也定义了一个变量 a，它只在函数体内部有效。因此在 setNumber()函数中修改变量 a 的值，只是修改了局部变量的值，并不影响全局变量 a 的内容。运行结果如下：

```
10
100
```

2.4.4   函数的返回值

可以为函数指定一个返回值，返回值可以是任何数据类型，使用 return 语句可以返回函数值并退出函数，语法如下：

```
function 函数名() {
    return 返回值;
}
```

【例 2-22】   对【例 2-20】中的 sum()函数进行改造，通过函数的返回值返回累加结果，代码如下：

```
<HTML>
<HEAD><TITLE>【例 2-22】</TITLE></HEAD>
<BODY>
<Script Language ="JavaScript">
    function sum(num1, num2)
```

```
    {
        return num1 + num2;
    }
    document.write(sum(1, 2));
</Script>
</BODY>
</HTML>
```

2.5　JavaScript 内置对象

面向对象编程是 JavaScript 采用的基本编程思想，它可以将属性和代码集成在一起，定义为类，从而使程序设计更加简单、规范、有条理。本节将介绍如何在 JavaScript 中使用类和对象。

2.5.1　JavaScript 的内置类框架

JavaScript 提供了一系列的内置类（也称为内置对象），了解这些内置类的使用方法是使用 JavaScript 进行编程的基础和前提。

JavaScript 的内置类框架如图 2-9 所示。

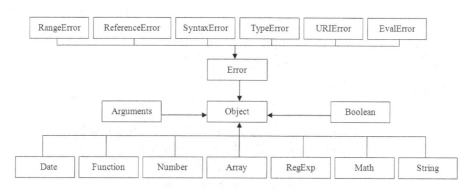

图 2-9　JavaScript 的内置类框架

1. 基类 Object

从图 2-9 中可以看到，所有 JavaScript 内置类都从基类 Object 派生（继承）。

> 继承是面向对象程序设计思想的重要机制。类可以继承其他类的内容，包括成员变量和成员函数。而从同一个类中继承得到的子类也具有多态性，即相同的函数名在不同子类中有不同的实现。就如同子女会从父母那里继承到人类共有的特性，而子女也具有自己的特性。

基类 Object 包含的属性和方法如表 2-7 所示，这些属性和方法可以被所有 JavaScript 内置类继承。

表 2-7　　　　　　　　　　　　　　基类 Object 包含的属性和方法

属性和方法	具体描述
Prototype 属性	对该对象的对象原型的引用。原型是一个对象，其他对象可以通过它实现属性继承。也就是说可以把原型理解成父类

属性和方法	具体描述
constructor()方法	构造函数。构造函数是类的一个特殊函数。当创建类的对象实例时系统会自动调用构造函数，通过构造函数对类进行初始化操作
hasOwnProperty(proName)方法	检查对象是否有局部定义的（非继承的）、具有特定名字（proName）的属性
IsPrototypeOf(object)方法	检查对象是否是指定对象的原型
propertyIsEnumerable(proName)方法	返回 Boolean 值，指出所指定的属性（proName）是否为一个对象的一部分以及该属性是否是可列举的。如果 proName 存在于 object 中且可以使用一个 For...In 循环穷举出来，则返回 True；否则返回 False
toLocaleString()方法	返回对象地方化的字符串表示
toString()方法	返回对象的字符串表示
valueOf()	返回对象的原始值（如果存在）

2. 内置类的基本功能

JavaScript 内置类的基本功能如表 2-8 所示。

表 2-8　　　　　　　　　　　JavaScript 内置类的基本功能

内　置　类	基本功能
Arguments	用于存储传递给函数的参数
Array	用于定义数组对象
Boolean	布尔值的包装对象，用于将非布尔型的值转换成一个布尔值（True 或 False）
Date	用于定义日期对象
Error	错误对象，用于错误处理。它还派生出下面几个处理错误的子类： • EvalError，处理发生在 eval()中的错误； • SyntaxError，处理语法错误； • RangeError，处理数值超出范围的错误； • ReferenceError，处理引用的错误； • TypeError，处理不是预期变量类型的错误； • URIError，处理发生在 encodeURI()或 decodeURI()中的错误
Function	用于表示开发者定义的任何函数
Math	数学对象，用于数学计算
Number	原始数值的包装对象，可以自动地在原始数值和对象之间进行转换
RegExp	用于完成有关正则表达式的操作和功能
String	字符串对象，用于处理字符串

由于篇幅所限，这里只介绍 Date 和 String 等常用内置类的使用方法。

（1）Date 对象

可以使用下面几种方法创建 Date 对象：

```
MyDate = new Date;                  // 创建日期为当前系统时间的 Date 对象
MyDate = new Date("2013-04-20")     // 创建日期为 2013-04-20 的 Date 对象
MyDate = new Date(2013, 4 ,20)      // 参数分别指定 Date 对象的年、月、日
```

Date 对象的常用方法如表 2-9 所示。

表 2-9　　　　　　　　　　　　　　Date 对象的常用方法

方　　法	具体描述
getDate	返回 Date 对象中用本地时间表示的一个月中的日期值
getDay	返回 Date 对象中用本地时间表示的一周中的星期值。0 表示星期天，1 表示星期一，2 表示星期二，3 表示星期三，4 表示星期四，5 表示星期五，6 表示星期六
getFullYear	返回 Date 对象中用本地时间表示的年份值
getHour	返回 Date 对象中用本地时间表示的小时值
getMilliseconds	返回 Date 对象中用本地时间表示的毫秒值
getMinutes	返回 Date 对象中用本地时间表示的分钟值
getMonth	返回 Date 对象中用本地时间表示的月份值（0～11，0 表示 1 月，1 表示 2 月，以此类推）
getSeconds	返回 Date 对象中用本地时间表示的秒钟值
getTime	返回 Date 对象中用本地时间表示的时间值
getYear	返回 Date 对象中的年份值，不同浏览器对此方法的实现不同，建议使用 getFullYear
setDate	设置 Date 对象中用本地时间表示的数字日期
setFullYear	设置 Date 对象中用本地时间表示的年份值
setHour	设置 Date 对象中用本地时间表示的小时值
setMilliseconds	设置 Date 对象中用本地时间表示的毫秒值
setMinutes	设置 Date 对象中用本地时间表示的分钟值
setMonth	设置 Date 对象中用本地时间表示的月份值
setSeconds	设置 Date 对象中用本地时间表示的秒钟值
setTime	设置 Date 对象中用本地时间表示的时间值
setYear	设置 Date 对象中的年份值
toString	返回对象的字符串表示
valueOf	返回指定对象的原始值

【例 2-23】　下面是 Date 对象的一个示例程序。

```
<HTML>
<HEAD><TITLE>演示使用 Date 对象</TITLE></HEAD>
<BODY>
<Script Language ="JavaScript">
 var arrWeekDay = new Array("星期日", "星期一", "星期二", "星期三", "星期四",
                "星期五", "星期六", "星期日");
 var today;
  today = new Date();
  document.write ("现在是: " + today.getFullYear() + "年" + (today.getMonth()+1) + "
月" + today.getDate() + "日 "+ arrWeekDay [today.getDay()]);
 </Script>
 </BODY>
 </HTML>
```

这段程序的功能是读取当前日期，然后将其拆分显示。

（2）String 对象

String 对象只有一个属性 length，返回字符串的长度。String 对象的常用方法如表 2-10 所示。

表 2-10 String 对象的常用方法

方 法	具体描述

anchor	在对象中的指定文本两端放置一个有 NAME 属性的 HTML 锚点。下面示例说明了 anchor 方法是如何实现的：
	
	```\nvar MyStr = "This is an anchor" ;\nMyStr = MyStr.anchor("Anchor1");\n```
	
	执行完最后一条语句后 MyStr 的值为：
	
	```\n<A NAME="Anchor1">This is an anchor</A>\n```

big	把 HTML <BIG> 标记放置在 String 对象中的文本两端
blink	把 HTML <BLINK> 标记放置在 String 对象中的文本两端
bold	把 HTML <B> 标记放置在 String 对象中的文本两端
charAt	返回指定索引位置处的字符
charDodeAt	返回指定字符的 Unicode 编码
concat	返回一个 String 对象，该对象包含了两个提供的字符串的连接
fixed	把 HTML <TT>标记放置在 String 对象中的文本两端
fontcolor	把带有 COLOR 属性的一个 HTML <FONT>标记放置在 String 对象中的文本两端
fontsize	把一个带有 SIZE 属性的 HTML <FONT>标记放置在 String 对象中的文本的两端
fromCharCode	从指定的 Unicode 字符值中返回一个字符串
indexOf	返回 String 对象内第一次出现子字符串的字符位置
italics	把 HTML <I> 标记放置在 String 对象中的文本两端
lastIndexOf	返回 String 对象中子字符串最后出现的位置
link	把一个有 HREF 属性的 HTML 锚点放置在 String 对象中的文本两端
match	使用正则表达式对象对字符串进行查找，并将结果作为数组返回
replace	返回根据正则表达式进行文字替换后的字符串的拷贝
search	返回与正则表达式查找内容匹配的第一个子字符串的位置
slice	返回字符串的片段
small	将 HTML 的<SMALL> 标识添加到 String 对象中的文本两端
split	将一个字符串分割为子字符串，然后将结果作为字符串数组返回
strike	将 HTML 的<STRIKE> 标识放置到 String 对象中的文本两端
substr	返回一个从指定位置开始的指定长度的子字符串
substring	返回位于 String 对象中指定位置的子字符串
sup	将 HTML 的 <SUP> 标识放置到 String 对象中的文本两端
toLowerCase	返回一个字符串，该字符串中的字母被转换为小写字母
toUpperCase	返回一个字符串，该字符串中的所有字母都被转化为大写字母

可以看到，使用 String 对象的方法可以很方便地在字符串上添加 HTML 标记。

【例 2-24】 使用 String 对象的示例程序。

```
<HTML>
```

```
<HEAD><TITLE>演示使用 String 对象</TITLE></HEAD>
<BODY>
<Script Language ="JavaScript">
  var MyStr;
  MyStr = new String("这是一个测试字符串");
  document.write(MyStr+"<BR>");
  //显示大号字体
  document.write(MyStr.big()+"<BR>");
  //加粗字体
  document.write(MyStr.bold()+"<BR>");
  //设置字体大小
  document.write(MyStr.fontsize(2)+"<BR>");
  //设置字体颜色
  document.write(MyStr.fontcolor("green")+"<BR>");
</Script>
</BODY>
</HTML>
```

浏览结果如图 2-10 所示。

图 2-10　【例 2-24】的浏览结果

2.5.2　BOM 对象编程

在 1.2.1 节中已经介绍了 BOM 对象的基本情况，BOM 对象是 HTML DOM 类结构中包含的一组浏览器对象。本节结合实例介绍 Window 和 Document 等常用 BOM 对象的编程方法。

1．Window 对象

Window 对象表示浏览器中一个打开的窗口。Window 对象的属性如表 2-11 所示。

表 2-11　　　　　　　　　　　　　　　　Window 对象的属性

属　　性	具体描述
closed	返回窗口是否已被关闭
defaultStatus	设置或返回窗口状态栏中的默认文本
document	对 Document 对象的引用，表示窗口中的文档
history	对 History 对象的引用，表示窗口的浏览历史记录
innerheight	返回窗口的文档显示区的高度
innerwidth	返回窗口的文档显示区的宽度
location	对 Location 对象的引用，表示在浏览器窗口中的地址栏中输入的 URL

属　　性	具体描述
name	设置或返回窗口的名称
navigator	对 Navigator 对象的引用，表示客户端浏览器的信息
opener	返回对创建此窗口的窗口的引用
outerheight	返回窗口的外部高度
outerwidth	返回窗口的外部宽度
pageXOffset	设置或返回当前页面相对于窗口显示区左上角的 X 位置
pageYOffset	设置或返回当前页面相对于窗口显示区左上角的 Y 位置
parent	返回父窗口
screen	对 Screen 对象的只读引用，表示客户端显示屏的信息
self	返回对当前窗口的引用
status	设置窗口状态栏的文本
top	返回最顶层的先辈窗口
window	等价于 self 属性，它包含了对窗口自身的引用
screenLeft / screenX	只读整数，声明了窗口的左上角在屏幕上的 x 坐标
screenTop / screenY	只读整数，声明了窗口的左上角在屏幕上的 y 坐标

Window 对象的方法如表 2-12 所示。

表 2-12　　　　　　　　　　Window 对象的方法

方　　法	具体描述
alert()	弹出一个警告对话框
blur()	把键盘焦点从顶层窗口移开
clearInterval()	取消由 setInterval() 设置的 timeout
clearTimeout()	取消由 setTimeout() 方法设置的 timeout
close()	关闭浏览器窗口
confirm()	显示一个请求确认对话框，包含一个"确定"按钮和一个"取消"按钮。在程序中，可以根据用户的选择决定执行的操作
createPopup()	创建一个 pop-up 窗口
focus()	把键盘焦点给予一个窗口
moveBy()	相对窗口的当前坐标把它移动指定的像素
moveTo()	把窗口的左上角移动到一个指定的坐标
open()	打开一个新的浏览器窗口或查找一个已命名的窗口
print()	打印当前窗口的内容
prompt()	显示可提示用户输入的对话框
resizeBy()	按照指定的像素调整窗口的大小
resizeTo()	把窗口的大小调整到指定的宽度和高度
scrollBy()	按照指定的像素值来滚动内容

续表

方　　法	具体描述
scrollTo()	把内容滚动到指定的坐标
setInterval()	按照指定的周期（以毫秒计算）来调用函数或计算表达式
setTimeout()	在指定的毫秒数后调用函数或计算表达式

【例 2-25】　使用 alert 方法弹出一个警告对话框的例子。

```
<HTML>
<HEAD><TITLE>演示使用 Window.alert()的方法</TITLE></HEAD>
<BODY>
<Script LANGUAGE = JavaScript>
  function Clickme() {
  alert("你好");
  }
</Script>
<p><a href=# onclick="Clickme()">点击试一下</a></p>
</BODY>
</HTML>
```

这段程序定义了一个 JavaScript 函数 Clickme()，功能是调用 alert()方法弹出一个警告对话框显示"你好"。在网页的 HTML 代码中使用"<a href=# onclick ="Clickme()">点击试一下</a>"的方法调用 Clickme()函数。

浏览【例 2-25】的结果，如图 2-11 所示。

图 2-11　【例 2-25】的浏览结果

　　因为是在当前窗口弹出对话框，所以 Window.alert()可以简写为 alert()，其功能相同。

下面详细介绍一下 Windows.setTimeout()方法的使用。Windows. setTimeout()方法的语法如下：

```
Windows.setTimeout(code,millisec)
```

参数 code 表示要调用的函数后要执行的 JavaScript 代码串，参数 millisec 表示在执行代码前需等待的毫秒数。

【例 2-26】　使用 Window.setTimeout ()方法的例子。

```
<HTML>
<HEAD><TITLE>演示使用 Window.setTimeout()方法</TITLE></HEAD>
<BODY>
<Script LANGUAGE = JavaScript>
  function closewindow() {
    document.write("2 秒钟后将关闭窗口");
    setTimeout("window.close()",2000);
  }
</Script>
<input type="button" onclick="closewindow()" value="关闭" />
</BODY>
</HTML>
```

网页中定义了一个按钮，单击此按钮，2 秒钟后会关闭窗口。

2. document 对象

document 是常用的 JavaScript 对象，用于管理网页文档。前面已经介绍了使用 document.write() 在文档中输出字符串的方法，本节再简单地介绍一下 document 对象的属性、方法、子对象和集合。

document 对象的常用属性如表 2-13 所示。

表 2-13   document 对象的常用属性

类　　型	具体描述
title	设置文档标题等价于 HTML 的 title 标签
bgColor	设置页面背景色
fgColor	设置前景色（文本颜色）
linkColor	未点击过的链接颜色
alinkColor	激活链接（焦点在此链接上）的颜色
vlinkColor	已点击过的链接颜色
URL	返回当前文档的 URL
fileCreatedDate	文件建立日期，只读属性
fileModifiedDate	文件修改日期，只读属性
fileSize	文件大小，只读属性
cookie	设置和读取 cookie
charset	设置字符集为简体中文 GB2312 编码

document 对象的常用方法如表 2-14 所示。

表 2-14   document 对象的常用方法

类型	具体描述
write	动态向页面写入内容
createElement(Tag)	创建一个 html 标签对象
getElementById(ID)	获得指定 ID 值的对象
getElementsByName(Name)	获得指定 Name 值的对象

document 对象的常用子对象和集合如表 2-15 所示。

表 2-15　　　　　　　　　　　　document 对象的常用子对象和集合

类　　型	具体描述
主体子对象 body	指定文档主体的开始和结束等价于\<body\>…\</body\>
位置子对象 location	指定窗口所显示文档的完整（绝对）URL
选区子对象 selection	表示当前网页中的选中内容
images 集合	表示页面中的图像
forms 集合	表示页面中的表单

【例 2-27】　演示 document 对象使用的实例。

```
<HTML>
 <HEAD>
  <TITLE> New Document </TITLE>
 </HEAD>
 <BODY>
  <IMG SRC="1.jpg" WIDTH="170" HEIGHT="100" BORDER="0" ALT=""><br/>
  <SCRIPT LANGUAGE="JavaScript">
  <!--
  document.write("文件地址:"+document.location+"<br/>")
  document.write("文件标题:"+document.title+"<br/>");
  document.write("图片路径:"+document.images[0].src+"<br/>");
  document.write("文本颜色:"+document.fgColor+"<br/>");
  document.write("背景颜色:"+document.bgColor+"<br/>");
  //-->
  </SCRIPT>
 </BODY>
</HTML>
```

2.6　JavaScript 事件处理

事件处理是 JavaScript 的一个优势，可以很方便地针对某个事件来编写程序进行处理。

2.6.1　常用 HTML 事件

常用的 HTML 事件如表 2-16 所示。

表 2-16　　　　　　　　　　　　常用的 HTML 事件

事　　件	说　　明
onabort	图像的加载被中断时触发
onblur	元素失去焦点时触发
onchange	域的内容被改变时触发
onclick	当用户单击某个对象时触发
ondblclick	当用户双击某个对象时触发
onerror	如果加载文档或图像时发生错误，则触发
onfocus	元素获得焦点时触发

事　件	说　　明
onkeydown	某个键盘按键被按下时触发
onkeypress	某个键盘按键被按下并松开时触发
onkeyup	某个键盘按键被松开时触发
onload	一个页面或一幅图像完成加载时触发
onmousedown	鼠标按钮被按下时触发
onmousemove	鼠标被移动时触发
onmouseout	鼠标从某元素移开
onmouseover	鼠标移到某元素之上时触发
onmouseup	鼠标按键被松开时触发
onreset	重置按钮被点击时触发
onresize	窗口或框架被重新调整大小
onselect	文本被选中时触发
onsubmit	提交按钮被点击时触发
onunload	用户退出页面时触发

每个事件的处理函数都有一个 Event 对象作为参数。Event 对象代表事件的状态，如发生事件中的元素、键盘按键的状态、鼠标的位置、鼠标按钮的状态等。Event 对象的 type 属性可以返回当前 Event 对象用以表示事件的名称。关于 Event 对象的具体情况将在 2.6.2 节介绍。

【例 2-28】　在网页中单击鼠标，弹出一个对话框，显示触发的事件类型。

```
<html>
<head>
<script type="text/javascript">
function getEventType(event)
  {
  alert(event.type);
  }
</script>
</head>
<body onmousedown="getEventType(event)">
<p>在网页中单击某个位置。对话框会提示出被触发的事件的类型。</p>
</body>
</html>
```

在<body>标签中定义了 onmousedown 事件的处理函数为 getEventType()，参数 event 是 Event 对象。在 getEventType()函数中调用 alert()方法显示 event.type 属性。

也可以使用 addEventListener()函数侦听事件并对事件进行处理，语法如下：

```
target.addEventListener(type, listener, useCapture);
```

参数说明如下。

- target：HTML DOM 点对象，例如 document 或 window。
- type：事件类型。
- listener：侦听到事件后处理事件的函数。此函数必须接受 Event 对象作为其唯一的参数。
- useCapture：是否使用捕捉。侦听器在侦听时有三个阶段：捕获阶段、目标阶段和冒泡阶段。此参数的作用是确定侦听器是运行于捕获阶段、目标阶段还是冒泡阶段。初学者一般在此参数处使用 false 即可。

【例 2-29】　演示使用 addEventListener()函数侦听事件并对事件进行处理的方法。

```
<HTML>
<HEAD><TITLE>演示使用 addEventListener()函数侦听事件的方法</TITLE></HEAD>
<BODY">
<input id="myinput"></input>
<script type="text/javascript">
function handler()
{
   alert('welcome');
}
document.getElementById("myinput").addEventListener("click", handler, false);
</script>
</BODY>
</HTML>
```

2.6.2　Event 对象

在 2.6.1 节中已经介绍了每个事件的处理函数都有一个 Event 对象作为参数，Event 对象代表事件的状态。Event 对象的主要属性如表 2-17 所示。

表 2-17　　　　　　　　　　　　　　　　Event 对象的主要属性

事　件	说　　明
altKey	用于检查 alt 键的状态。当 alt 键按下时，值为 True，否则为 False
button	检查按下的鼠标键，可能的取值如下。 • 0：没按键。 • 1：按左键。 • 2：按右键。 • 3：按左右键。 • 4：按中间键。 • 5：按左键和中间键。 • 6：按右键和中间键。 • 7：按所有的键。 这个属性仅用于 onmousedown、onmouseup 和 onmousemove 事件。对其他事件，不管鼠标状态如何，都返回 0
cancelBubble	检测是否接受上层元素的事件的控制。等于 True 时表示不被上层元素的事件控制，等于 False（默认值）时表示允许被上层元素的事件控制
clientX	返回鼠标在窗口客户区域中的 X 坐标
clientY	返回鼠标在窗口客户区域中的 Y 坐标
ctrlKey	用于检查 ctrl 键的状态。当 ctrl 键按下时，值为 True，否则为 False
fromElement	检测 onmouseover 和 onmouseout 事件发生时，鼠标所离开的元素
keyCode	检测键盘事件相对应的内码。这个属性用于 onkeydown、onkeyup 和 onkeypress 事件
offsetX	检查相对于触发事件的对象，鼠标位置的水平坐标（即水平偏移）
offsetY	检查相对于触发事件的对象，鼠标位置的垂直坐标（即垂直偏移）

事　　件	说　　明
propertyName	设置或返回元素的变化属性的名称。可以通过使用 onpropertychange 事件，得到 propertyName 的值
returnValue	从事件中返回的值
screenX	检测鼠标相对于用户屏幕的水平位置
screenY	检测鼠标相对于用户屏幕的垂直位置
shiftKey	检查 shift 键的状态。当 shift 键按下时，值为 True，否则为 False
srcElement	返回触发事件的元素
toElement	检测 onmouseover 和 onmouseout 事件发生时，鼠标所进入的元素
type	返回事件名
x	返回鼠标相对于 css 属性中有 position 属性的上级元素的 x 轴坐标
y	返回鼠标相对于 css 属性中有 position 属性的上级元素的 y 轴坐标

【例 2-30】 演示使用 Event 对象在窗口的状态栏中显示鼠标的坐标，代码如下：

```
<HTML>
<HEAD><TITLE>【例 2-30】</TITLE></HEAD>
<BODY onmousemove="window.status = 'X=' + window.event.x + ' Y=' + window.event.y">
在窗口的状态栏中显示鼠标的坐标
</BODY>
</HTML>
```

2.7　JavaScript 编辑和调试工具

JavaScript 没有专用的编辑和调试工具，用户可以根据需要自行选择。如果编写小程序，则可以使用 Editplus 等文本编辑工具。如果开发脚本库等比较大的程序，则可以使用更加专业的基于 Java 的可扩展开发平台 Eclipse，也可以使用专门用于开发 JavaScript 程序的 jsEdit 和 Aptana。

不过，JavaScript 的最多应用是直接嵌入在网页中。因此，笔者建议使用经典的网站开发工具 Dreamweaver 作为 JavaScript 编辑工具。

2.7.1　使用 Dreamweaver 编辑 JavaScript 程序

本节以 Dreamweaver CS5 为例，介绍在 Dreamweaver 中编辑 JavaScript 程序的基本情况。

1. 语法提示

使用在 Dreamweaver 在<script>…</script>标签中录入 JavaScript 程序时可以弹出语法提示框，供用户选择输入。例如，输入"window."会弹出如图 2-12 所示的提示框。

2. JavaScript 行为特效

Dreamweaver 提供了一种通过可视化操作方法用于编写特定 JavaScript 程序以实现一些网页控制特效的功能。在菜单中选择"窗口"→"行为"命令，会打开"标签检查器"面板，如图 2-13 所示。

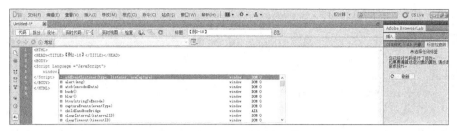

图 2-12　JavaScript 语法提示框

选中"行为"选项卡，可以查看已经定义的行为特效。在网页上选择一个 HTML 元素（下面以 body 元素为例），然后单击"添加行为"按钮，可以打开添加行为特效的菜单，如图 2-14 所示。菜单中列出了可以添加的行为特效，这里以弹出信息为例。

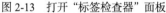

图 2-13　打开"标签检查器"面板　　　　　　　　　图 2-14　添加行为特效菜单

在添加行为特效菜单中选择"弹出信息"命令，打开"弹出信息"对话框，如图 2-15 所示。输入弹出信息，然后单击"确定"按钮，可以看到在"标签检查器"面板中会显示新增的行为特效。在第 1 列中可以选择执行行为特效的事件，默认为 onload，即加载页面时执行，如图 2-16 所示。

图 2-15　"弹出信息"对话框　　　　　　　　　　　图 2-16　设置行为特效的事件

配置完成后，可以看到在"代码"视图中自动添加了下面的代码：

```
<head>
......
<script type="text/javascript">
```

```
function MM_popupMsg(msg) { //v1.0
  alert(msg);
}
</script>
</head>
<body onload="MM_popupMsg('Hello, jQuery! ')">
</body>
```

Dreamweaver 自动生成了一个自定义函数 MM_popupMsg()。MM_popupMsg()函数调用 alert()
方法，弹出一个对话框。

3. 自动语法错误提示

Dreamweaver 会自动检查 JavaScript 程序的语法，如果有语法错误，则会在窗口的顶端显示
一个黄色的提示条，并在有错误的代码行前面显示一个红色的提示块。例如，将 function 书写为
functions 时的错误提示如图 2-17 所示。

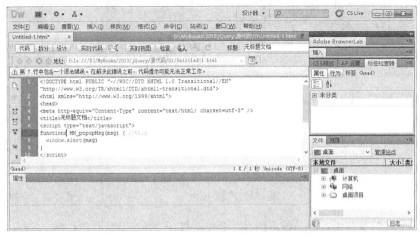

图 2-17　自动语法错误提示

可以根据错误提示检查程序，以免影响程序正常运行。

2.7.2　调试 JavaScript 程序

如果 JavaScript 程序在运行时存在错误，有时是很难定位的，表现出来就是网页显示不正确、
未实现设计的功能等。

【例 2-31】　一个有错误的 JavaScript 程序，代码如下：

```
<HTML>
<HEAD><TITLE>有 js 错误的网页</TITLE></HEAD>
<BODY>
<Script Language ="JavaScript">
  windows.alert("hello");
</Script>
</BODY>
</HTML>
```

程序中将 window.alert 误写为 windows.alert，因此无法弹出对话框。本节后面将以【例 2-31】
为例演示定位 JavaScript 程序中错误的方法。

调试 JavaScript 程序通常包含下面 2 项任务。

- 查看程序中变量的值。通常可以使用 document.write()方法或 alert()方法输出变量的值。
- 定位 JavaScript 程序中的错误。因为 JavaScript 程序多运行于浏览器，所以可以借助各种浏览器的开发者工具进行分析和定位 JavaScript 程序中的错误。

1. 借助 IE 的开发者工具定位 JavaScript 程序中的错误

从 IE8 开始集成了开发者工具，可以很方便使用开发者工具查看 HTML 元素的 DOM 结构、CSS 样式表等信息，也可以定位 JavaScript 程序中的错误。

打开 IE，然后选择"工具"→"开发者工具"菜单项，或按下 F12 键即可打开开发者工具窗口。浏览【例 2-31】的网页，然后在开发者工具窗口单击"控制台"选项卡，可以看到网页中错误的位置和明细信息，如图 2-18 所示。

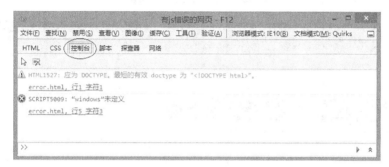

图 2-18　借助 IE 的开发者工具定位 JavaScript 程序中的错误

2. 借助 Chrome 的开发者工具定位 JavaScript 程序中的错误

打开 Chrome，然后选择"工具"→"开发者工具"菜单项，会在网页内容下面打开开发者工具窗口，这种布局更利于对照网页内容进行调试。例如，浏览【例 2-31】的网页，然后在开发者工具窗口单击"Console"选项卡，可以看到网页中错误的位置和明细信息，如图 2-19 所示。

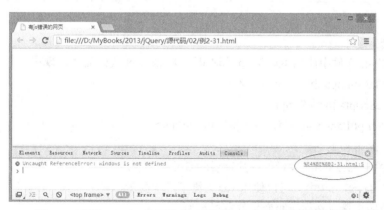

图 2-19　借助 Chrome 的开发者工具定位 JavaScript 程序中的错误

单击右侧的错误位置超链接，可以在源代码中定位错误，如图 2-20 所示。

3. 借助 Firefox 的开发者工具定位 JavaScript 程序中的错误

打开 Firefox，然后选择"Web 开发者"菜单项，会在网页内容下面打开开发者工具窗口。例如，浏览【例 2-31】的网页，然后在 Web 开发者窗口单击"Web 控制台"选项卡，可以看到网页中错误的位置和明细信息，如图 2-21 所示。

单击右侧的错误位置超链接，可以打开一个新窗口，在源代码中定位错误，如图 2-22 所示。

图 2-20　在源代码中定位错误

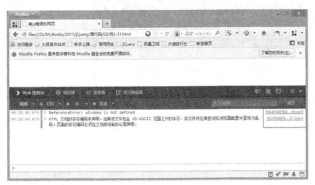

图 2-21　借助 Firefox 的开发者工具定位 JavaScript 程序中的错误

图 2-22　在源代码中定位错误

练 习 题

1．单项选择题

（1）在 HTML 文件中使用 JavaScript 脚本时，JavaScript 代码需要出现在（　　　）之间。

　　A．＜JavaScript＞和＜/ JavaScript ＞

　　B．＜JScript＞和＜/ JScript ＞

　　C．＜Script Language ="JavaScript"＞和＜/Script＞

　　D．＜Js＞和＜/ Js ＞

（2）下面关于 JavaScript 变量的描述错误的是（　　　）。

　　A．在 JavaScript 中，可以使用 var 关键字声明变量

　　B．声明变量时必须指明变量的数据类型

　　C．可以使用 typeof 运算符返回变量的类型

　　D．可以不定义变量，而通过使用变量来确定其类型

（3）下面（　　　）是 JavaScript 支持的注释字符。

　　A．//　　　　　　　　B．;　　　　　　　　C．--　　　　　　　　D．&&

（4）包含浏览器信息的 HTML DOM 对象是（　　　）。

　　A．Navigator　　　　B．Window　　　　C．document　　　　D．Location

2．填空题

（1）JavaScript 简称_____，是一种可以嵌入到 HTML 页面中的脚本语言。

（2）JavaScript 的恒等运算符为_____。用于衡量两个运算数的值是否相等，而且它们的数据类型也相同。

（3）在循环体中使用_____语句可以跳过本次循环后面的代码，重新开始下一次循环。

（4）在循环体中使用_____语句可以跳出循环体。

（5）在 JavaScript 中可以使用_____关键字来创建自定义函数。

（6）使用_____语句可以返回函数值并退出函数。

（7）所有 JavaScript 内置类都从基类_____派生。

（8）在 JavaScript 中，每个事件的处理函数都有一个_____对象作为参数。它代表事件的状态，如发生事件中的元素、键盘按键的状态、鼠标的位置、鼠标按钮的状态等。

3．简答题

（1）试述 JavaScript 包含的 5 种原始数据类型。

（2）试画出 switch 语句的流程图。

（3）试写出 for 语句的基本语法结构。

（4）试述 JavaScript 中全局变量和局部变量的作用域。

第 2 部分
进阶篇

第3章
jQuery 选择器

在 jQuery 程序中可以对 HTML 元素进行管理和操作,通常需要先选择要管理和操作的 HTML 元素,然后使用 jQuery 选择器(Selector)就可以实现此功能。由于篇幅所限,本书没有详细介绍 HTML 元素的具体情况,请读者查阅相关资料进行学习。

本章介绍基础选择器、层次选择器和过滤器等 jQuery 选择器的使用方法。关于表单选择器将在第 6 章介绍。

3.1 基础选择器

本节介绍几个基础的 jQuery 选择器。基础的通常也就是常用的,在 jQuery 程序中经常使用这些基础选择器选取 HTML 元素。

3.1.1 Id 选择器

每个 HTML 元素都有一个 id,可以根据 id 选取对应的 HTML 元素。例如,使用$("#Id")可以选取 ID 为 Id 的 HTML 元素。

【例 3-1】 使用 Id 选择器选取 HTML 元素的简单实例,代码如下:

```html
<html>
<head>
<script type="text/javascript" src="jquery.js"></script>
<script type="text/javascript">
$(document).ready(function(){
  $("#button1").click(function(){
    alert("hello");
  });
});
</script>
</head>
<body>
<button id="button1">单击我</button>
</body>
</html>
```

网页中定义了一个 id 为 button1 的按钮,并使用$("#button1").click()方法定义单击该按钮的处理函数,指定单击该按钮时弹出一个 hello 对话框。.click()方法用于指定单击 HTML 元素的处理函数,关于 jQuery 事件处理的具体情况将在第 7 章介绍。

3.1.2　标签名选择器

使用标签名可以选取网页中所有该类型的元素。例如，使用$("div")可以选取网页中所有的 div 元素；使用$("a")可以选取网页中所有的 a 元素；使用$("p")可以选取网页中所有的 p 元素；使用$(document.body) 可以选取网页中 body 元素。

【例 3-2】　使用标签名选择器的简单实例，代码如下：

```
<html>
  <head>
    <meta charset="utf-8">
    <title>Demo</title>
  </head>
  <body>
    <a href="http://jquery.com/">jQuery</a>
    <script src="jquery.js"></script>
    <script>
     $(document).ready(function(){
       $("a").click(function(event){
         alert("Hello jQuery");
         event.preventDefault();
       });
     });
    </script>
  </body>
</html>
```

程序演示了使用$("a")选取网页中所有 a 元素的方法。在网页中使用 a 元素定义了一个访问 http://jquery.com/的超链接。然后通过 jQuery 编程指定单击 a 元素时不执行默认的行为，而是弹出一个显示"Hello jQuery"的对话框。

event.preventDefault()方法阻止元素发生默认的行为（例如，当单击提交按钮时阻止对表单的提交）。

3.1.3　根据元素的 CSS 类选择

使用$(".ClassName")可以选取网页中所有应用了 CSS 类（类名为 ClassName）的 HTML 元素。关于 CSS 类的基本情况将在第 8 章中介绍。

【例 3-3】　根据元素的 CSS 类选择 HTML 元素的实例，代码如下：

```
<html>
<head>
<script type="text/javascript" src="jquery.js"></script>
  <script>
  $(document).ready(function(){
    $(".myClass").css("border","3px solid red");
  });
  </script>
  <style>
  div,span {
    width: 150px;
    height: 60px;
    float:left;
    padding: 10px;
    margin: 10px;
```

```
      background-color: #EEEEEE;
  }
  </style>
</head>
<body>
  <div class="notMe">div class="notMe"</div>
  <div class="myClass">div class="myClass"</div>
  <span class="myClass">span class="myClass"</span>
</body>
</html>
```

网页中定义了 2 个 div 元素和一个 span 元素，其中一个 div 元素和 span 元素应用了 CSS 类 myClass。在 jQuery 程序中使用$(".myClass")选择器选取网页中所有应用了 CSS 类（类名为 myClass）的 HTML 元素，然后调用 css()方法设置选取 HTML 元素的 CSS 样式，给选取的 HTML 元素加一个红色的边框。

css()方法用于在 HTML 元素上应用指定的 CSS 类，具体用法将在第 8 章中介绍。

浏览【例 3-3】的结果，如图 3-1 所示。

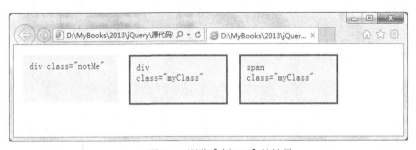

图 3-1　浏览【例 3-3】的结果

3.1.4　选择所有 HTML 元素

使用$("*")可以选取网页中所有的 HTML 元素。

【例 3-4】　演示选择所有 HTML 元素的简单实例，代码如下：

```
<!doctype html>
<html>
<head>
<script type="text/javascript" src="jquery.js"></script>
  <script>
  $(document).ready(function(){
    $("*").css("border","3px solid red");
  });
  </script>
  <style>
  div,span {
    width: 150px;
    height: 60px;
    float:left;
    padding: 10px;
    margin: 10px;
    background-color: #EEEEEE;
  }
  </style>
</head>
```

```
<body>
  <div>DIV</div>
  <span>SPAN</span>
  <p>P <button>Button</button></p>
</body>
</html>
```

网页中定义了一个 div 元素、一个 span 元素、一个 p 元素和一个 button 元素。在 jQuery 程序中使用$("*")选择器选取网页中所有的 HTML 元素，然后调用 css()方法设置选取 HTML 元素的 CSS 样式，给选取的 HTML 元素加一个红色的边框。浏览【例 3-4】的结果，如图 3-2 所示。

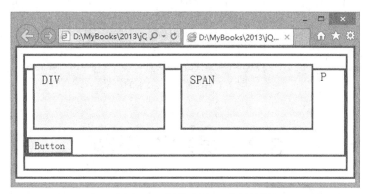

图 3-2　浏览【例 3-4】的结果

3.1.5　同时选择多个 HTML 元素

使用$(selector1, selector2,…,selectorN)可以同时选取网页中的多个 HTML 元素。

【例 3-5】　演示同时选择多个 HTML 元素的简单实例，代码如下：

```
<!doctype html>
<html>
<head>
<script type="text/javascript" src="jquery.js"></script>
  <script>
  $(document).ready(function(){
    $("div, span").css("border","3px solid red");
  });
  </script>
  <style>
  div,span {
    width: 150px;
    height: 60px;
    float:left;
    padding: 10px;
    margin: 10px;
    background-color: #EEEEEE;
  }
  </style>
</head>
<body>
  <div>DIV</div>
  <span>SPAN</span>
  <p>P <button>Button</button></p>
</body>
```

```
</html>
```

网页中定义了一个 div 元素、一个 span 元素、一个 p 元素和一个 button 元素。在 jQuery 程序中使用$("div, span")选择器选取网页中的 div 元素和 span 元素，然后调用 css()方法设置选取 HTML 元素的 CSS 样式，给选取的 HTML 元素加一个红色的边框。浏览【例 3-5】的结果，如图 3-3 所示。

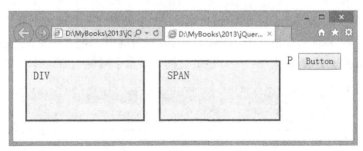

图 3-3   浏览【例 3-5】的结果

3.2   层次选择器

HTML 元素是有层次的，有些 HTML 元素包含在其他 HTML 元素中。例如，表单中可以包含各种用于输入数据的 HTML 元素。

3.2.1   ancestor descendant（祖先 后代）选择器

ancestor descendant 选择器可以选取指定祖先元素的所有指定类型的后代元素。例如，使用$("form input")可以选择表单中的所有 input 元素。关于表单的情况将在第 6 章中介绍。

【例 3-6】   演示使用 ancestor descendant 选择器选择表单中所有 input 元素的简单实例，代码如下：

```
<!DOCTYPE HTML PUBLIC "-//W3C//DTD HTML 4.01 Transitional//EN"
            "http://www.w3.org/TR/html4/loose.dtd">
<html>
<head>
 <script src=" jquery.js"></script>

 <script>
 $(document).ready(function(){
   $("form input").css("border", "2px dotted green");
 });
 </script>
 <style>
 form { border:2px red solid;}
 </style>
</head>
<body>
 <form>
用户名：    <input name="txtUserName" type="text" value="" />  <br>
密码：    <input name="txtUserPass" type="password" />  <br>
 </form>
 b 表单外的文本框: <input name="none" />
```

```
</body>
</html>
```

网页中定义了一个表单，表单中包含 2 个 input 元素、在表单外也定义了一个 input 元素。在 jQuery 程序中使用$(" form input ")选择器选取表单中所有的 input 元素，然后调用 css()方法设置选取 input 元素的 CSS 样式，给选取的 input 元素加一个绿色的点线（dotted）边框。为了区分表单内外的 input 元素，网页中使用 CSS 样式为表单加了一个红色的边框。浏览【例 3-6】的结果，如图 3-4 所示。

图 3-4　浏览【例 3-6】的结果

3.2.2　parent > child（父 > 子）选择器

parent > child 选择器可以选取指定父元素的所有子元素，子元素必须包含在父元素中。例如，使用$("form > input")可以选择表单中的所有 input 元素。

【例 3-7】　演示使用 parent > child 选择器选择 span 元素中所有元素的简单实例，代码如下：

```
<!DOCTYPE HTML>
<html>
<head>
  <script src="jquery.js"></script>
  <script>
  $(document).ready(function(){
    $("#main > *").css("border", "3px double red");
  });
  </script>
  <style>
  body { font-size:14px; }
  span#main { display:block; background:yellow; height:110px; }
  button { display:block; float:left; margin:2px;
         font-size:14px; }
  div { width:90px; height:90px; margin:5px; float:left;
      background:#bbf; font-weight:bold; }
  div.mini { width:30px; height:30px; background:green; }
  </style>
</head>
<body>
  <span id="main">
    <div></div>
    <button>Child</button>
    <div class="mini"></div>
    <div>
      <div class="mini"></div>
      <div class="mini"></div>
```

```
    </div>
    <div><button>Grand</button></div>
    <div><span>A Span <em>in</em> child</span></div>
    <span>A Span in main</span>
  </span>
</body>
</html>
```

网页中定义了一个 id 为 main 的 span 元素，span 元素中包含 5 个 div 元素、一个按钮和一个 span 元素。在 div 元素中也定义按钮和 span 元素。在 jQuery 程序中使用$("#main > *")选择器选取 span 元素 main 中的所有元素，然后调用 css()方法设置选取元素的 CSS 样式，给选取的 input 元素加一个红色的双线（double）边框。浏览【例 3-7】的结果，如图 3-5 所示。可以看到，div 元素中定义的按钮和 span 元素并没有红色边框，因为它们不是 span 元素 main 中的子元素。

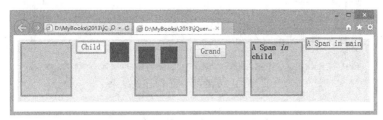

图 3-5   浏览【例 3-7】的结果

ancestor descendant（祖先 后代）选择器与 parent > child（父 > 子）选择器的区别在于后者只能选择指定 HTML 元素的直接子元素，如果子元素是一个容器（例如 span 元素），则不会选择其中包含的元素；而前者则会选择指定 HTML 元素的所有后代子元素，包括容器子元素中的子元素。例如，在【例 3-7】中如果使用$("#main *")选择器，则会选中包含在 span 元素里的两个绿色背景的子元素以及 div 元素中包含的按钮。

3.2.3　prev + next（前 + 后）选择器

prev + next 选择器可以选取紧接在指定的 prev 元素后面的 next 元素。例如，使用$("label + input")可以选择所有紧接在 label 元素后面的 input 元素。

【例 3-8】　演示使用 prev + next 选择器的简单实例，代码如下：

```
<!DOCTYPE html>
<html>
<head>
  <script src="jquery.js"></script>
</head>
<body>
  <form>
    <label>Name:</label>
    <input name="name" />
    <fieldset>
      <label>Newsletter:</label>
      <input name="newsletter" />
    </fieldset>
  </form>
  <input name="none" />
<script>$("label + input").css("border", "2px dotted green")</script>
```

```
</body>
</html>
```

网页中定义了 3 个 input 元素，其中 2 个紧接在 label 元素后面。在 jQuery 程序中使用$(" label + input ")选择器选取所有紧接在 label 元素后面的 input 元素，然后调用 css()方法设置选取元素的 CSS 样式，给选取元素加一个绿色的点线（dotted）边框。浏览【例 3-8】的结果，如图 3-6 所示。

图 3-6   浏览【例 3-8】的结果

3.2.4   prev ~ siblings（前 ~ 兄弟）选择器

prev ~ siblings 选择器可以选取指定的 prev 元素后面根据 siblings 过滤的元素。例如，使用 $("#prev ~ div")可以选择所有紧接在 id 为 prev 的元素后面的 div 元素。

【例 3-9】   演示使用 prev ~ siblings 选择器的简单实例，代码如下：

```
<!DOCTYPE html>
<html>
<head>
  <style>
  div,span {
    display:block;
    width:80px;
    height:80px;
    margin:5px;
    background:#bbffaa;
    float:left;
    font-size:14px;
  }
  div#small {
    width:60px;
    height:25px;
    font-size:12px;
    background:#fab;
  }
  </style>
  <script src="jquery.js"></script>
</head>
<body>
  <div>div (doesn't match since before #prev)</div>
  <span id="prev">span#prev</span>
  <div>div sibling</div>
  <div>div sibling <div id="small">div niece</div></div>
  <span>span sibling (not div)</span>
  <div>div sibling</div>
<script>$("#prev ~ div").css("border", "3px groove blue");</script>
```

网页中定义了一个 id 为 prev 的 span 元素，span 元素前面定义了一个 div 元素，span 元素后面定义了 3 个 div 元素和一个 span 元素，在后面的一个 div 元素中定义了一个 div 元素。在 jQuery 程序中使用$("#prev ~ div")选择器选取 span 元素 prev 后面的所有的 div 元素，然后调用 css()方法设置选取元素的 CSS 样式，给选取的 input 元素加一个蓝色的边框。浏览【例 3-9】的结果，如图 3-7 所示。可以看到，span 元素 prev 后面的所有的 div 元素都加了一个蓝色边框、而后面的 span 元素和 div 元素里面的 div 元素并没有边框。

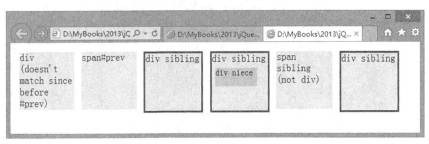

图 3-7　浏览【例 3-9】的结果

3.3　jQuery 过滤器

在 jQuery 中可以使用过滤器对选取的数据进行过滤，从而选择更明确的元素。jQuery 过滤器的通常用法如下：

```
$("选择器:过滤器")
```

3.3.1　基本过滤器

本节介绍 jQuery 的基本过滤器。

1. :first

使用:first 过滤器可以匹配找到的第一个元素。例如，使用$(" tr:first")可以选择表格的第 1 行。

【例 3-10】　演示使用:first 过滤器的简单实例，代码如下：

```
<!DOCTYPE html>
<html>
<head>
  <script src="jquery.js"></script>
</head>
<body>
  <table>
    <tr><td>第 1 行</td></tr>
    <tr><td>第 2 行</td></tr>
    <tr><td>第 3 行</td></tr>
  </table>
  <script>
  $(document).ready(function(){
    $("tr:first").css("font-style", "italic");
  });
  </script>
</body>
</html>
```

网页中定义了一个包含 3 行的表格，在 jQuery 程序中使用$(" tr:first")选择器选取表格的第 1
行，然后调用 css()方法设置选取元素的 CSS 样式，设置第 1
行表格使用斜体字。浏览【例 3-10】的结果，如图 3-8 所示。

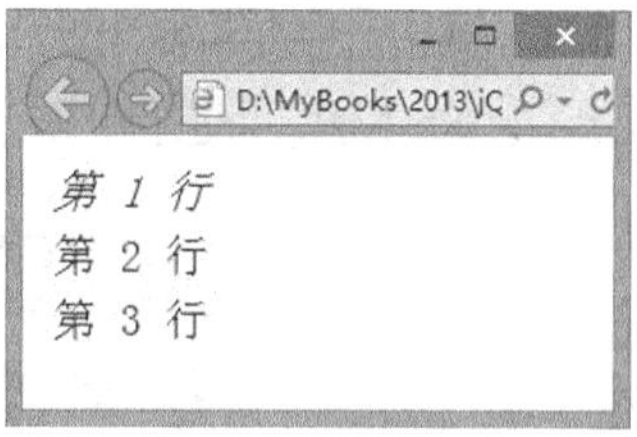

2. :last

使用:last 过滤器可以匹配找到的最后一个元素。例如，使
用$(" tr:last")可以选择表格的最后 1 行，其用法与:first 过滤器
相同。

图 3-8　浏览【例 3-10】的结果

3. :not(<选择器>)

使用 :not(<选择器>)过滤器可以去除所有与给定选择器匹配的元素。例如，使用
$("input:not(:checked) ")可以选择所有未被选中的 input 元素。

4. :even

使用:even 过滤器可以匹配所有索引值为偶数的元素。注意，索引值是从 0 开始计数的，而用
户的习惯是从 1 开始计数。例如，使用$(("tr:even")可以选择表格的奇数行（索引值为偶数）。

5. :odd

使用:odd 过滤器可以匹配所有索引值为奇数的元素。例如，使用$(("tr:odd")可以选择表格的
偶数行（索引值为奇数）。

6. :eq(index)

使用:eq(index)过滤器可以匹配索引值为 index 的元素。例如，使用$(("tr:eq(1)")可以选择表格
的第 1 行。

7. :gt(index)

使用:gt(index)过滤器可以匹配索引值大于 index 的元素。例如，使用$(("tr:gt(1)")可以选择表
格第 1 行后面的行。

8. :lt(index)

使用:lt(index)过滤器可以匹配索引值小于 index 的元素。例如，使用$(("tr:lt(2)")可以选择表格
的第 1、2 行（索引值为 0、1）。

9. :header

使用: header 过滤器可以选择所有 h1、h2、h3 一类的 header 标签。

【例 3-11】　演示使用: header 过滤器的简单实例，代码如下：

```
<!DOCTYPE html>
<html>
<head>
  <script src="jquery.js"></script>
</head>
<body>
    <h1>标题 1</h1>
  <p>内容 1</p>
  <h2>标题 2</h2>
  <p>内容 2</p>
<script>
 $(document).ready(function(){
   $(":header").css({ background:'#CCC', color:'blue' });
 });
 </script>
```

```
</body>
</html>
```

在 jQuery 程序中使用$(": header ")过滤器选取所有 header 元素，然后调用 css()方法设置选取元素的 CSS 样式，设置背景色为#CCC、前景色为蓝色。浏览【例 3-11】的结果，如图 3-9 所示。

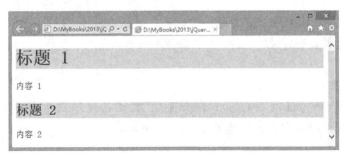

图 3-9　浏览【例 3-11】的结果

10．: animated

使用:animated 过滤器可以匹配所有正在执行动画效果的元素。关于使用 jQuery 实现动画的方法将在第 9 章中介绍。

3.3.2　内容过滤器

内容过滤器可以根据元素的内容对选择的元素进行过滤。

1．:contains()

使用:contains()过滤器可以匹配包含指定文本的元素。例如，使用$("div:contains(HTML)")可以选择内容包含"HTML"的 div 元素。

【例 3-12】　演示使用:contains()过滤器的简单实例，代码如下：

```
<!DOCTYPE html>
<html>
<head>
  <script src="jquery.js"></script>
</head>
<body>
    <div>HTML4</div>
  <div>HTML5</div>
  <div>CSS3</div>
  <div>jQuery</div>
 <script>
 $(document).ready(function(){
    $("div:contains(HTML)").css({ background:'yellow', color:'blue' });
 });
 </script>
</body>
</html>
```

网页中定义了 4 个 div 元素，在 jQuery 程序中使用$("div:contains(HTML)")选择内容包含"HTML"的 div 元素，然后调用 css()方法设置选取元素的背景色为黄色、前景色为蓝色。浏览【例 3-12】的结果，如图 3-10 所示。

图 3-10　浏览【例 3-12】的结果

2. :empty()

使用:empty()过滤器可以匹配不包含子元素或文本为空的元素。例如，使用$("td:empty")可以选择内容为空的表格单元格。

【例 3-13】　演示使用:empty()过滤器的简单实例，代码如下：

```
<!DOCTYPE html>
<html>
<head>
 <script src="jquery.js"></script>
<script>
 $(document).ready(function(){
     $("td:empty").css("background","grey" )
 });
     </script>
</head>
<body>
<table id="employees" width="200" border="1">
<tr><th>ID</th><th>姓名</th><th>性别</th><th>年龄</th><th>学历</th></tr>
<tr>
                <td>001</td>
                <td>张三</td>
                <td>女</td>
                <td></td>
                <td>大专</td>
        </tr>
        <tr>
                <td>002</td>
                <td>李四</td>
                <td>男</td>
                <td>30</td>
                <td></td>
        </tr>
        <tr>
                <td>003</td>
                <td>王五</td>
                <td></td>
                <td>25</td>
                <td>本科</td>
        </tr>
        </table>
</body>
</html>
```

网页中定义了一个表格，其中包含一些没有内容的单元格。在 jQuery 程序中使用$("td:empty")选择这些没有内容的单元格，然后使用 css("background","grey")语句将它们的背景设置为灰色。浏览【例 3-13】的结果，如图 3-11 所示。

3. :has()

使用:has()过滤器可以匹配包含指定子元素的元素。例如，使用$("div:has(p)")可以选择包含 p 元素的 div 元素。

4. :parent()

:parent()过滤器与:empty()过滤器的作用正好相反，使用它可以匹配至少包含一个子元素或文本的元素。例如，使用$("div:parent(p)")可以选择包含 p 元素的 div 元素。

图 3-11　浏览【例 3-13】的结果

【例 3-14】　演示使用: parent()过滤器的简单实例，代码如下：

```
<!DOCTYPE html>
<html>
<head>
  <script src="jquery.js"></script>
</head>
<body>
<div><p>包含 p 元素的 div 元素</p></div>
  <div>不包含 p 元素的 div 元素</div>
</body>
 <script>
 $(document).ready(function(){
    $("div:has(p)").css({ background:'yellow', color:'blue' });
 });
 </script>
</body>
</html>
```

网页中定义了 2 个 div 元素，在 jQuery 程序中使用$("div:has(p)")选择包含 p 元素的 div 元素，然后调用 css()方法设置选取元素的背景色为黄色、前景色为蓝色。浏览【例 3-14】的结果，如图 3-12 所示。

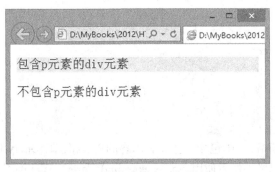

图 3-12　浏览【例 3-14】的结果

3.3.3　可见性过滤器

使用可见性过滤器可以根据元素的可见性对元素进行过滤。jQuery 包含:hidden 和:visible 两个可见性过滤器，:hidden 可以匹配所有的不可见元素，:visible 可以匹配所有的可见元素。例如，$("input:hidden")可以匹配所有不可见的 input 元素。

【例 3-15】　演示使用:hidden 过滤器的简单实例，代码如下：

```
<!DOCTYPE html>
<html>
<head>
  <script src="jquery.js"></script>
</head>
<body>
  <span></span>
  <form>
    <input type="hidden" />
    <input type="hidden" />
    <input type="hidden" />
  </form>
  <script>
  $(document).ready(function(){
    $("span:first").text("共发现 " + $("input:hidden").length +
                    " 个隐藏的 input 元素");  });
  </script>
</body>
</html>
```

网页中定义了 3 个 hidden 类型的 input 元素，在 jQuery 程序中使用$("input:hidden")选择隐藏的 input 元素并输出数量。浏览【例 3-15】，会看到输出的"共发现 3 个隐藏的 input 元素"结果。

3.3.4　属性过滤器

使用属性过滤器可以根据元素的属性或属性值对元素进行过滤。

1．[属性名]

可以使用$([属性名])过滤器匹配包含指定属性名的元素。例如，$("div[id]")可以匹配的所有包含 id 属性的 div 元素。

【例 3-16】　演示使用$([属性名])过滤器的简单实例，代码如下：

```
<!DOCTYPE html>
<html>
<head>
  <script src="jquery.js"></script>
</head>
<body>
  <div>no id</div>
  <div id="id1">id1</div>

  <div id="id2">id2</div>
  <div>no id</div>
  <script>
  $(document).ready(function(){
    $('div[id]').css("border", "2px dotted green");
    });
    </script>
</body>
</html>
```

网页中定义了 4 个 div 元素，其中 2 个定义了 id 属性。在 jQuery 程序中使用$('div[id]')选择器选取所有包含 id 属性的 div 元素，然后调用 css()方法设置选取 div 元素的 CSS 样式，给选取的 div 元素加一个绿色的点线（dotted）边框。浏览【例 3-16】的结果，如图 3-13 所示。

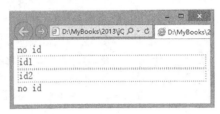

图 3-13　浏览【例 3-16】的结果

2. [属性名=值]

可以使用$([属性名=值])过滤器匹配指定属性等于指定值的元素。例如，$("div[id=id1]")可以匹配的所有 id 属性等于 id1 的 div 元素。

【例 3-17】　演示使用$([属性名=值])过滤器的简单实例，代码如下：

```
<!DOCTYPE html>
<html>
<head>
  <script src="jquery.js"></script>
</head>
<body>
  <div>no id</div>
  <div id="id1">id1</div>
  <div id="id2">id2</div>
  <div>no id</div>
 <script>
 $(document).ready(function(){
    $('div[id=id1]').css("border", "2px dotted green");
    });
     </script>
</body>
</html>
```

网页中定义了 4 个 div 元素。在 jQuery 程序中使用$('div[id=id1]')选择器选取 id 属性等于 id1 的 div 元素，然后调用 css()方法设置选取 div 元素的 CSS 样式，给选取的 input 元素加一个绿色的点线（dotted）边框。浏览【例 3-17】的结果，如图 3-14 所示。

图 3-14　浏览【例 3-17】的结果

3. [属性名!=值]

可以使用$([属性名!=值])过滤器匹配指定属性不等于指定值的元素。例如，$("div[id!=id1]")可以匹配所有 id 属性不等于 id1 的 div 元素。

4. [属性名^=值]

可以使用$([属性名^=值])过滤器匹配指定属性值以指定值开始的元素。例如，$("input[name^='news']")可以匹配所有 name 属性值以 news 开始的 input 元素。

5. [属性名$=值]

可以使用$([属性名$=值])过滤器匹配指定属性值以指定值结尾的元素。例如，$("input[name$='news']")可以匹配所有 name 属性值以 news 结尾的 input 元素。

6. [属性名*=值]

可以使用$([属性名*=值])过滤器匹配指定属性值包含指定值的元素。例如，$("input[name*='news']")可以匹配所有 name 属性值包含 news 的 input 元素。

7. 复合属性过滤器

可以使用$([属性过滤器 1][属性过滤器 2]…[属性过滤器 n])格式的复合属性过滤器匹配满足多个复合属性过滤器的元素。例如，$("input[id][name*='news']")可以匹配所有包含 id 属性、且 name 属性值包含 news 的 input 元素。

3.3.5　子元素过滤器

使用子元素过滤器可以根据元素的子元素对元素进行过滤。

1. :nth-child(index/even/odd/equation)

可以使用:nth-child(index/even/odd/equation)过滤器匹配指定父元素下的一定条件的索引值的子元素。例如，$("ul li:nth-child(2)")可以匹配 ul 元素中的第 2 个 li 子元素，$("ul li:nth-child(even)")可以匹配 ul 元素中的第偶数个 li 子元素，$("ul li:nth-child(odd)")可以匹配 ul 元素中的第奇数个 li 子元素。

【例 3-18】　演示使用:nth-child(index/even/odd/equation)过滤器的简单实例，代码如下：

```
<!DOCTYPE html>
<html>
<head>
  <script src="jquery.js"></script>
</head>
<body>
  <ul>
   <li>北京</li>
   <li>上海</li>
   <li>天津</li>
   <li>重庆</li>
  </ul>
 <script>
 $(document).ready(function(){
   $("ul li:nth-child(even)").css("border", "2px solid red");
   });
    </script>
</body>
</html>
```

网页中定义了一个 ul 列表，其中包含 4 个 li 子元素。在 jQuery 程序中使用$("ul li:nth-child(even)")选择器选取所有索引为偶数的 li 子元素，然后调用 css()方法设置选取 li 元素的 CSS 样式，给选取的 li 元素加一个红色的实线（solid）边框。浏览【例 3-18】的结果，如图 3-15 所示。

2. :first-child

可以使用:first-child 过滤器匹配第 1 个子元素。例如，$("ul li:first-child")可以匹配 ul 列表中的第一个 li 子元素。

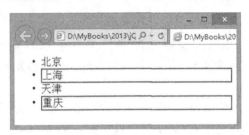

图 3-15　浏览【例 3-18】的结果

3．:last-child

可以使用:last-child 过滤器匹配最后 1 个子元素。例如，$("ul li:last-child")可以匹配 ul 列表中的最后一个 li 子元素。

4．:only-child

可以使用:only-child 过滤器匹配父元素的唯一子元素。例如，$("ul li:only-child")可以匹配 ul 列表中的唯一 li 子元素（如果 ul 列表中包含多个 li 子元素，则没有子元素被选中）。

练 习 题

1．单项选择题

（1）使用（　　　）可以选取 ID 为 Id 的 HTML 元素。

  A．Id   B．$("Id")   C．$("#Id")   D．$(Id)

（2）使用（　　　）可以选取网页中所有应用了 CSS 类（类名为 ClassName）的 HTML 元素。

  A．$("ClassName")   B．$(".ClassName")

  C．$("#ClassName")   D．$(ClassName)

（3）使用（　　　）可以选择表单中的所有 input 元素。

  A．$("form input")   B．$("form+input")

  C．$("input")   D．$("form ~ input")

（4）使用（　　　）可以选择所有紧接在 label 元素后面的 input 元素。

  A．$("label input")   B．$("label + input")

  C．$("label > input")   D．$("label ～ input")

2．填空题

（1）使用_____可以选取网页中所有 a 元素。

（2）使用_____可以选取网页中所有的 HTML 元素。

（3）使用_____可以选择表格的第 1 行。

（4）使用_____过滤器可以匹配所有索引值为偶数的元素。

（5）使用_____过滤器可以匹配包含指定文本的元素。

3．简答题

（1）试述同时选择多个 HTML 元素的方法。

（2）试说明什么是可见性过滤器。

（3）试举例说明:nth-child()过滤器的作用。

第 4 章
使用 jQuery 操作 HTML 元素

每个 HTML 元素都可以转换为一个 DOM 对象，而每个 DOM 对象都有一组属性，通过这些属性可以设置 HTML 元素的外观和特性。jQuery 可以很方便地获取和设置 HTML 元素的属性。

4.1 使用 jQuery 访问 HTML 元素的属性和内容

通过访问 HTML 元素的属性和内容可以获取和设置网页的内容，因此这也是 jQuery 编程的常用功能之一。

4.1.1 使用 jQuery 获取 HTML 元素对应的 jQuery 对象

在标准 JavaScript 中，可以使用 document.getElementById()方法根据 ID 获取 HTML 元素对应的 DOM 对象，语法如下：

```
var DOM 对象 = document.getElementById(对象 id)
```

然后通过 DOM 对象的 innerText 属性可以获取和设置 HTML 元素的显示文本。

【例 4-1】 在标准 JavaScript 中获取 HTML 元素对应的 DOM 对象的实例，代码如下：

```html
<html>
<head>
<script language="javascript">
function showa()
{
  var ida=document.getElementById('a');
  alert(idtext.innerText);
}

window.addEventListener("load", showa, true);
</script>
</head>
<body>
<a id="a">aa</a><br>
<a id="b">bb</a><br>
<a id="c">cc</a>
</body>
```

网页中定义了 3 个超链接，id 分别为 a、b、c。在 showa()函数中使用 document.getElementById() 方法获取 ID 为 a 的 HTML 元素对应的 DOM 对象，并弹出对话框显示其文本。

jQuery 可以使用选择器获取 HTML 元素对应的 jQuery 对象，在第 3 章中已经介绍了 jQuery 选择器的使用方法，可以使用 Id 选择器、标签名选择器和过滤器等直接获得 HTML 元素对应的 DOM 对象。

如果通过选择器选取了多个 HTML 元素，则可以使用 get()方法得到其中的一个 HTML 元素。语法如下：

```
var jQuery对象 = jQuery选择器.get(索引);
```

索引是从 0 开始的整数，如果要得到第一个 HTML 元素，则索引使用 0；如果要得到第 2 个 HTML 元素，则索引使用 1；以此类推。

【例 4-2】 修改【例 4-1】，使用 get()方法获取 HTML 元素对应的 jQuery 对象的实例，代码如下：

```html
<html>
<head>
<script type="text/javascript" src="jquery.js"></script>
<script type="text/javascript">
$(document).ready(function(){
 $("a").click(function(){
   alert($("a").get(0).innerText);
  });
  });
</script>
</head>
<body>
<a id="a">aa</a><br>
<a id="b">bb</a><br>
<a id="c">cc</a>
</body>
</html>
```

网页中定义了 3 个超链接，id 分别为 a、b、c。单击超链接 a 时，程序使用 $（"a"）.get(o) 方法获取索引为 a 的 HTML 元素对应的 jQuery 对象，并弹出对话框显示其文本。

也可以使用 each()方法遍历 jQuery 选择器所有匹配的元素，并对每个元素执行指定的回调函数。each()方法的语法如下：

```
each(回调函数)
```

通常回调函数有一个可选的整数参数表示遍历元素的索引。

【例 4-3】 演示使用 each()方法遍历 DOM 对象的实例，代码如下：

```html
<html>
<head>
  <script src="jquery.js"></script>
</head>
<body>
   <div>北京</div>
   <div>上海</div>
   <div>天津</div>
<script>
 $(document).ready(function(){
    $(document.body).click(function () {
      $("div").each(function (i) {
        if (this.style.color != "blue") {
          this.style.color = "blue";
```

```
      } else {
        this.style.color = "";
      }
    });
    });
    });
    </script>
</body>
</html>
```

网页中定义了 3 个 div 元素，并使用$(document.body).click()方法定义了单击 body 元素（网页内容）的处理函数。在处理函数中使用$("div").each()方法遍历网页中所有的 div 元素，在 each()方法的回调函数中可以使用 this 指针代表匹配的 DOM 对象。使用 this.style.color 可以设置匹配DOM 对象的颜色。本例中在单击 body 元素（网页内容）时会将所有 div 元素的颜色设置为蓝色。

4.1.2　使用 jQuery 获取和设置 HTML 元素的内容

可以调用 html()方法、text()方法和 val()方法获取和设置 HTML 元素的内容。

1．html()方法

使用 html()方法获取 HTML 元素内容的语法如下：

```
var htmlStr = jQuery 对象.html();
```

变量 htmlStr 就是得到的 HTML 元素的内容。

设置 HTML 元素内容的语法如下：

```
jQuery 对象.html(htmlStr);
```

参数 htmlStr 就是要设置的 HTML 元素的内容。

【例 4-4】　调用 html()方法设置 HTML 元素内容的实例，代码如下：

```
<html>
<head>
<script type="text/javascript" src="/jquery/jquery.js"></script>
<script type="text/javascript">
$(document).ready(function(){
  $("button").click(function(){
  $("p").html("hello jQuery!");
  });
});
</script>
</head>
<body>
<p>请注意我的变化</p>
<button type="button">请点击这里</button>
</body>
</html>
```

网页中定义了一个 p 元素和一个按钮，当单击按钮会将 p 元素的内容设置为"hello jQuery!"。

2．text()方法

使用 text()方法获取 HTML 元素内容的语法如下：

```
var htmlStr = jQuery 对象.text();
```

变量 htmlStr 就是得到的 HTML 元素的内容。

使用 text()方法设置 HTML 元素内容的语法如下：

```
jQuery对象. text(htmlStr);
```

参数 htmlStr 就是要设置的 HTML 元素的内容。html()方法只能用于 HTML 文档，不能用于 XML 文档；而 text()方法对 HTML 和 XML 文档都有效。

3. val()方法

使用 val ()方法获取 HTML 元素内容的语法如下：

```
var value = jQuery对象.val();
```

变量 value 就是得到的 HTML 元素的内容。

使用 val ()方法设置 HTML 元素内容的语法如下：

```
jQuery对象.val(value);
```

val ()方法还可以指定一个函数用于设置 HTML 元素的内容语法如下：

```
$(selector).val(function(index,oldvalue))
```

参数说明如下。

- $(selector)：选择器。
- index：可选参数。接受选择器的 index 位置（当选择多个元素时有效）。
- oldvalue：可选参数。接受选择器的当前 Value 属性。

【例 4-5】 调用 val ()方法指定一个函数用于设置 HTML 元素内容的实例，代码如下：

```
<html>
<head>
<script type="text/javascript" src="jquery.js"></script>
<script type="text/javascript">
$(document).ready(function(){
  $("button").click(function(){
    $("input:text").val(function(index,oldvalue){
      return oldvalue.toUpperCase();
    });
  });
});
</script>
</head>

<body>
<p>Name: <input type="text" name="user" value="abcd" /></p>
<button>转换为大写</button>
</body>
</html>
```

网页中定义了一个 input 元素和一个按钮，当单击按钮会将 input 元素的内容转换为大写。

4.1.3 使用 jQuery 获取和设置 HTML 元素的属性

使用 attr()方法可以获取和设置匹配的 HTML 元素的指定属性，获取 HTML 元素属性的语法如下：

```
Val = jQuery对象.attr(属性名);
```

attr()方法的返回值就是 HTML 元素的属性值。

设置 HTML 元素属性的语法如下：

```
jQuery对象.attr(属性名, 属性值);
```

【例 4-6】 演示使用 attr()方法访问 HTML 元素属性的实例，代码如下：

```
<!DOCTYPE html>
<html>
<head>
  <script src="jquery.js"></script>
</head>
<body>
  <img id="div_img" src="01.jpg">
<script>
 $(document).ready(function(){
   $("#div_img").click(function() {
     $("#div_img").attr("src", "02.jpg");
   });
 });
    </script>
</body>
</html>
```

网页中定义了一个 img 元素（id 属性为 div_img），并使用$(#div_img).click()方法定义了单击 img 元素（图片）的处理函数。在处理函数中将$("#div_img")的 src 属性值设置为 "02.jpg"，网页中会显示图片 02.jpg。

【例 4-7】   演示使用 attr()方法设置网页中所有的超链接都在新窗口打开的实例，代码如下：

```
<!DOCTYPE html>
<html>
<head>
  <script src="jquery.js"></script>
<script>
 $(document).ready(function(){
        $("a").attr("target", "_blank");
  });
    </script>
</head>
<body>
  <a href="http://www.sina.com.cn">新浪</a>
  <a href="http://www.sohu.com">搜狐</a>
</body>
</html>
```

程序使用$("a").attr()方法将所有超链接的 target 属性都设置为 "_blank"，即在新窗口打开网页。

attr()方法还可以有如表 4-1 所示的其他使用方法。

表 4-1   attr()方法的其他用法

用　　法	说　　明

attr(properties)	以键/值对的形式设置匹配元素的一组属性。例如，可以使用下面的代码设置所有 img 元素的 src、title 和 alt 属性。
	
	``$("img").attr({
	        src: "/images/hat.gif",
	        title: "jQuery",
	        alt: "jQuery Logo"
	    });```

续表

用　　法	说　　明

attr(key, fn)	以键/值对的形式设置匹配元素的指定属性为计算值。key 指定属性名，fn 指定返回属性值的函数。例如：
	```$("img").attr("src", function() {```
	``` return "/images/" + this.title;```
	``` });```

4.1.4　使用 jQuery 删除 HTML 元素的属性

使用 removeAttr()方法可以删除 HTML 元素的属性的语法如下：

```
jQuery 对象.removeAttr(属性名)
```

【例 4-8】　演示使用 removeAttr()方法删除 HTML 元素属性的实例，代码如下：

```
<!DOCTYPE html>
<html>
<head>
  <script src="jquery.js"></script>
<script>
 $(document).ready(function(){
   $("button").click(function () {
     $(this).next().removeAttr("disabled")
        .focus()
        .val("现在可以编辑了。");
   });
 });
    </script>
</head>
<body>
  <button>启用</button>
  <input type="text" disabled="disabled" value="现在还不可以编辑" />
</body>
</html>
```

网页中定义了一个 button 元素，其后定义了一个编辑框。编辑框在初始状态下具有 disable 属性，即不可编辑。jQuery 程序中使用$("button").click()方法定义了单击 button 元素的处理函数。在处理函数中使用$(this).next().removeAttr("disabled")方法删除了按钮后面的编辑框的 disable 属性，此时就可以编辑编辑框的内容了。

4.1.5　使用 jQuery 在网页中添加追加内容

jQuery 可以很方便地在网页中添加追加内容，包括向 HTML 元素追加内容以及在 HTML 元素的前后插入内容。从而实现无需刷新即可更新网页内容的功能。

1．向 HTML 元素追加内容

调用 append()方法可以向 HTML 元素追加内容，它的常用语法如下：

```
jQuery 对象.append(追加内容)
```

【例 4-9】　使用 append ()方法向 p 元素中添加文本和向 ol 元素中添加列表项的实例，代码如下：

```
<!DOCTYPE html>
<html>
```

```
<head>
  <script src="jquery.js"></script>
<script>
 $(document).ready(function(){
    $("button").click(function () {
       $("p").append(" <b>你好! </b>.");
       $("ol").append("<li>新列表项</li>");
    });
  });
    </script>
</head>
<body>
   <button>追加</button>
  <p>我想说：</p>
  <ol>
  <li>列表项 1</li>
  <li>列表项 2</li>
  <li>列表项 3</li>
  </ol>
</body>
</html>
```

浏览【例 4-9】的初始页面，如图 4-1 所示。单击"追加"按钮后的页面，如图 4-2 所示。

图 4-1 　浏览【例 4-9】的初始页面 　　　　　图 4-2 　单击"追加"按钮后的页面

从实例代码中可以看到，append ()方法的参数中可以包含 HTML 标签。

2. 在 HTML 元素的前面插入内容

调用 before()方法可以向 HTML 元素的前面插入内容，它的常用语法如下：

```
jQuery 对象.before(追加内容)
```

3. 在 HTML 元素的后面插入内容

调用 after()方法可以向 HTML 元素的后面插入内容，它的常用语法如下：

```
jQuery 对象.after(追加内容)
```

【例 4-10】 　使用 before()方法和 after()方法的实例，代码如下：

```
<!DOCTYPE html>
<html>
<head>
  <script src="jquery.js"></script>
<script>
```

```
$(document).ready(function(){
    $("#btnbefore").click(function () {
        $("img").before("<b>Hello! </b>");
    });
    $("#btnafter").click(function() {
        $("img").after ("<b>Hello! </b>");
    });
});
        </script>
</head>
<body>
    <img src="01.jpg"><br>
    <button id="btnbefore">在前面插入内容</button>
    <button id="btnafter">在后面插入内容</button>
</body>
</html>
```

页面中定义了一个图片（img）元素和 2 个按钮，如图 4-3 所示。单击"在前面插入内容"按钮，可以在图片的前面插入字符串"Hello! "；单击"在后面插入内容"按钮，可以在图片的后面插入字符串"Hello! "，如图 4-4 所示。

图 4-3 浏览【例 4-10】的初始页面   图 4-4 在图片的前面和后面插入字符串

4.2 使用 jQuery 管理 HTML 元素

使用 jQuery 可以很方便地对 HTML 元素进行管理，包括遍历 HTML 元素、检查某个元素是否包含指定类或元素、检查某个元素是否存在以及创建、删除、插入、复制和替换 HTML 元素等。

4.2.1 使用 jQuery 遍历 HTML 元素

使用 jQuery 选择器可以很方便地匹配满足一定条件的 HTML 元素，并对其进行操作。但有时需要根据 HTML 元素的具体情况对其进行个性化的处理，此时可以使用 find()方法遍历满足条件的 HTML 元素。find()方法的语法如下：

```
结果集 = find(selector);
```

然后，就可以使用 for 语句遍历结果集中的对象了。

【例 4-11】 使用 find()方法遍历 HTML 元素的实例。

首先定义一个显示员工信息的 HTML 表格 employees，代码如下：

```
<table id="employees" width="200" border="1">
<tr><th>ID</th><th>姓名</th><th>性别</th><th>年龄</th><th>学历</th></tr>
<tr>
                <td>001</td>
                <td>张三</td>
                <td>女</td>
                <td>29</td>
                <td>大专</td>
        </tr>
        <tr>
                <td>002</td>
                <td>李四</td>
                <td>男</td>
                <td>30</td>
                <td>中专</td>
        </tr>
        <tr>
                <td>003</td>
                <td>王五</td>
                <td>女</td>
                <td>25</td>
                <td>本科</td>
        </tr>
        </table>
```

然后使用 find()方法遍历表格的每一行，并将每个员工的性别（第 3 列）替换成相应的图片，代码如下：

```
<script src="jquery.js"></script>
<script>
 $(document).ready(function(){
    var trs=$('#employees').find('tr');
    for(var i=0;i<trs.length;i++){
        var td=$(trs[i]).find('td:nth-child(3)');
        if(td.html()=='男') {
            td.html('<img src="male.png" width="20" height="20"/>');
        }
        else if($(td).html()=='女') {
            $(td).html('<img src="female.png" width="20" height="20"/>');
        }
    }
 });
    </script>
```

浏览【例 4-11】的结果，如图 4-5 所示。

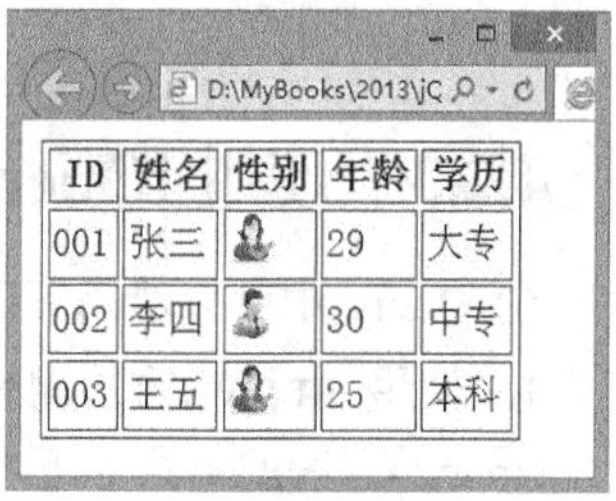

4.2.2　使用 jQuery 检查某个元素是否包含指定元素

图 4-5　浏览【例 4-11】的结果

调用 has()方法可以检查某个元素是否包含指定的子元素，语法如下：

```
jQuery对象. has(子元素名)
```

例如，无序列表元素 ul 中通常包含列表项元素 li，而 li 元素中也可以包含无序列表元素 ul，从而实现子列表。可以使用$('li').has('ul')选择所有包含 ul 元素的 li 元素。

【例 4-12】 使用 has ()方法的实例，代码如下：

```
<!DOCTYPE html>
<html>
<head>
  <style>
  .full { border: 1px solid red; }
</style>
  <script src="jquery.js"></script>
</head>
<body>
 <ul>
  <li>list item 1</li>
  <li>list item 2
    <ul>
      <li>list item 2-a</li>
      <li>list item 2-b</li>
    </ul>
  </li>
  <li>list item 3</li>
  <li>list item 4</li>
</ul>
<script>
  $('li').has('ul').css('border',"3px solid red");
</script>
</body>
</html>
```

网页中定义了一个无序列表，然后给包含子列表的 li 元素加一个红色的边框。浏览【例 4-12】的结果，如图 4-6 所示。

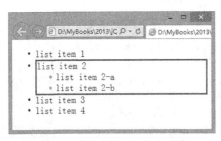

图 4-6 浏览【例 4-12】的结果

4.2.3 使用 jQuery 删除 HTML 元素

在 jQuery 中可以使用下面两种方法删除 HTML 元素。

1. 使用 empty()方法删除 HTML 元素的内容和所有子元素

empty()方法的语法如下：

```
jQuery 对象.empty()
```

【例 4-13】 使用 empty()方法的实例，代码如下：

```
<!DOCTYPE html>
```

```
<html>
<head>
  <script src="jquery.js"></script>
<script>
$(document).ready(function(){
$("button").click(function () {
    $("p").empty();
  });
  });
</script>
</head>
<body>
<p>
  欢迎访问 <a href="http://jquery.com/">jQuery官网</a>
</p>
<button>删除</button>
</body>
</html>
```

网页中定义一个包含超链接的 p 元素和一个按钮，如图 4-7 所示。单击按钮会清除 p 元素的内容及其子元素，看起来就好像 p 元素被删除了一样。

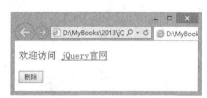

图 4-7　浏览【例 4-13】的结果

2. 使用 remove()方法删除 HTML 元素

remove ()方法的语法如下：

```
jQuery 对象.remove([选择器])
```

选择器是可选参数，指定删除匹配的 HTML 元素。如果不指定参数，则会删除 jQuery 对象对应的所有 HTML 元素。

【例 4-14】　使用 remove()方法的实例，代码如下：

```
<!DOCTYPE html>
<html>
<head>
  <script src="jquery.js"></script>
<script>
$(document).ready(function(){
$("button").click(function () {
    $("p").remove();
  });
  });
</script>
</head>
<body>
<p>
  欢迎访问 <a href="http://jquery.com/">jQuery官网</a>
</p>
<button>删除</button>
```

```
</body>
</html>
```

【例 4-14】的界面和效果与【例 4-13】（见图 4-7）是一样的。

4.2.4 使用 jQuery 插入 HTML 元素

jQuery 提供了 insertafter() 和 after() 两个 API 可以在指定的 HTML 元素后面插入 HTML 元素。

1. insertafter ()方法

insertafter ()方法用于在被选元素之后插入 HTML 标签或已有的元素，语法如下：

```
jQuery对象.insertafter(选择器)
```

jQuery 对象代表要插入的元素，而选择器则指定要在其后插入元素的 HTML 元素。

【例 4-15】 使用 insertafter ()方法的实例，代码如下：

```
<!DOCTYPE html>
<html>
<head>
  <script src="jquery.js"></script>
<script>
$(document).ready(function(){
$("button").click(function(){
   $('<p>jQuery</p>').insertafter('.inner');
  });
 });
</script>
</head>
<body>
<div class="container">
  <div class="inner">Hello</div>
  <div class="inner">Goodbye</div>
</div>
<button>插入</button>
</body>
</html>
```

网页中定义了 3 个 div 元素，其中两个定义了 CSS 类 inner。单击"插入"按钮会调用 insertafter()
方法在 CSS 类为 inner 的 HTML 元素后面插入一个内容为 "jQuery" 的 p 元素。

2. after()方法

after ()方法用于在被选元素之后插入指定内容（可以包括 HTML 标签），语法如下：

```
选择器.after(插入的内容)
```

【例 4-16】 使用 after ()方法的实例，代码如下：

```
<!DOCTYPE html>
<html>
<head>
  <script src="jquery.js"></script>
<script>
$(document).ready(function(){
$("button").click(function(){

    $("p").after("<p> jQuery </p>");
  });
 });
</script>
```

```
</head>
<body>
 <p>Hello</p>
<button>插入</button>
</body>
</html>
```

网页中定义了一个 p 元素。单击"插入"按钮会调用 after()方法在 p 元素后面插入一个内容为"jQuery"的 p 元素。

4.2.5　使用 jQuery 复制 HTML 元素

调用 Clone()方法可以复制 HTML 元素，语法如下：

```
clone( [withDataAndEvents ] )
```

参数 withDataAndEvents 指定是否 HTML 元素的数据和事件处理函数也被复制，默认为 false。

【例 4-17】　使用 Clone()方法的实例，代码如下：

```
<!DOCTYPE html>
<html>
<head>
  <script src="http://code.jquery.com/jquery-1.9.1.js"></script>
</head>
<body>

  <b>Hello</b><p>, how are you?</p>

<script>
  $("b").clone().prependTo("p");
</script>

</body>
</html>
```

网页中定义了一个加粗的 Hello，然后复制它并追加到 p 元素。浏览【例 4-17】的结果，如图 4-8 所示。

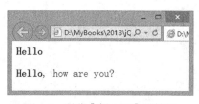

图 4-8　浏览【例 4-17】的结果

4.2.6　使用 jQuery 替换 HTML 元素

jQuery 提供了 replaceWith()和 replaceAll()两个 API 用于替换 HTML 元素。

1. replaceWith()方法

replaceWith()方法的语法如下：

```
jQuery 对象.replaceWith(替换的内容)
```

jQuery 对象通常使用选择器。replaceWith()方法将 jQuery 对象对应的 HTML 元素替换为参数中的内容。

【例 4-18】 使用 replaceWith()方法的实例，代码如下：

```
<!DOCTYPE html>
<html>
<head>

  <script src="jquery.js"></script>
</head>
<body>

<button>First</button>
<button>Second</button>
<button>Third</button>

<script>
$("button").click(function () {
  $(this).replaceWith( "<div>" + $(this).text() + "</div>" );
});
</script>

</body>
</html>
```

网页中定义了 3 个按钮，单击按钮会将 button 元素替换为 div 元素。

2. replaceAll()方法

replaceAll()方法的语法如下：

```
jQuery 对象.replaceAll( target )
```

jQuery 对象通常代表替换的内容。target 可以是 jQuery 对象、选择器或 DOM 对象，用于指定要替换的 HTML 元素。

【例 4-19】 使用 replaceAll()方法的实例，代码如下：

```
<!DOCTYPE html>
<html>
<head>

  <script src="jquery.js"></script>
</head>
<body>
  <p>Hello</p>
  <p>World</p>
<script>$("<b>jQuery. </b>").replaceAll("p");</script>
</body>
</body>
</html>
```

网页中定义了两个 p 元素。加载页面时会调用 replaceAll()方法将所有 p 元素的内容替换为加粗的 "jQuery."。

练 习 题

1. 单项选择题

（1）可以使用（   ）方法遍历 jQuery 选择器所有匹配的元素，并对每个元素执行指定的回调函数。

    A．every()   B．for()   C．each()   D．get()

（2）调用下面（   ）方法不能获取和设置 HTML 元素的内容。

    A．html ()   B．content()

    C．text ()   D．val ()

（3）使用（   ）方法可以删除 HTML 元素的属性。

    A．deleteAttr()   B．removeAttr()

    C．delete()   D．remove ()

（4）调用（   ）方法可以向 HTML 元素的后面插入内容。

    A．after()   B．insert()

    C．append()   D．add()

（5）在使用（   ）方法可以删除 HTML 元素的内容和所有子元素。

    A．delete()   B．empty()

    C．remove()   D．clear()

2．填空题

（1）在标准 JavaScript 中，可以使用_____方法根据 ID 获取 HTML 元素对应的 DOM 对象。

（2）使用_____方法可以获取和设置匹配的 HTML 元素的指定属性。

（3）调用_____方法可以检查某个元素是否包含指定的子元素。

第5章
jQuery 插件

　　jQuery 是一个轻量级 JavaScript 库，虽然它非常便捷且功能强大，但是还是不可能满足用户的所有需求。而作为一个开源项目，所有用户都可以看到 jQuery 的源代码，很多人都希望共享自己在日常工作中积累的功能。jQuery 的插件机制使这种想法成为现实，可以把自己的代码制作成 jQuery 插件，供其他人引用。插件机制大大增强了 jQuery 的可扩展性，扩充了 jQuery 的功能。本章介绍 jQuery 插件机制的工作原理以及开发和引用 jQuery 插件的方法，然后介绍一些很实用的 jQuery 插件。

5.1　概　　述

　　本节介绍 jQuery 插件机制的基本情况以及开发和引用 jQuery 插件的方法。

5.1.1　jQuery 的插件机制

　　jQuery 插件是基于 jQuery 开发的 js 脚本库，是对 jQuery 的有效扩展。正因为有很多人把自己的开发成果以插件的形式共享，所以 jQuery 就好像一个取之不竭的宝藏。只要你用心寻找，总会找到需要的插件。也许有时候你正准备自己编码实现一个功能，却意外地发现有人已经把它做成插件进行了共享，你只需下载并引用插件就可以了。

　　建议将 jQuery 插件的文件名命名为 jquery.[插件名].js，以免和其他 js 库插件混淆。jQuery 插件可以分为下面 3 种类型。

- 封装 jQuery 对象方法：把一些常用功能定义为函数，绑定到 jQuery 对象上，从而扩展了 jQuery 对象。
- 全局函数：把自定义函数附加到 jQuery 命名的空间下，从而作为一个公共的全局函数使用。
- 自定义选择器：编写一个自定义函数，返回满足指定条件的 HTML 元素对应的 jQuery 对象。

定义 jQuery 插件的方法如下：

```
(function($){
// 这里放插件代码

......
})(jQuery);
```

1. 开发封装 jQuery 对象方法的插件

下面介绍如何开发前面提到的第 1 种类型的插件。此种插件把函数绑定到 jQuery 对象上，所以需要使用到 jQucry.fn 对象(可以缩写为$.fn)。jQuery.fn 是 jQuery 的命名空间,是附加在 jQuery.fn 上的方法及属性,对每一个 jquery 实例都有效。

一种比较简单的定义封装 jQuery 对象方法插件的代码如下:

```
(function( $ ) {
  $.fn.插件名 = function() {

    // 实现插件的代码
    ......
  };
})( jQuery );
```

【例 5-1】　定义一个 jQuery 插件 showhtml,代码如下:

```
(function( $ ) {
  $.fn.showhtml = function() {
    alert(this.html());
  };
})( jQuery );
```

在插件内部,this 指向引用 jQuery 插件的;Query 对象。将此插件保存为 jquery.showhtml.js, 在 5.1.2 小节以此为例将介绍如何引用 jQuery 插件。

如果需要在插件中定义多个方法,可以使用$.extend()方法定义插件,代码如下:

```
$.fn.extend({
  方法名 1:function(){
    // 实现方法 1 的代码
  },
  方法名 2:function(){
    // 实现方法 2 的代码
  }
  ......
});
```

【例 5-2】　定义一个 jQuery 插件,封装了两个 jQuery 对象方法,代码如下:

```
$.fn.extend({
  showhtml : function() {
  alert(this.html());
 },
  showtext : function() {
  alert(this.text());
 }
});
```

将此插件保存为 jquery. myPlugin.js。

2.　开发定义全局函数的插件

jQuery 全局函数是附加在 jQuery 命名空间下的自定义函数。全局函数没有被绑定到 jQuery 对象上,因此不能通过任何 jQuery 对象来调用它。可以使用 jQuery.extend()方法定义全局函数, 代码如下:

```
(jQuery.extend({
全局函数 1 : function(参数列表){
函数体
},
```

```
全局函数 2: function(参数列表){
函数体
}
……
});
```

【**例 5-3**】 定义一个 jQuery 插件，其中包含两个全局函数 add()和 multi()，分别用于计算两个数相加和相乘的结果，代码如下：

```
jQuery.extend({
add: function(a,b){
return a+b;
},
multi: function(a,b){
return a*b;
}
});
```

将此插件保存为 jquery. myFunc.js。

3. 开发自定义选择器的插件

jQuery 提供了功能强大的选择器，可以很方便地选择满足条件的 HTML 元素。但有时为了使用更方便，还需要自定义选择器。可以使用 jQuery. expr 定义自定义选择器，代码如下：

```
$.expr[':'].withjQuery = function(obj){
  // 自定义选择器的代码
  return 匹配 HTML 元素的条件, ;

};
```

参数 obj 表示进行匹配的 HTML 元素对应的 jQuery 对象。在自定义选择器的代码中根据需要对 jQuery 对象的属性进行判断。如果符合自定义选择器的条件，则返回 True；否则返回 False。

【**例 5-4**】 定义一个 jQuery 插件，其中包含一个自定义选择器 withjQuery，用于匹配内容包含 "jQuery" 的 HTML 元素，代码如下：

```
$.expr[':'].withjQuery = function(obj){
  var $this = $(obj);
  return ($this.html().indexOf('jQuery') >-1);
};
```

将此插件保存为 jquery.customselector.js。

本章将在 5.1.2 小节中介绍使用 jQuery 插件的方法。

5.1.2　使用 jQuery 插件

在 jQuery 程序中使用 jQuery 插件的方法很简单，首先需要引用 jQuery 脚本和插件脚本，代码如下：

```
<script src="Scripts/jquery-1.4.1.js" type="text/javascript"></script>
<script src="MyPlugin.js" type="text/javascript"></script>
```

1. 使用封装 jQuery 对象方法的插件

与调用其他 jQuery 对象方法一样，可以使用下面的方法调用插件中封装的 jQuery 对象方法，代码如下：

```
jQuery 对象.封装的 jQuery 对象方法
```

【**例 5-5**】 引用【例 5-1】中创建的 jquery.showhtml.js 插件，调用其中的 Showhtml()方法，

代码如下：

```
<html>
<head>
<script type="text/javascript" src="jquery.js"></script>
<script src="jquery.showhtml.js" type="text/javascript"></script>
<script type="text/javascript">
$(document).ready(function(){
  $("#p1").click(function(){
    $("#p1").showhtml();
  });
});
</script>
</head>
<body>
<p id="p1">单击我</button>
</body>
</html>
```

网页中定义了一个 p 元素，单击 p 元素时会调用；query.showhtml.js 插件中定义的 Showhtml()
方法，弹出一个对话框，显示 p 元素的内容。

【例 5-6】 引用【例 5-2】中创建的 jquery.myPlugin.js 插件，调用其中的 Showhtml()方法，
代码如下：

```
<html>
<head>
<script type="text/javascript" src="jquery.js"></script>
<script src="jquery.myPlugin.js" type="text/javascript"></script>
<script type="text/javascript">
$(document).ready(function(){
  $("#p1").click(function(){
    $("#p1").showtext();
  });
});
</script>
</head>
<body>
<p id="p1">单击我</button>
</body>
</html>
```

2. 使用定义全局函数的插件

调用 jQuery 全局函数的方法如下：

```
jQuery.全局函数名();
```

【例 5-7】 引用【例 5-3】中创建的 jquery.myFunc.js 插件，调用其中的全局函数 add()和 multi()，
代码如下：

```
<html>
<head>
<script type="text/javascript" src="jquery.js"></script>
<script src="jquery.myFunc.js" type="text/javascript"></script>
<script type="text/javascript">
$(document).ready(function(){
  $("#p1").click(function(){
    $("#p1").html("1+2="+jQuery.add(1,2));
  });
```

```
});
</script>
</head>
<body>
<p id="p1">单击我</button>
</body>
</html>
```

网页中定义了一个 p 元素，单击 p 元素时会调用；query.myFunc.js 插件中定义的 add()方法，在 p 元素中显示"1+2"的结果。

3. 使用定义自定义选择器的插件

调用 jQuery 全局函数的方法如下：

```
$('HTML 标签:withjQuery')
```

【例 5-8】 引用【例 5-4】中创建的 jquery.customselector.js 插件，使用其中的自定义选择器 withjQuery，代码如下：

```
<html>
<head>
<script type="text/javascript" src="jquery.js"></script>
<script src="jquery.customselector.js" type="text/javascript"></script>
<script type="text/javascript">
$(document).ready(function(){
    $('p:withjQuery').css('background-color', 'yellow');
 });
</script>
</head>
<body>
<p >jQuery 属于 Java 家族，它是一种快捷、小巧且功能丰富的 JavaScript 库。jQuery 提供很多支持各种
浏览器平台的 API，使用这些 API 可以使 Web 前端开发变得更加轻松。</button><br>
<p>HTML5 是最新的 HTML 标准，之前的版本 HTML4.01 于 1999 年发布。10 多年过去了，互联网已经发生了翻
天覆地的变化。</button>
</body>
</html>
```

网页中定义了 2 个 p 元素，使用；query.customselector.js 插件中定义的选择器 withjQuery
（$('p:withjQuery')）选取内容中包含"jQuery"的 p 元素，然后对选取的 p 元素调用.css('background-color', 'yellow')方法。css()方法可以在调用它的 jQuery 对象上应用指定的 CSS 样式，这里将选取的 p 元素的背景色（'background-color'）设置为黄色（'yellow'）。

浏览【例 5-8】的结果，如图 5-1 所示。

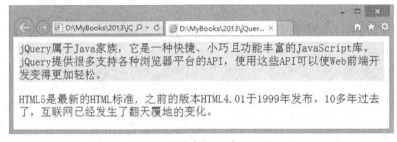

图 5-1 浏览【例 5-8】的结果

可以看到，包含"jQuery"的 p 元素的背景色被设置为黄色。

5.2　滚　动　插　件

滚动是网页中的一种常见的操作，也可以实现很炫目的特效，从而使页面动感十足，引人注目。本节介绍 2 个 jQuery 滚动插件。

5.2.1　捕获滚动事件的插件 Waypoints

Waypoints 插件可以捕获滚动事件，通常用于在 HTML 元素被滚动时实现一些特效，可以访问下面的网址下载和了解 Waypoints 插件。

```
http://imakewebthings.com/jquery-waypoints/
```

Waypoints 插件的脚本文件是 waypoints.js 和 waypoints.min.js（压缩版），读者可以根据需要选择引用。可以从上面的网址下载 Waypoints 插件，也可以直接使用本书源代码中 05\5.2.1\目录下的 waypoints.js。引用 Waypoints 插件的代码如下：

```
<script type="text/javascript" src="jquery.js"></script>
<script type="text/javascript" src="waypoints.js"></script>
```

可以使用 waypoint()方法设置 jQuery 对象的滚动事件处理函数，语法如下：

```
jQuery 对象.waypoint(function(direction) {
  // 处理函数代码
  ……
})
```

参数 direction 表示滚动的方向，如果向上滚动，则 direction 等于 up；如果向下滚动，则 direction 等于 down；如果向左滚动，则 direction 等于 left；如果向右滚动，则 direction 等于 down。

【例 5-9】　使用 Waypoints 插件的实例，代码如下：

```
<html>
<head>
<script type="text/javascript" src="jquery.js"></script>
<script type="text/javascript" src="waypoints.js"></script>
<script type="text/javascript">
$(document).ready(function(){
    $('#article').waypoint(function(direction) {
    if(direction=='down')
        alert("byebye~");
    if(direction=='up')
        alert("欢迎回来! ");
  });
 });
</script>
</head>
<body>
<div id="article">
<p >jQuery 属于 Java 家族，它是一种快捷、小巧且功能丰富的 JavaScript 库。jQuery 提供很多支持各种
浏览器平台的 API,使用这些 API 可以使 Web 前端开发变得更加轻松。</p><br><br><br><br><br><br><br>
<br><br><br><br><br><br><br><br><br><br><br><br><br>
    <p>HTML5 是最新的 HTML 标准，之前的版本 HTML4.01 于 1999 年发布。10 多年过去了，互联网已经发生了翻
天覆地的变化。</p>
    </div>
```

```
</body>
</html>
```

网页中定义了一个 div 元素（id 为 article），为了使其可以被滚动，其内容中包含了很多 HTML 换行符
。在 jQuery 程序中调用$('#article').waypoint()方法设置滚动事件处理函数，指定滚动 div 元素 article 时，弹出一个对话框。如果向上滚动，则对话框中显示"欢迎回来！"；如果向下滚动，则对话框中显示"byebye~"。

由于篇幅所限，本实例中并没有在滚动 div 元素时使用特效，而是弹出一个对话框。而且 jQuery 大多是使用 CSS（将在第 8 章介绍）和 jQuery 动画（将在第 9 章介绍）设计特效。如果读者希望了解关于 Waypoints 插件的实用案例，可以访问前面提到的 Waypoints 网站下载和了解案例。

5.2.2　滚动特效插件 scrollTo

scrollTo 插件可以滚动效果定位到指定的 HTML 元素。对应的脚本文件为 jquery.scrollTo.js，可以在互联网上搜索最新的 scrollTo 插件，也可以直接使用本书源代码中 05\5.2.2\目录下的 jquery.scrollTo.js。引用 scrollTo 插件的代码如下：

```
<script type="text/javascript" src="jquery.js"></script>
<script type="text/javascript" src="waypoints.js"></script>
```

可以使用 ScrollTo()方法滚动到指定的 HTML 元素，其基本语法如下：

```
jQuery 对象.ScrollTo(滚动速度);
```

jQuery 对象就是要滚动到 HTML 元素对应的 jQuery 对象。滚动速度是一个整数，默认为 800。

【例 5-10】　使用 scrollTo 插件的实例，代码如下：

```
<html>
<head>
<style type="text/css">
div{
    padding:20px;
    border:3px solid #000;
    background-color:blue;
}
</style>
<title></title>
<script src="jquery.js" type="text/javascript"></script>
<script src="jquery.scrollTo.js" type="text/javascript"></script>
<script type="text/javascript" language="javascript">
    function goto(id) {
      //  alert(id);
        $("#" + id).ScrollTo(800);
    }
</script>
</head>
<body style="background-image: url('cat.bmp'); background-repeat: repeat;">
<br /><br />
<div id="html5" onclick="javascript:goto('jquery');return true;">
<h1>HTML 5</h1>
<p>最新版本的 HTML</P></div>
<br /><br /><br /><br /><br /><br /><br /><br /><br /><br /><br /><br />
<br /><br /><br /><br /><br /><br /><br /><br /><br /><br /><br /><br />
<br /><br /><br /><br /><br /><br /><br /><br /><br /><br /><br /><br />
<br /><br /><br /><br /><br /><br /><br /><br /><br /><br /><br /><br />
<br /><br /><br /><br /><br /><br /><br /><br /><br /><br /><br /><br />
```

```
<br /><br /><br /><br /><br /><br /><br /><br /><br /><br /><br />
<br /><br /><br /><br /><br /><br /><br /><br /><br /><br /><br />
<br /><br /><br /><br />
<div id="jquery" onclick="javascript:goto('html5');return true;">
<h1>jQuery</h1>
<p>轻量级的 JavaScript 脚本库</P>

</div>
</body>
</html>
```

页面中定义了两个div元素，一个id为html5，里面显示HTML的基本信息；另一个id为jquery，里面显示jQuery的基本信息。为了使页面可以被滚动，在两个div元素之间包含了很多HTML换行符
。程序中还是用CSS设置了div元素的样式，关于CSS的具体情况将在第8章中介绍。

为了更明显地看到滚动的效果，【例 5-10】在 body 元素中使用 style 属性设置了页面的背景图。

单击 div 元素会调用 ScrollTo()方法滚动到另一个 div 元素。【例 5-10】的界面如图 5-2 所示，具体的滚动效果还需要读者亲自尝试，从而了解滚动的效果。

图 5-2　【例 5-10】的界面

5.3　图　表　插　件

网页中很多统计数据都需要以表格和统计图的形式表现，本节介绍 3 个很实用的 jQuery 图表插件。

5.3.1　Excel 样式的表格插件 Handsontable

Handsontable 插件可以在网页中显示一个 Excel 样式的表格，用户可以对表格中的数据进行编辑。Handsontable 插件可以实现的主要功能如下。

- 在网页中编辑表格的内容，支持剪切、复制、粘贴等操作。
- 可以显示类似 Excel 行和列的标题头。
- 可以多项选择表格的行。
- 可以通过右键菜单插入、删除行和列。
- 可以通过下拉菜单选择表格单元格的内容。
- 可以兼容 IE（7.0 以上）、FireFox、Chrome，Safari 和 Opera 等主流浏览器。

Handsontable 插件对应的脚本文件为 jquery.scrollTo.js，可以在互联网上搜索最新的 Handsontable 插件，也可以直接使用本书源代码中 05\5.3.1\目录下的 jquery.handsontable.js。

本书源代码中附带的 jquery.handsontable.js 是基于 jQuery 1.7.2 的，不兼容 jQuery1.9.0。因此，在本书源代码中 05\5.3.1\目录下附带了 1.7.2 的版本的 jquery.js。

使用 Handsontable 插件还需要引用样式文件 jquery.handsontable.css。引用 Handsontable 插件的代码如下：

```
<script type="text/javascript" src="jquery.js"></script>
<script src="jquery.handsontable.js"></script>
<link rel="stylesheet" href="jquery.handsontable.css">
```

如果需要支持右键菜单还需要引用 jquery.contextMenu.js 和 jquery.contextMenu.css。在本书源代码中 05\5.3.1\jQuery-contextMenu 目录下附带了这两个文件。引用这两个文件的代码如下：

```
<script src="jQuery-contextMenu/jquery.contextMenu.js"></script>
 <link         rel="stylesheet"         media="screen"         href="jQuery-contextMenu/
jquery.contextMenu.css">
```

Handsontable 插件使用 div 元素呈现表格。因此在使用 Handsontable 插件时需要在网页中定义一个 div 元素。定义 Handsontable 表格的方法如下：

```
$('#div 元素 id').handsontable({
表格属性 1：属性值,
表格属性 2：属性值,
……
表格属性 n：属性值,
 });
```

常用的 Handsontable 表格属性如表 5-1 所示。

表 5-1 常用的 Handsontable 表格属性

Handsontable 表格属性	具体说明
rows	指定表格中包含的行数
cols	指定表格中包含的列数
minSpareCols	指定在表格的右侧最少预留的空列
minSpareRows	指定在表格的底部最少预留的空行
autoWrapRow	指定表格中文本是否自动换行
colHeaders	指定表格中文本是否显示列的标题头
rowHeaders	指定表格中文本是否显示行的标题头
contextMenu	指定表格是否支持右键菜单

可以使用二维数组来定义表格中的数据，例如：

```
var data = [
    ["", "列1", "列2", "列3", "列4"],
    ["行1", 单元格内容, 单元格内容, 单元格内容, 单元格内容],
    ["行2", 单元格内容, 单元格内容, 单元格内容, 单元格内容],
    ["行3", 单元格内容, 单元格内容, 单元格内容, 单元格内容]
    ];
```

然后使用 handsontable()方法将数据绑定到表格，代码如下：

```
$("#div元素id").handsontable("loadData", data);
```

【例 5-11】　使用 Handsontable 插件定义表格的实例，代码如下：

```
<html>
<head>

<script type="text/javascript" src="jquery.js"></script>
<script src="jquery.handsontable.js"></script>
  <script src="jQuery-contextMenu/jquery.contextMenu.js"></script>
<link rel="stylesheet" href="jquery.handsontable.css">
  <link rel="stylesheet" media="screen" href="jQuery-contextMenu/jquery.contextMenu.css">
 <script type="text/javascript">
$(document).ready(function(){
 $("#grid").handsontable({
   rows: 5,
   cols: 5,
   minSpareCols: 1, //always keep at least 1 spare row at the right
   minSpareRows: 1, //always keep at least 1 spare row at the bottom
   autoWrapRow: true,
   colHeaders: true,
  rowHeaders: true,
  contextMenu: true
  });

  var data = [
    ["姓名", "性别", "年龄", "部门", "职务"],
    ["张三", "男", 41, "人事部","经理"],
    ["李四", "男", 21, "人事部","职员"],
    ["王五", "男", 31, "人事部","职员"]
    ];

  $("#grid").handsontable("loadData", data);
 });
</script>
</head>
<body>
```

【例 5-11】的界面如图 5-3 所示。

用鼠标右键单击表格，可以弹出快捷菜单，执行插入或删除行（列）的操作。可惜，菜单的
内容是英文的。不过，好在 jQuery 是开源的，Handsontable 插件也是。可以直接编辑
jquery.handsontable.js，搜索菜单内容，将其替换成中文即可。为了对比，本书源代码中的
jquery.handsontable.js 只替换了一个菜单项，如图 5-4 所示。

图 5-3 【例 5-11】的界面

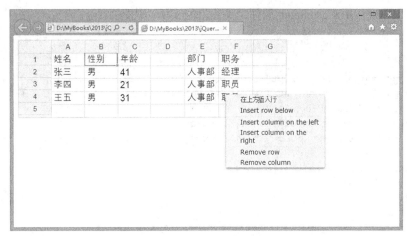

图 5-4 Handsontable 插件的快捷菜单

【例 5-11】在表格内容中显示列标题，也可以使用 colHeaders 属性在表格的列标头中显示标题。

【**例 5-12**】 改造【例 5-11】，在表格的列标头中显示标题，初始化 Handsontable 表格的代码如下：

```
<script type="text/javascript">
$(document).ready(function(){
 $("#grid").handsontable({
   rows: 4,
   cols: 5,
   minSpareCols: 0, //always keep at least 1 spare row at the right
   minSpareRows: 1, //always keep at least 1 spare row at the bottom
   autoWrapRow: true,
   colHeaders: ["姓名", "性别", "年龄", "部门", "职务"],
   rowHeaders: true,
   contextMenu: true
 });

 var data = [
   ["张三", "男", 41, "人事部","经理"],
   ["李四", "男", 21, "人事部","职员"],
   ["王五", "男", 31, "人事部","职员"]
 ];

 $("#grid").handsontable("loadData", data);
});
```

```
</script>
```

【例 5-12】的界面如图 5-5 所示。

图 5-5   【例 5-12】的界面

5.3.2   HTML 表格插件 DataTables

DataTables 是一个对 HTML 表格美化和增强的 jQuery 插件，它适用于使用<table>标签定义的 HTML 表格。DataTables 插件可以实现如下主要功能。

- 自动美化表格的外观。
- 自动对表格进行分页处理。
- 可以搜索表格中的数据。
- 对表格中的数据进行排序。
- 对表格中的数据进行统计。

本节将在后面结合实例介绍这些功能。

可以访问下面的网址下载和了解 DataTables 插件。

```
http://www.datatables.net/
```

DataTables 插件的脚本文件是 jquery.dataTables.js 和 jquery.dataTables.min.js（压缩版），读者可以根据需要选择引用。可以从上面的网址下载 DataTables 插件，也可以直接使用本书源代码中 05\5.3.2\目录下的插件文件。引用 DataTables 插件的代码如下：

```
<script type="text/javascript" src="jquery.js"></script>
<script type="text/javascript" src="jquery.dataTables.js"></script>
```

为了自动美化表格的外观，DataTables 插件还提供了一些 CSS 文件，其中常用的是 jquery.dataTables.css。可以在本书源代码的 05\5.3.2\目录下找到该文件。引用 jquery.dataTables.css 的代码如下：

```
<style type="text/css" >
    @import "css/jquery.dataTables.css";
</style>
```

在使用 DataTables 插件时需要定义一个 HTML 表格，然后将其绑定到 DataTables 插件。用于定义 HTML 表格的标签如表 5-2 所示。

表 5-2   用于定义 HTML 表格的标签

定义 HTML 表格的标签	具体说明
\<table\>	定义表格
\<thead\>	定义表格的表头
\<tr\>	定义表格中的一行
\<th\>	定义表格内的表头单元格

定义 HTML 表格的标签	具体说明
<tbody>	用于组合 HTML 表格的主体内容
<td>	通常出现在<tr>...</tr>之间，用于定义一个单元格
<tfoot>	用于组合 HTML 表格中的表注内容

将 HTML 表格绑定到 DataTables 插件的方法如下：

```
$('#HTML 表格 id').dataTable();
    } );
```

很简单吧！但是，在定义 HTML 表格时需要使用<thead>、<tbody>和<tfoot>定义表格的表头、主体和表注，否则会无法绑定到 DataTables 插件。

【例 5-13】 使用 DataTables 插件对 HTML 表格进行美化和增强的实例，代码如下：

```
<html>
<head>
        <style type="text/css">
            @import "css/jquery.dataTables.css";
        </style>
        <script type="text/javascript" language="javascript" src="jquery.js"></script>
    <script type="text/javascript" language="javascript" src="jquery.dataTables.
js"></script>
        <script type="text/javascript" language="javascript">
        $(document).ready(function() {
         $('#example').dataTable();
        } );
</script>
</head>
<body>
<table cellpadding="0" cellspacing="0" border="0" class="display" id="example"
width="100%">
    <thead>
        <tr>
            <th>Rendering engine</th>
            <th>Browser</th>
            <th>Platform(s)</th>
            <th>Engine version</th>
            <th>CSS grade</th>
        </tr>
    </thead>
    <tbody>
        <tr>
            <td>Trident</td>
            <td>Internet
                Explorer 4.0</td>
            <td>Win 95+</td>
            <td class="center"> 4</td>
            <td class="center">X</td>
        </tr>
        <tr>
            <td>Trident</td>
            <td>Internet
                Explorer 5.0</td>
            <td>Win 95+</td>
```

```
                <td class="center">5</td>
                <td class="center">C</td>
            </tr>
            ……
        </tbody>
        <tfoot>
            <tr>
                <th>Rendering engine</th>
                <th>Browser</th>
                <th>Platform(s)</th>
                <th>Engine version</th>
                <th>CSS grade</th>
            </tr>
        </tfoot>
    </table>
</body>
</html>
```

代码中省略了很多定义表格内容的代码。浏览【例 5-13】的结果，如图 5-6 所示。

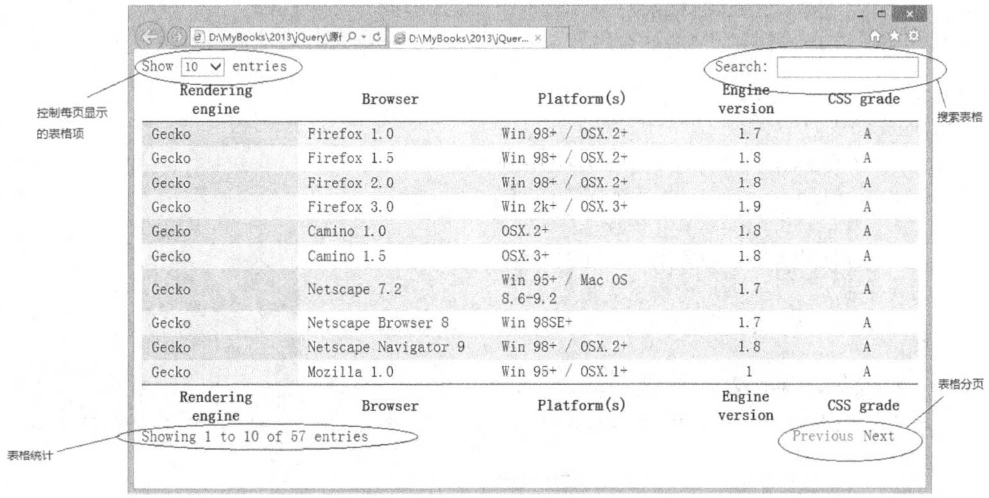

Rendering engine	Browser	Platform(s)	Engine version	CSS grade
Gecko	Firefox 1.0	Win 98+ / OSX.2+	1.7	A
Gecko	Firefox 1.5	Win 98+ / OSX.2+	1.8	A
Gecko	Firefox 2.0	Win 98+ / OSX.2+	1.8	A
Gecko	Firefox 3.0	Win 2k+ / OSX.3+	1.9	A
Gecko	Camino 1.0	OSX.2+	1.8	A
Gecko	Camino 1.5	OSX.3+	1.8	A
Gecko	Netscape 7.2	Win 95+ / Mac OS 8.6-9.2	1.7	A
Gecko	Netscape Browser 8	Win 98SE+	1.7	A
Gecko	Netscape Navigator 9	Win 98+ / OSX.2+	1.8	A
Gecko	Mozilla 1.0	Win 95+ / OSX.1+	1	A
Rendering engine	Browser	Platform(s)	Engine version	CSS grade

图 5-6　浏览【例 5-13】的结果

可以看到，在程序中无需做什么事情就可以自动实现分页、搜索表格、自动按第 1 列排序等功能。单击表头还可以对相应的列进行排序。但是界面是英文的，好在我们有源代码，有兴趣的读者可以研究源代码后做简单的汉化。

5.3.3　图表效果插件 Sparklines

Sparklines 是一个可以很方便地在网页中显示各种统计图表的 jQuery 插件，可以访问下面的网址下载和了解 Sparklines 插件。

```
http://omnipotent.net/jquery.sparkline/
```

Sparklines 插件的脚本文件是 jquery.sparkline.js 和 jquery.sparkline.min.js（压缩版），读者可以根据需要选择引用，可以从上面的网址下载 Sparklines 插件，也可以直接使用本书源代码中 05\5.3.3\目录下的插件文件。引用 Sparklines 插件的代码如下：

```
<script type="text/javascript" src="jquery.js"></script>
<script type="text/javascript" src="jquery.sparkline.js"></script>
```

在使用 Sparklines 插件时需要定义一个 span 元素，然后将其绑定到 Sparklines 插件，方法如下：

```
span 元素对应的 jQuery 对象.sparkline();
```

span 元素对应的 jQuery 对象通常是选取 span 元素的选择器。

绘制统计图表的数据由 span 元素的内容决定，例如：

```
<span>1,4,4,7,5,9,10</span>
```

也可以使用数组来指定绘制统计图表的数据，例如：

```
var myvalues = [10,8,5,7,4,4,1];
span 元素对应的 jQuery 对象.sparkline(myvalues);
```

默认情况下，统计图表的类型是曲线图。可以在 sparkline()方法中使用 type 属性指定统计图表的类型，比较常用的类型为 bar（柱状图）和 pie（饼图）。也可以使用 color 属性指定统计图表的颜色。

【例 5-14】 使用 Sparklines 插件绘制统计图表的实例，代码如下：

```
<!DOCTYPE HTML>
<head>

    <script type="text/javascript" src="jquery.js"></script>
    <script type="text/javascript" src="jquery.sparkline.js"></script>

    <script type="text/javascript">
    $(function() {
        /** 没有参数，则使用 span 元素的内容绘制统计图表 */
        $('.inlinesparkline').sparkline();

        /* 使用数组来指定绘制统计图表的数据 */
        var myvalues = [10,8,5,7,4,4,1];
        $('.dynamicsparkline').sparkline(myvalues);

        /* 绘制绿色的柱状图 */
        $('.dynamicbar').sparkline(myvalues, {type: 'bar', barColor: 'green'} );

        /* 'html'指定使用 span 元素的内容绘制统计图表 */
        /* 绘制饼图 */
  $('.inlinebar').sparkline('html', {type: 'pie'} );
    });
    </script>
</head>
<body>

<p>
曲线图: <span class="inlinesparkline">1,4,4,7,5,9,10</span>.
</p>
<p>
使用数组来指定绘制统计图表数据的曲线图: <span class="dynamicsparkline">Loading..</span>
</p>
<p>
柱状图: <span class="dynamicbar">Loading..</span>
</p>
<p>
饼图: <span class="inlinebar">1,3,4,5,3,5</span>
```

```
</p>
</body>
</html>
```

浏览【例 5-14】的结果，如图 5-7 所示。

图 5-7　浏览【例 5-14】的结果

5.4　布　局　插　件

如果网页中包含的内容很多（比如搜狐、新浪等门户网站的主页），则构建美观、清晰、有条理的网页布局是很重要的工作。本节介绍 3 个实用的布局插件。

5.4.1　布局插件 Masonry

使用 Masonry 插件可以设计出如图 5-8 所示的网页布局。可以访问下面的网址下载和了解 Masonry 插件。

```
http://masonry.desandro.com/
```

Masonry 插件的脚本文件是 jquery.masonry.js 和 jquery.masonry.min.js（压缩版），读者可以根据需要选择引用。可以从上面的网址下载 Masonry 插件，也可以直接使用本书源代码中 05\5.4.1\js 目录下的插件文件。引用 Masonry 插件的代码如下：

```
<script src="js/jquery.js"></script>
<script src="js/jquery.masonry.min.js"></script>
```

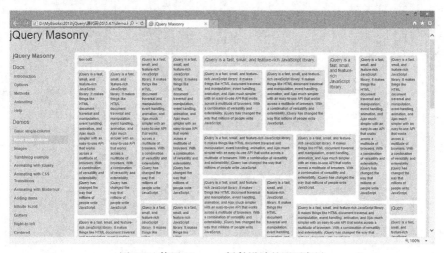

图 5-8　使用 Masonry 插件设计的网页布局

在使用 Masonry 插件时需要定义一个 div 元素作为容器，其中可以包含所有的文章块。每个文章块也对应一个 div 元素，然后将容器 div 元素绑定到 Masonry 插件，方法如下：

```
容器 div 元素对应的 jQuery 对象.masonry({
    itemSelector: 容器中包含的文章块的 CSS 类别,
    columnWidth: 列宽
});
```

通常还需要使用 CSS 样式表来定义网页的样式。

【例 5-15】 使用 Masonry 插件实现如图 5-8 所示的网页布局，代码如下：

```html
<!doctype html>
<head>
  <meta charset="gb2321" />
  <title>jQuery Masonry</title>
<link rel="stylesheet" href="css/style.css" />
</head>
<body class="demos ">
    <h1>jQuery Masonry</h1>
    <nav id="site-nav">
    <h1><a href="../index.html">jQuery Masonry</a></h1>
    <h2>Docs</h2>
    <ul class="docs-list">
        <li><a href="#">Introduction</a>
        <li><a href="#">Options</a>
        <li><a href="#">Methods</a>
        <li><a href="#">Animating</a>
        <li><a href="#">Help</a>
    </ul>
    <h2>Demos</h2>
    <ul class="demos-list">
        <li><a href="#">Basic single-column</a>
        ……
  </ul>
</nav> <!-- #site-nav -->

<section id="content">
  <div id="container" class="clearfix">
<div class="box col2">
  <p>box col2. </p>
</div>
<div class="box col1">
    <p>jQuery is a fast, small, and feature-rich JavaScript library. It makes things
like HTML document traversal and manipulation, event handling, animation, and Ajax much
simpler with an easy-to-use API that works across a multitude of browsers. With a combination
of versatility and extensibility, jQuery has changed the way that millions of people write
JavaScript.</p>
    </div>
    <div class="box col1">
    <p>jQuery is a fast, small, and feature-rich JavaScript library. It makes things
like HTML document traversal and manipulation, event handling, animation, and Ajax much
simpler with an easy-to-use API that works across a multitude of browsers. With a combination
of versatility and extensibility, jQuery has changed the way that millions of people write
JavaScript.</p>
    </div>
    ……
</div> <!-- #container -->
```

```
<script src="js/jquery.js"></script>
<script src="js/jquery.masonry.min.js"></script>
<script>
  $(function(){

    $('#container').masonry({
      itemSelector: '.box',
      columnWidth: 100
    });

  });
</script>

    <footer id="site-footer">
      jQuery Masonry by <a href="http://desandro.com">David DeSandro</a>
    </footer>

  </section> <!-- #content -->

</body>
</html>
```

由于篇幅所限，上面省略了很多定义菜单和文章块的代码。文章块的 CSS 类别为 box。另外还定义了 3 种用于文章块的 CSS 类别，分别为 col1、col2 和 col3。

css 目录下的 style.css 定义了本网页的样式，由于篇幅所限，这里就不详细介绍了。其中定义 col1、col2 和 col3 等 3 种文章块宽度的代码如下：

```
.col1 { width: 80px; }
.col2 { width: 180px; }
.col3 { width: 280px; }
```

5.4.2　动态布局插件 Freetile.js

使用 Freetile.js 插件可以设计出如图 5-9 所示的网页布局，图中每个灰框都是一个 div 元素。在实际应用中可以在 div 元素中放置任何内容。可以访问下面的网址下载和了解 Freetile.js 插件。

```
http://yconst.com/web/freetile/
```

Freetile.js 插件的脚本文件是 jquery.freetile.js 和 jquery.freetile.min.js（压缩版），读者可以根据需要选择引用。还可以从下面的网址下载 Freetile.js 插件，也可以直接使用本书源代码中 05\5.4.2\js 目录下的插件文件。

```
https://github.com/yconst/Freetile
```

引用 Freetile.js 插件的代码如下：

```
<script src="js/jquery.js"></script>
<script src="js/jquery.freetile.js"></script>
```

在使用 freetile.js 插件时不需要将其绑定到 div 元素，而是使用直接通过 div 元素调用 freetile() 的方法，例如：

```
容器 div 元素对应的 jQuery 对象.freetile();
```

也可以启用动画效果，方法如下：

```
容器 div 元素对应的 jQuery 对象.freetile({
  animate: true,
```

```
    elementDelay: 显示元素的延迟时间，单位为ms
  });
```

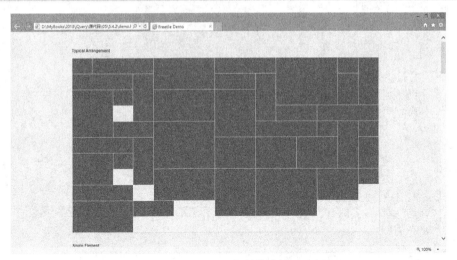

图 5-9   使用 Freetile.js 插件设计的网页布局

【例 5-16】   使用 Freetile.js 插件设计网页布局的例子。

本例的主页为 demo.html，其中定义了一个 div 元素 freetile-demo 作为总的容器。代码如下：

```
<div id="freetile-demo">
    <h4>Typical Arrangement</h4>
    <div class="first test"></div>
    <h4>Single Element</h4>
    <div class="second test"></div>
    <h4>Thin column, overflowing elements</h4>
    <div class="third test"></div>
    <h4>2k elements</h4>
    <div class="fourth test"></div>
    <h4>Empty Container</h4>
    <div class="empty test"></div>
</div>
```

freetile-demo 中包含 5 个子 div 元素，用于测试 freetile.js 插件的 5 种应用情况。在 js\init.js 中定义了这 5 种应用情况，引用 js\init.js 的代码如下：

```
<script type="text/javascript" src="js/init.js"></script>
```

在 js\init.js 中测试 Freetile.js 插件的情况具体如下：

1. 经典排列

在类别为 first test 的 div 元素中添加 40 个随机大小的 div 元素，代码如下：

```
    ;(function($){
    $(document).ready(function() { for (i=0;i<40;i++) {
        var w = 64 * (parseInt(Math.random() * 3) + 1) - 1,
            h = 48 * (parseInt(Math.random() * 3) + 1) - 1;
        $('<div class="element" style="color:#fff;"></div>').width(w).
height(h).appendTo('.first.test');
        }
    ......
    }
})(jQuery)
```

Math.random()函数用于返回 0 和 1 之间的伪随机数，这里用于随机生成 div 元素的宽度和高度。经典排列的界面如图 5-9 所示。

2. 单个元素的排列

在类别为 second test 的 div 元素中添加 1 个随机大小的 div 元素，代码与经典排列中相似，只是数量不同。

3. 在比较窄的区域里排列

在类别为 third test 的 div 元素中添加 20 个随机大小的 div 元素，代码与经典排列中相似，只是数量不同。

在 css\style.css 中定义了 third.test 类别的样式，代码如下：

```
.third.test {
    float: left;
    clear: right;
    width: 80px;
}
```

可以看到 div 元素的宽度只有 80px。在比较窄的区域里排列的界面如图 5-10 所示。

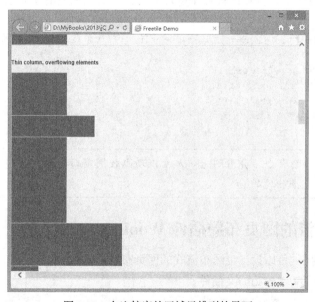

图 5-10　在比较窄的区域里排列的界面

4. 大量 div 元素的排列

在类别为 fourth test 的 div 元素中添加 2000 个随机大小的 div 元素，代码与经典排列中相似，只是数量不同。

界面如图 5-11 所示。

5. 空元素的排列

如果没有需要排列的 div 元素，则可以在调用 freetile()方法时指定一个处理函数，自定义显示方式。本例在类别为 empty test 的 div 元素中演示空元素的排列，代码如下：

```
    $( '.empty.test' ).empty();
    $( '.empty.test' ).freetile({
        callback: function() { $( '.empty.test' ).html( 'Callback from empty
container.' ); }
    });
```

程序会在类别为 empty test 的 div 元素中显示 "Callback from empty container."。

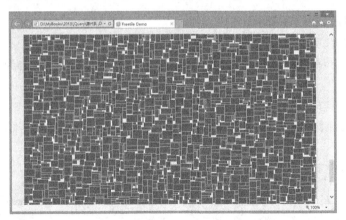

图 5-11　大量 div 元素的排列界面

6. 对所有测试应用 Freetile.js 插件

在 js\init.js 的最后会对类别为 freetile-demo 的容器 div 元素的所有子元素应用 Freetile.js 插件，代码如下：

```
$('#freetile-demo').children().each(function()
    {
        $(this).freetile({
            animate: true,
            elementDelay: 10
        });
    });
```

> 改变窗口的大小，会看到 div 元素以动画效果重新布局。特别是 div 元素数量比较多时，效果是很壮观的。

5.4.3　瀑布流的网页布局插件 Wookmark

使用 Wookmark 插件可以设计出瀑布流式的网页布局，通常可以使用它来排列图库。可以访问下面的网址下载和了解 Wookmark 插件。

```
http://www.wookmark.com/jquery-plugin
```

Wookmark 插件的脚本文件是 jquery.wookmark.js 和 jquery.wookmark.min.js（压缩版），读者可以根据需要选择引用。可以从上面的网址下载 Wookmark 插件，也可以直接使用本书源代码中 05\5.4.3\js 目录下的插件文件。引用 Wookmark 插件的代码如下：

```
<script src="js/jquery.js"></script>
<script src="js/jquery.wookmark.js"></script>
```

在使用 Wookmark 插件时，通常将被排列的对象定义为列表项 li 元素，然后将其绑定到 Wookmark 插件，方法如下：

```
$('#ul 元素 id li').wookmark(options);
```

Options 是可选参数，如果不使用，则应用默认的排列效果。常用的 options 参数如下：

```
var options = {
  autoResize: true, // 当浏览器窗口改变大小时自动更新布局
  container: $('#main'), // 父容器
  offset: 2, // 每个网格之间的距离
```

```
itemWidth: 210 // 网格之间的宽度
```

【例 5-17】　使用 Wookmark 插件对一组图片进行布局排列。

本实例保存在\05\5.4.3 目录下，待排列的图片位于 images 目录下。网页中定义了一个无序列表 id="tiles"的 ul 元素，其中的列表项（li 元素）中包含了待排列的图片，定义代码如下：

```
<ul id="tiles">
 <li><img src="images/image_1.jpg" width="200" height="283"><p>1</p></li>
 <li><img src="images/image_2.jpg" width="200" height="300"><p>2</p></li>
 <li><img src="images/image_3.jpg" width="200" height="252"><p>3</p></li>
 <li><img src="images/image_4.jpg" width="200" height="158"><p>4</p></li>
 <li><img src="images/image_5.jpg" width="200" height="300"><p>5</p></li>
 <li><img src="images/image_6.jpg" width="200" height="297"><p>6</p></li>
 <li><img src="images/image_7.jpg" width="200" height="200"><p>7</p></li>
 <li><img src="images/image_8.jpg" width="200" height="200"><p>8</p></li>
 <li><img src="images/image_9.jpg" width="200" height="398"><p>9</p></li>
 <li><img src="images/image_10.jpg" width="200" height="267"><p>10</p></li>
 <li><img src="images/image_1.jpg" width="200" height="283"><p>11</p></li>
 <li><img src="images/image_2.jpg" width="200" height="300"><p>12</p></li>
 <li><img src="images/image_3.jpg" width="200" height="252"><p>13</p></li>
 <li><img src="images/image_4.jpg" width="200" height="158"><p>14</p></li>
 <li><img src="images/image_5.jpg" width="200" height="300"><p>15</p></li>
 <li><img src="images/image_6.jpg" width="200" height="297"><p>16</p></li>
 <li><img src="images/image_7.jpg" width="200" height="200"><p>17</p></li>
 <li><img src="images/image_8.jpg" width="200" height="200"><p>18</p></li>
 <li><img src="images/image_9.jpg" width="200" height="398"><p>19</p></li>
 <li><img src="images/image_10.jpg" width="200" height="267"><p>20</p></li>
 <li><img src="images/image_1.jpg" width="200" height="283"><p>21</p></li>
 <li><img src="images/image_2.jpg" width="200" height="300"><p>22</p></li>
 <li><img src="images/image_3.jpg" width="200" height="252"><p>23</p></li>
 <li><img src="images/image_4.jpg" width="200" height="158"><p>24</p></li>
 <li><img src="images/image_5.jpg" width="200" height="300"><p>25</p></li>
 <li><img src="images/image_6.jpg" width="200" height="297"><p>26</p></li>
 <li><img src="images/image_7.jpg" width="200" height="200"><p>27</p></li>
 <li><img src="images/image_8.jpg" width="200" height="200"><p>28</p></li>
 <li><img src="images/image_9.jpg" width="200" height="398"><p>29</p></li>
 <li><img src="images/image_10.jpg" width="200" height="267"><p>30</p></li>
</ul>
```

将 li 元素绑定到 Wookmark 插件的代码如下：

```
<script type="text/javascript">
  $(document).ready(new function() {
    // Prepare layout options.
    var options = {
      autoResize: true, // 当浏览器窗口改变大小时自动更新布局
      container: $('#main'), // 父容器
      offset: 2, // 每个网格之间的距离
      itemWidth: 210 // 网格之间的宽度
     };
    // Get a reference to your grid items.
    var handler = $('#tiles li');

    // Call the layout function.
    handler.wookmark(options);
……
  });
```

为了演示动态布局的效果，本实例在单击图片时将动态增加图片的高度，然后重新排列布局，代码如下：

```
handler.click(function(){
 // Randomize the height of the clicked item.
 var newHeight = $('img', this).height() + Math.round(Math.random()*300+30);
 $(this).css('height', newHeight+'px');

 // Update the layout.
 handler.wookmark();
});
```

本实例的布局效果如图 5-12 所示。

图 5-12　使用 Wookmark 插件设计的网页布局

5.5　文字处理插件

文字是网页中包含得最多的内容，因此 jQuery 中有很多文字处理插件，本节介绍其中的两个实用文字处理插件。

5.5.1　自动调整文本大小的 FitText.js 插件

FitText.js 是一个很简单实用的 jQuery 插件，它可以使文本自动适合父元素的宽度。可以访问下面的网址下载和了解 FitText.js 插件。

```
http://fittextjs.com/
```

FitText.js 插件的脚本文件是 jquery.fittext.js，可以从上面的网址下载，也可以直接使用本书源代码中 05\5.5.1\目录下的插件文件。引用 FitText.js 插件的代码如下：

```
<script type="text/javascript" src="jquery.js"></script>
<script type="text/javascript" src="jquery. fittext.js"></script>
```

可以很简单地对 HTML 元素应用 FitText.js 插件，方法如下：

```
HTML 元素对应的 jQuery 对象.fitText();
```

此时，FitText.js 插件会根据 HTML 元素的宽度自动设置它的大小。默认的字体大小为 HTML 元素宽度的 1/10。

可以在绑定到 FitText.js 插件时指定一个压缩系数，方法如下：

```
HTML 元素对应的 jQuery 对象.fitText(压缩系数);
```

系数越大，文字越小；反之亦然。例如：

```
HTML 元素对应的 jQuery 对象.fitText(1.2);
HTML 元素对应的 jQuery 对象.fitText(0.8);
```

也可以在绑定到 FitText.js 插件时使用 minFontSize 属性指定最小字体、使用 maxFontSize 属性指定最大字体，方法如下：

```
HTML 元素对应的 jQuery 对象.fitText(压缩系数, { minFontSize: '20px', maxFontSize: '40px' })
```

【例 5-18】　使用 FitText.js 插件的实例。在网页中定义 3 个 h1 元素，代码如下：

```
<header>
<h1 id="fittext1">jQuery FitText 插件</h1>
<h1 id="fittext2">jQuery 程序设计基础教程</h1>
<h1 id="fittext3">人民邮电出版社</h1>
</header>
```

然后将它们绑定到 FitText.js 插件，代码如下：

```
<script src="js/jquery.js"></script>
<script src="js/jquery.fittext.js"></script>
<script type="text/javascript">
    $("#fittext1").fitText();
    $("#fittext2").fitText(0.8);
    $("#fittext3").fitText(1.1, { minFontSize: '50px', maxFontSize: '75px' });
</script>
```

由于篇幅所限，这里就不介绍定义字体效果的 CSS 样式了。浏览【例 5-18】的结果，如图 5-13 所示。

图 5-13　浏览【例 5-18】的结果

改变窗口的大小，字体大小也随之改变。

5.5.2　就地编辑插件 jeditable

使用 jeditable 插件可以就地编辑，并且提交到服务器处理，所谓"就地编辑"就是当用户单击网页上的文字时，该文字就会出现在一个编辑框中，用户可以对文字进行修改，完成后单击提交按钮，新的文本将发送到服务器上由指定的脚本处理，然后表单消失，显示最新编辑的文本。可以访问下面的网址下载和了解 jeditable 插件。

```
http://www.appelsiini.net/projects/jeditable
```

jeditable 插件的脚本文件是 jquery.jeditable.js，可以从上面的网址下载，也可以直接使用本书源代码中 05\5.5.2\目录下的插件文件。引用 jeditable 插件的代码如下：

```
<script src="js/jquery.js"></script>
<script src="js/jquery.jeditable.js"></script>
```

将 HTML 元素绑定到 jeditable 插件的方法如下：

```
HTML 元素对应的 jQuery 对象.editable(服务器端处理脚本, {
    indicator : 提交时显示的指示字符串,
    tooltip   : 提示工具条文本,
    type      : 编辑框的类型，默认为单行文本框，如果指定'textarea', 则使用多行文本框,
    cancel    : 取消按钮的显示文本（可选参数）,
    submit    : 提交按钮的显示文本（可选参数）,
});
```

【例 5-19】 使用 jeditable 插件的实例。在网页中定义 2 个 div 元素，代码如下：

```
<div class="edit" id="div_1">就地编辑插件 jeditable</div>
<div class="edit_area" id="div_2">jeditable 是一个 jquery 插件，它的优点是可以就地编辑，并且提交到服务器处理。</div>
```

然后将它们绑定到 jeditable 插件，代码如下：

```
<script type="text/javascript">
  $(document).ready(function() {
$('.edit').editable('http://www.example.com/save.php', {
    indicator : '保存中...',
    tooltip   : '单击编辑...'
});
$('.edit_area').editable('http://www.example.com/save.php', {
    type      : 'textarea',
    cancel    : '取消',
    submit    : '确定',
    tooltip   : '单击编辑...'
});
});
  </script>
```

由于篇幅所限，这里就不介绍定义显示效果的 CSS 样式了。浏览【例 5-19】的结果如图 5-14 所示。

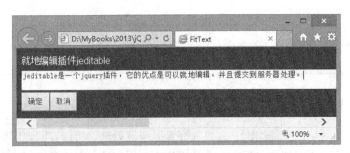

图 5-14　浏览【例 5-19】的结果

5.6　UI 插件

在 Web 应用程序的前端开发中，美观的界面设计就等于成功了一半。jQuery 中包含丰富的
UI 插件，可以对网页界面进行美化。本节介绍 3 个很实用的 UI 插件。

5.6.1　旋钮插件 knob

knob 插件可以定义一个用于选择一个数值的旋钮，如图 5-15
所示。

图 5-15　knob 插件定义旋钮

knob 插件的脚本文件是 jquery.knob-1.0.1.js，可以在互联网上搜索和下载最新版本的 knob 插
件，也可以直接使用本书源代码中 05\5.6.1\目录下的插件文件。引用 knob 插件的代码如下：

```
<script src="js/jquery.js"></script>
<script src="js/jquery.knob-1.0.1.js"></script>
```

需要将一个 input 元素绑定到 knob 插件，定义 knob 旋钮的方法如下：

```
input 元素对应的 jQuery 对象.knob({
                max：旋钮可以选择的最大数值,
                min：旋钮可以选择的最小数值,
                thickness：旋钮的宽度 (0~0.1),
                fgColor：旋钮的前景色,
                bgColor：旋钮的背景色,
                'release':function(e){
                        //选择旋钮时松开鼠标的处理函数，参数 e 为选择的数值
                }
        });
```

也可以使用绑定的 input 元素属性定义旋钮的属性，具体如下。

- data-fgColor：旋钮的前景色。
- data-bgColor：旋钮的背景色。
- data-thickness：旋钮的宽度（0~0.1）。
- data-min：旋钮可以选择的最小数值。
- data-max：旋钮可以选择的最大数值。

【例 5-20】　使用 knob 插件缩放图片的实例。

在网页中定义两个 input 元素和一个 img 元素，代码如下：

```
<div id="imgwrapper">
    <img id="img" src="img/super.jpg" />
</div>
<div id="knobwrapper">
    <input class="knob" data-width="300" data-skin="tron" data-displayInput="true"
value="200">
    <div>
    <input    class="knob2"    data-width="150"    data-fgColor="green"    data-bgColor=
"#303030" data-skin="tron" data-thickness=".3" data-min="200" data-max="600" value="200">
    </div>
</div>
```

然后将 input 元素绑定到 knob 插件，代码如下：

```
<script>
        $(function() {
           $(".knob").knob({
                    max: 940,
                    min: 500,
                    thickness: .3,
                    fgColor: '#2B99E6',
                    bgColor: '#303030',
                    'release':function(e){
                           $('#img').animate({width:e});
                    }
           });

              $(".knob2").knob({
                    'release':function(e){
                           $('#img').animate({width:e});
                    }
              });
        });
</script>
```

程序定义了两个旋钮，一个取值范围为 500~940，另一个使用 input 元素的相关属性定义旋钮的属性。使用旋钮选择数值后，将此数值设置为图片的宽度。

由于篇幅所限，这里就不介绍定义显示效果的 CSS 样式了。浏览【例 5-20】的结果，如图 5-16 所示。

图 5-16　浏览【例 5-20】的结果

5.6.2　显示模式弹出框的插件 Avgrund

Avgrund 插件可以定义一个模式弹出框。所谓模式弹出框就是想要对该弹出框以外的界面进行操作时，必须首先对该弹出框进行响应。

Avgrund 插件的脚本文件是 jquery.avgrund.js，可以在互联网上搜索和下载最新版本的

Avgrund 插件，也可以直接使用本书源代码中 05\5.6.2\目录下的插件文件。引用 Avgrund 插件的代码如下：

```
<script src="js/jquery.js"></script>
<script src="js/jquery.avgrund.js"></script>
```

Avgrund 插件还提供一个 CSS 样式文件 avgrund.css，引用 avgrund.css 的代码如下：

```
<link rel="stylesheet" href="./style/avgrund.css">
```

可以指定单击某个 HTML 元素时打开模式弹出框，方法如下：

```
HTML 元素对应的 jQuery 对象. avgrund ({
    width: 弹出框的宽度, // 最大为 640px
    height: 弹出框的高度, //最大为 350px
    showClose: 是否显示关闭按钮,
    showCloseText: 关闭按钮显示的文字,
    enableStackAnimation: 是否显示动画效果,
    onBlurContainer: 单击指定的块元素会使弹出框失去焦点,
    template: 弹出框中的内容
            });
```

【例 5-21】　使用 Avgrund 插件打开模式弹出框的实例。

在网页中定义一个按钮，代码如下：

```
<div class="buttons">
            <a href="#" id="show" class="button left">Show it</a>
        </div>
```

然后将按钮绑定到 Avgrund 插件，代码如下：

```
<script src="js/jquery.js"></script>
    <script src="js/jquery.avgrund.js"></script>
    <script>
    $(function() {
        $('#show').avgrund({
            height: 200,
            holderClass: 'custom',
            showClose: true,
            showCloseText: '关闭',
            enableStackAnimation: true,
            onBlurContainer: '.container',
            template: '<p>选择您要访问的网站。</p>' +
            '<div>' +
            '<a href="http://www.sohu.com" target="_blank" class="sohu">搜狐</a>' +
            '<a href="http://www.sina.com.cn" target="_blank" class="sina">新浪</a>' +
            '<a href="http://www.baidu.com" target="_blank" class="baidu">百度</a>' +
            '</div>'
        });
    });
    </script>
```

弹出框中定义了 3 个超链接，分别链接到搜狐、新浪百度。由于篇幅所限，这里就不介绍定义显示效果的 CSS 样式了。浏览【例 5-21】的结果，如图 5-17 所示。

图 5-17　浏览【例 5-21】的结果

5.6.3　滑动导航插件 SlideDeck

SlideDeck 插件可以定义一个如图 5-18 所示的滑动导航条。单击导航条的栏目，可以滑动显示栏目内容。

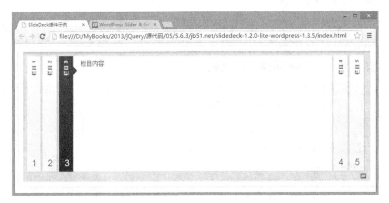

图 5-18　SlideDeck 插件定义的滑动导航条

可以访问下面的网址下载和了解 SlideDeck 插件。

```
http://www.slidedeck.com/
```

SlideDeck 插件的脚本文件是 slidedeck.jquery.lite.pack.js。可以从上面的网址下载 SlideDeck 插件，也可以直接使用本书源代码中 05\5.6.3\目录下的插件文件。引用 SlideDeck 插件的代码如下：

```
<script src="/jquery.js"></script>
<script type="text/javascript" src="slidedeck.jquery.lite.pack.js"></script>
```

SlideDeck 插件还提供一个 CSS 样式文件 slidedeck.skin.css，引用 slidedeck.skin.css 的代码如下：

```
<link rel="stylesheet" href="slidedeck.skin.css">
```

通常需要定义一个 div 元素作为滑动导航容器，然后将其绑定到 SlideDeck 插件，方法如下：

```
div 元素对应的 jQuery 对象.slidedeck();
```

在 div 元素容器中可以使用 dl 列表元素定义导航栏目，例如：

```
<div id="slidedeck_frame" class="skin-slidedeck">
        <dl class="slidedeck">
            <dt>Slide 1</dt>
            <dd>Slide content</dd>
```

```
                <dt>Slide 2</dt>
                <dd>Slide content</dd>
                <dt>Slide 3</dt>
                <dd>Slide content</dd>
                <dt>Slide 4</dt>
                <dd>Slide content</dd>
                <dt>Slide 5</dt>
                <dd>Slide content</dd>
            </dl>
        </div>
```

dt 元素用于定义 dl 列表中的项目，dd 元素用于描述列表中的项目。

【例 5-22】　使用 SlideDeck 插件设计如图 5-18 所示的滑动导航条。

在网页中定义 div 元素容器，代码如下：

```
<div id="slidedeck_frame" class="skin-slidedeck">
    <dl class="slidedeck">
        <dt>栏目 1</dt>
        <dd>栏目内容</dd>
        <dt>栏目 2</dt>
        <dd>栏目内容</dd>
        <dt>栏目 3</dt>
        <dd>栏目内容</dd>
        <dt>栏目 4</dt>
        <dd>栏目内容</dd>
        <dt>栏目 5</dt>
        <dd>栏目内容</dd>
    </dl>
</div>
```

然后将按钮绑定到 SlideDeck 插件，代码如下：

```
<script type="text/javascript">
    $('.slidedeck').slidedeck();
</script>
```

本例中还需要使用 back.png、corner.png、slides.png 和 spines.png 等图片，在 SlideDeck 插件中会引用它们，可以参照源代码了解图片的具体情况。

练 习 题

1. 单项选择题

（1）下面关于 jQuery.fn 对象的描述错误的是（　　）。

　　A．jQuery.fn 对象用于定义 jQuery 全局函数

　　B．jQuery.fn 对象可以缩写为$.fn

　　C．jQuery.fn 是 jQuery 的命名空间

　　D．附加在 jQuery.fn 上的方法及属性，对每一个 jquery 实例都有效

（2）下面关于 jQuery 全局函数的描述错误的是（　　）。

　　A．jQuery 全局函数是附加在 jQuery 命名空间下的自定义函数

B．可以使用 jQuery.extend() 方法定义全局函数

C．全局函数被绑定到 jQuery 对象上

D．可以通过 "jQuery.全局函数名()" 来定义 jQuery 全局函数

（3）下面属于布局插件的为（　　　）。

A．Masonry

B．Handsontable

C．FitText.js

D．SlideDeck

（4）下面属于图表插件的为（　　　）。

A．scrollTo

B．Freetile.js

C．editable

D．Sparklines

2．填空题

（1）建议将 jQuery 插件的文件名命名为_____，以免和其他 js 库插件混淆。

（2）可以使用_____定义自定义选择器。

（3）调用插件中封装的 jQuery 对象方法为_____。

（4）调用 jQuery 全局函数的方法为_____。

（5）在 Waypoints 插件中，可以使用_____方法设置 jQuery 对象的滚动事件处理函数。

3．简答题

（1）试述 jQuery 插件的类型。

（2）试述定义 jQuery 插件的方法。

第6章
jQuery 的表单编程

表单（Form）是很常用的 HTML 元素，是用户向 Web 服务器提交数据的最常用方式。除了可以使用表单传送用户输入的数据，还可以用于上传文件。jQuery 对表单编程提供了很方便的支持，不仅有很多表单选择器和表单过滤器用于选取表单元素，而且还可以很方便地操作表单元素、处理表单事件，免费下载的大量表单插件也大大扩展了 jQuery 的表单编程能力。

6.1　HTML 表单概述

本节介绍如何定义 HTML 表单和表单元素，表单中可以包括标签（静态文本）、单行文本框、滚动文本框、复选框、单选按钮、下拉菜单（组合框）和按钮等元素。

6.1.1　定义表单

可以使用<form>…</form>标签定义表单，form 标签常用的属性如下。

- id：表单 ID，用来标记一个表单。
- name：表单名。
- action：指定处理表单提交数据的脚本文件。脚本文件可以是 ASP 文件、ASP.net 文件或 PHP 文件，它部署在 Web 服务器上，用于接收和处理用户通过表单提交的数据。
- method：指定表单信息传递到服务器的方式，有效值为 GET 或 POST。如果设置为 GET，则当按下提交按钮时，浏览器会立即传送表单数据；如果设置为 POST，则浏览器会等待服务器来读取数据。使用 GET 方法的效率较高，但传递的信息量仅为 2KB，而 POST 方法没有此限制，所以通常使用 POST 方法。

【例 6-1】　定义表单 form1，提交数据的方式为 POST，处理表单提交数据的脚本文件为 checkpwd.php，代码如下：

```
<form id="form1" name="form1" method="post" action="checkpwd.php">
……
</form>
```

在 action 属性中指定处理脚本文件时可以指定文件在 Web 服务器上的路径，可以使用绝对路径和相对路径两种方式指定脚本文件的位置。绝对路径是指从网站根目录（\）到脚本文件的完整路径，例如"\checkpwd.php"或"\php\checkpwd.php"；绝对路径也可以是一个完整的 URL，例如"http://www.host.com/checkpwd.php"。

相对路径是从表单所在网页文件到脚本文件的路径。如果网页文件和脚本文件在同一目录下，则 action 属性中不需指定路径，也可以使用"./ShowInfo.php"指定处理脚本文件。"."表示当前路径。还有一个特殊的相对路径，即"..""，它表示上级路径。如果脚本文件 checkpwd.php 在网页文件的上级目录中，则可以使用"..\checkpwd.php"指定处理脚本文件。

【例 6-1】只定义了一个空表单，表单中不包含任何元素，因此不能用于输入数据。下面将介绍如何定义和使用表单控件。

6.1.2 文本框

文本框 _____ 是用于输入文本的表单控件。可以使用 input 标签定义单行文本框，例如：

```
<input name="txtUserName" type="text" value="" />
```

文本框的常用属性如表 6-1 所示。

表 6-1　　　　　　　　　　　　文本框的常用属性及说明

属　　性	具体描述
name	名称，用来标记一个文本框
value	设置文本框的初始值
size	设置文本框的宽度值
maxlength	设置文本框允许输入的最大字符数量
readonly	指示是否可修改该字段的值
type	设置文本框的类型，常用的类型如下 ● text：默认值，普通文本框 ● password：密码文本框 ● hidden：隐藏文本框，常用于记录和提交不希望用户看到的数据，例如编号 ● file：用于选择文件的文本框
value	定义元素的默认值

 使用 input 标签不仅可以定义文本框，通过设置 type 属性还可以使用 input 标签定义复选框、列表框和按钮等控件。具体情况将在本章后面介绍。

【例 6-2】 定义一个表单 form1，其中包含各种类型的文本框，代码如下：

```
<html>
<body>
<form id="form1" name="form1" method="post" action="ShowInfo.php">
用户名:    <input name="txtUserName" type="text" value="" />  <br>
密码:      <input name="txtUserPass" type="password" /> <br>
文件:      <input name="upfile" type="file" /><BR>
隐藏文本框:     <input name="flag" type="hidden" vslue="1" />
</form>
</body>
</html>
```

浏览此网页的结果，如图 6-1 所示。

可以看到，类型为 text 的普通文本框可以正常显示用户输入的文本，类型为 password 的密码文本框将可用户输入的文本显示为*，类型为 fie 的文件文本框显示一个"浏览"按钮和一个显示文件名的文本框（不同浏览器的显示风格可能会不同），类型为 hidden 的隐藏文本框则不会显示在页面中。

图 6-1　浏览【例 6-2】的界面

6.1.3　文本区域

文本区域是用于输入多行文本的表单控件。可以使用<textarea>标签定义文本区域。例如：

```
<textarea name="details"></textarea>
```

<textarea>标签的常用属性如表 6-2 所示。

表 6-2　　　　　　　　　　　　textarea 标签的常用属性及说明

属　　性	具体描述
cols	设置文本区域的字符宽度值
disabled	当此文本区首次加载时禁用此文本区
name	用来标记一个文本区域
readonly	指示用户无法修改文本区内的内容
rows	设置文本区域允许输入的最大行数

【例 6-3】　定义一个表单 form1，其中包含一个 5 行 45 列的文本区域，代码如下：

```
<form id="form1" name="form1" method="post" action="ShowInfo.php">
<textarea name="details" cols="45" rows="5">文本区域</textarea>
</form>
```

浏览此网页的结果，如图 6-2 所示。

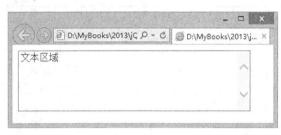

图 6-2　【例 6-3】的浏览界面

6.1.4　单选按钮

单选按钮是用于从多个选项中选择一个项目的表单控件。在<input>标签中将 type 属性设置为

"radio"可定义单选按钮。

单选按钮的常用属性如表 6-3 所示。

表 6-3 单选按钮的常用属性及说明

属 性	具体描述
name	名称，用来标记一个单选按钮
value	设置单选按钮的初始值
checked	初始状态，如果使用 checked，则单选按钮的初始状态为已选，否则为未选

【例 6-4】 定义一个表单 form1，其中包含两个用于选择性别的单选按钮，默认选中"男"，代码如下：

```
<form id="form1" name="form1" method="post" action="ShowInfo.php">
<input name="radioSex1" type="radio" id="radioSex1" checked>男</input>
 <input name="radioSex2" type="radio" id="radioSex2"/>女</input>
</form>
```

浏览此网页的结果，如图 6-3 所示。

图 6-3 【例 6-4】的浏览界面

6.1.5 复选框

复选框是用于选择或取消某个项目的表单控件。在 input 标签中将 type 属性设置为"checkbox"即可定义复选框。

复选框的常用属性如表 6-4 所示。

表 6-4 复选框的常用属性及说明

属 性	具体描述
name	名称，用来标记一个复选框
checked	初始状态，如果使用 checked，则复选框的初始状态为已选，否则为未选

【例 6-5】 定义一个表单 form1，其中包含 3 个用于选择兴趣爱好的复选框，代码如下：

```
<form id="form1" name="form1" method="post" action="ShowInfo.php">
     <input type="checkbox" name="C1" id="C1">文艺</input>
    <input type="checkbox" name="C2" id="C2">体育</input>
    <input type="checkbox" name="C3" id="C3">电脑</input>
</form>
```

浏览此网页的结果，如图 6-4 所示。

图 6-4　【例 6-5】的浏览界面

6.1.6　组合框

组合框也称为列表/菜单，是用于从多个选项中选择某个项目的表单控件，可以使用<select>标签定义组合框。

可以使用<option>标签定义组合框中包含的下拉菜单项，<option>标签的常用属性如表 6-5 所示。

表 6-5　　　　　　　　　　　　　　<option>标签的常用属性及说明

属　　性	具体描述
value	定义菜单项的值
selected	如果指定某个菜单项的初始状态为"选中"，则在对应的<option>标签中使用 selected 属性

【例 6-6】　定义一个表单 form1，其中包含一个用于选择所在城市的组合框，组合框中有北京、上海、天津和重庆 4 个选项，默认选中"北京"，代码如下：

```
<form id="form1" name="form1" method="post" action="ShowInfo.php">
<select name="city" id="city">
    <option value="北京" selected>北京</option>
    <option value="上海">上海</option>
    <option value="天津">天津</option>
    <option value="重庆">重庆</option>
</select>
</form>
```

浏览此网页的结果，如图 6-5 所示。

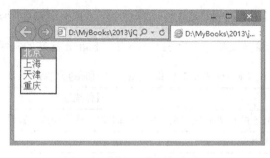

图 6-5　【例 6-6】的浏览界面

6.1.7　按钮

HTML 支持 3 种类型的按钮，即提交按钮（submit）、重置按钮（reset）和普通按钮（button）。

单击提交按钮，浏览器会将表单中的数据提交到 Web 服务器，由服务器端的脚本语言（ASP、ASP.NET、PHP 等）处理提交的表单数据，此过程不在本书讨论的范围内，读者可以参考相关资料理解；单击重置按钮，浏览器会将表单中的所有控件的值设置为初始值；单击普通按钮的动作则由用户指定。

可以使用<input>标签定义按钮，通过 type 属性指定按钮的类型，type="submit"表示定义提交按钮，type=" reset"表示定义重置按钮，type="button"表示定义普通按钮。按钮的常用属性如表 6-6 所示。

表 6-6 按钮的常用属性及说明

属　　性	具体描述
name	用来标记一个按钮
value	定义按钮显示的字符串
type	定义按钮类型
onclick	用于指定单击普通按钮时的动作

【例 6-7】 定义一个表单 form1，其中包含 3 个按钮，一个提交按钮、一个重设按钮和一个普通按钮 "hello"，代码如下：

```
<form id="form1" name="form1" method="post" action="ShowInfo.php">
<input type="submit" name="submit" id="submit" value="提交" />
<input type="reset" name="reset" id="reset" value="重设" />
<input type="button" name="hello" onclick="alert('hello')" value="hello" />
</form>
```

浏览此网页的结果，如图 6-6 所示。单击 "hello" 按钮会弹出如图 6-7 所示的对话框。

图 6-6 【例 3-7】的浏览界面　　　　　图 6-7 单击 "hello" 按钮弹出的对话框

也可以使用 button 标签定义按钮。在 HTML5 中，button 标签的常用属性如表 6-7 所示。

表 6-7 在 HTML5 中 button 标签的常用属性及说明

属　　性	具体描述
autofocus	HTML 5 的新增属性。指定在页面加载时，是否让按钮获得焦点
disabled	禁用按钮
name	指定按钮的名称
value	定义按钮显示的字符串
type	定义按钮类型。type="submit"表示定义提交按钮，type=" reset"表示定义重置按钮，type="button"表示定义普通按钮
onclick	用于指定单击普通按钮时的动作

【例 6-8】 【例 6-7】中的按钮也可以用下面的代码实现：

```
<form id="form1" name="form1" method="post" action="ShowInfo.php">
<button type="submit" name="submit" id="submit">提交</button>
<button type="reset" name="reset" id="reset">重设</button>
<button type="button" name=" " onclick="alert('hello')"/>hello</button>
</form>
```

6.2 jQuery 的表单选择器和过滤器

本书在第 3 章中介绍了 jQuery 选择器的情况。可以通过选择器选取 HTML 元素，并对其应用效果。jQuery 还可以提供表单选择器和过滤器，用于选取表单中的元素。

6.2.1 表单选择器

jQuery 的表单选择器如表 6-8 所示。

表 6-8   jQuery 的表单选择器

选 择 器	具体描述
:input	匹配表单中所有的 input 元素、textarea 元素、select 元素和 button 元素
: text	匹配表单中所有的文本类型元素
: password	匹配表单中所有的密码类型（type="password"）的 input 元素
: radio	匹配表单中所有的 radio 类型元素（即单选按钮）
: checkbox	匹配表单中所有的 checkbox 类型元素（即复选框）
: submit	匹配表单中所有的提交按钮元素
: image	匹配表单中所有的 image 元素
: reset	匹配表单中所有的重置按钮
: button	匹配表单中所有的普通按钮
:file	匹配表单中所有的 type="file"的 input 元素（即选择文件的控件）

【例 6-9】 演示:input 选择器的简单实例，代码如下：

```
<!DOCTYPE HTML>
<html>
<head>
<script type="text/javascript" src="jquery.js"></script>
  <script>
  $(document).ready(function(){

    var allInputs = $(":input");
    var formChildren = $("form > *");
    $("#messages").text("找到 " + allInputs.length + " 个 input 类型元素。");

      $(":input").css("border","2px solid red");

  });
  </script>
</head>
```

```
<body>
  <form>
    <input type="button" value="Input Button"/>
    <input type="checkbox" />
    <input type="file" />
    <input type="hidden" />
    <input type="image" />
    <input type="password" />
    <input type="radio" />
    <input type="reset" />
    <input type="submit" />
    <input type="text" />
    <select><option>Option</option></select>
    <textarea></textarea>
    <button>Button</button>
  </form>
  <div id="messages">
  </div>
</body>
</html>
```

网页中定义了一个表单，其中包含各种元素。在 jQuery 程序中使用$(":input")选择器选取网页中所有的 input 元素、textarea 元素、select 元素和 button 元素，然后调用 css()方法设置选取 HTML 元素的 CSS 样式，给选取的 HTML 元素加一个红色的边框。最后显示找到的 input 类型元素的数量。浏览【例 6-9】的结果，如图 6-8 所示。注意，有几个 input 类型元素并没有显示出来，比如 <input type="hidden" />。

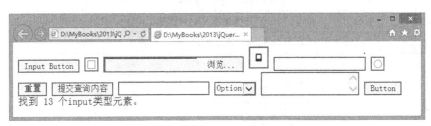

图 6-8　浏览【例 6-9】的结果

6.2.2　表单过滤器

通过表单过滤器对选取的数据进行过滤，从而选择更明确的表单元素。jQuery 的表单过滤器如表 6-9 所示。

表 6-9　　　　　　　　　　　　　　jQuery 的表单过滤器

过　滤　器	具体描述
:enabled	匹配表单中所有启用的元素
:disabled	匹配表单中所有禁用的元素
: checked	匹配表单中所有被选中的元素（复选框或单选按钮）
: selected	过滤器可以匹配表单中所有被选中的 option 元素

【例 6-10】　演示:enabled 过滤器的简单实例，代码如下：

```
<!DOCTYPE HTML>
```

```
<html>
<head>
<script type="text/javascript" src="jquery.js"></script>
  <script>
  $(document).ready(function(){
    $("input:enabled").css("border","2px solid red");
  });
  </script>


</head>
<body>
  <form>
    <input name="email" disabled="disabled" />
    <input name="id" />
  </form>
</body>
</html>
  </div>
</body>
</html>
```

网页中定义了一个表单，其中包含两个 input 元素（一个被禁用 disabled）。在 jQuery 程序中使用$("input:enabled ")过滤器选取网页中所有启用的 input 元素，然后调用 css()方法设置选取 HTML 元素的 CSS 样式，给选取的 HTML 元素加一个红色的边框。浏览【例 6-10】的结果，如图 6-9 所示。

图 6-9　浏览【例 6-10】的结果

【例 6-11】　演示: checked 过滤器的简单实例，代码如下：

```
<!DOCTYPE HTML>
<html>
<head>
<script type="text/javascript" src="jquery.js"></script>
  <script>
  $(document).ready(function(){

    function countChecked() {
      var n = $("input:checked").length;
      $("div").text(n + (n <= 1 ? " is" : " are") + " checked!");
    }
    countChecked();
    $(":checkbox").click(countChecked);

  });
  </script>
  <style>
  div { color:red; }
  </style>
</head>
```

```
<body>
  <form>
    <input type="checkbox" name="newsletter" checked="checked" value="Hourly" />
    <input type="checkbox" name="newsletter" value="Daily" />
    <input type="checkbox" name="newsletter" value="Weekly" />
    <input type="checkbox" name="newsletter" checked="checked" value="Monthly" />
    <input type="checkbox" name="newsletter" value="Yearly" />
  </form>
  <div></div>
</body>
</html>
```

网页中定义了一个表单，其中包含 5 个复选框。在 jQuery 程序中使用$(":checkbox").click (countChecked);定义当单击复选框时调用 countChecked()方法。在 countChecked()方法中使用 $("input:checked")过滤器统计表单中所有被选中的复选框数量。浏览【例 6-11】的结果，如图 6-10 所示。

图 6-10　浏览【例 6-11】的结果

6.3　jQuery 的表单事件处理

jQuery 提供了一组表单 API，使用它们可以对表单事件进行处理。

6.3.1　blur()方法和 focus()方法

blur()方法用于绑定到 blur 事件的处理函数，语法如下：

```
.blur( handler(eventObject) )
```

handler 是 blur 事件的处理函数，eventObject 是事件的参数。

> blur 事件在元素失去焦点时发生。

与 blur()方法相对应的是 focus()方法。focus()方法可以绑定到 focus 事件的处理函数，而 focus 事件在元素获得焦点时发生。

【例 6-12】　演示调用 blur()方法和 focus()方法的简单实例，当文本框获得焦点和失去焦点时切换颜色。代码如下：

```
<html>
<head>
<script type="text/javascript" src="jquery.js"></script>
<script type="text/javascript">
$(document).ready(function(){
  $("input").focus(function(){
```

```
    $("input").css("background-color","red");
  });
  $("input").blur(function(){
    $("input").css("background-color","yellow");
  });
});
</script>
</head>
<body>
输入用户名: <input id= "uname" type="text" /></body>
</html>
```

网页中定义了一个表单, 其中包含一个文本框。在 jQuery 程序中使用$("input").focus()方法定义了当文本框获得焦点时背景色为红色, 使用$("input"). blur ()方法定义了当文本框失去焦点时背景色为黄色。

如果不使用参数调用 blur()方法和 focus()方法, 则会触发对应的事件。

【例 6-13】　演示使用 blur()方法和 focus()方法触发对应的事件的简单实例。

在网页中增加一个 "获得焦点" 按钮, 定义代码如下:

```
<button onclick="setfocus();">获得焦点</button>
```

单击 "获得焦点" 按钮会调用 setfocus()方法。setfocus()方法的定义代码如下:

```
function setfocus() {
  $("#uname").focus();
}
```

程序调用$("#uname").focus()方法使文本框 uname 获得焦点。

再在网页中增加一个 "取消焦点" 按钮, 定义代码如下:

```
<button onclick="lostfocus();" >取消焦点</button>
```

单击 "取消焦点" 按钮会调用 lostfocus ()方法。lostfocus ()方法的定义代码如下:

```
function lostfocus(){
  $("#uname").blur();
}
```

程序调用$("#uname").blur()方法使文本框 uname 取消焦点。

6.3.2　change()方法

用于绑定到 change 事件的处理函数, 语法如下:

```
.change(handler(eventObject))
```

handler 是 change 事件的处理函数, eventObject 是事件的参数。

change 事件在当元素的值发生改变时发生。

【例 6-14】　演示 change()方法简单实例, 代码如下:

```
<!DOCTYPE html>
<html>
<head>
  <style>
  div { color:red; }
  </style>
<script type="text/javascript" src="jquery.js"></script>
```

```
</head>
<body>
<select name="city" multiple="multiple">
    <option>北京</option>
    <option>天津</option>
    <option>上海</option>
    <option>重庆</option>
  </select>
  <div></div>

<script>
    $("select").change(function () {
        var str = "";
        $("select option:selected").each(function () {
            str += $(this).text() + " ";
          });
        $("div").text(str);
      });
</script>
</body>
</html>
```

网页中定义了一个表单，其中包含一个可以多选的 select 元素。在 jQuery 程序中使用 change()方法定义了 select 元素 change 事件的处理函数，当 select 元素的内容改变时将选择的项目显示在下面的 div 元素中。

浏览【例 6-14】的结果，如图 6-11 所示。

图 6-11　浏览【例 6-14】的结果

6.3.3　select()方法

用于绑定到 select 事件的处理函数，语法如下：

```
.select(handler(eventObject))
```

handler 是 select 事件的处理函数，eventObject 是事件的参数。

select 事件在当元素中的文本被选择时发生。

【例 6-15】　演示 select()方法的简单实例，代码如下：

```
<html>
<head>
<script type="text/javascript" src="jquery.js"></script>
<script type="text/javascript">
$(document).ready(function(){
  $("input").select(function(){
    $("input").after(" Text marked!");
  });
});
</script>
</head>
<body>
<input type="text" name="FirstName" value="选中我。" />
```

```
</body>
</html>
```

网页中定义了一个文本框。在 jQuery 程序中使用 select ()方法定义了文本框 select 事件的处理函数，当文本框的内容被选中时将在其后面显示"Text marked!"。浏览【例 6-15】的结果，如图 6-12 所示。

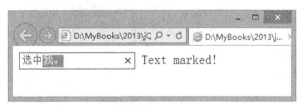

图 6-12　浏览【例 6-15】的结果

6.3.4　submit()方法

用于绑定到 submit 事件的处理函数，语法如下：

```
.submit(handler(eventObject))
```

handler 是 submit 事件的处理函数，eventObject 是事件的参数。

submit 事件在提交表单时发生。

如果 submit 事件的处理函数返回 false，则不执行提交操作；如果返回 true，则执行提交操作。

【例 6-16】　演示 submit ()方法的简单实例，代码如下：

```
<html>
<head>
<script type="text/javascript" src="jquery.js"></script>
<script type="text/javascript">
$(document).ready(function(){
  $('#target').submit(function() {
    if($('#name').val() == "")
     {
       alert($("请输入数据");
       return false;
      }
     return true;
});
});
</script>
</head>
<body>
<form id="target" action="do.asp">
  <input id="name" type="text" value="" />
  <input type="submit" value="提交" />
</form>
</html>
```

网页中定义了一个表单，其中包含一个文本框和一个提交按钮。在 jQuery 程序中使用 submit ()方法定义了表单 submit 事件的处理函数，当提交表单时检查文本框的内容。如果没有录入数据，则不提交。浏览【例 6-16】的结果，如图 6-13 所示。

图 6-13　浏览【例 6-16】的结果

6.4　操作表单元素

使用第 4 章介绍的方法对 HTML 元素进行操作，本节特别总结一下对一些表单元素的常用操作。

6.4.1　操作文本框和文本域

对文本框和文本域的常用操作包括读取和设置控件的值以及设置控件的可用性。

1. 读取文本框和文本域的值

使用 attr()方法可以读取文本框和文本域的值，方法如下：

```
var textval = $("#id").attr("value");
```

使用 val()方法可以读取文本框和文本域的值，方法如下：

```
var textval = $("#id").val();
```

2. 设置文本框和文本域的值

可以使用 attr()方法设置文本框和文本域的值，方法如下：

```
$("#txt").attr("value",字符串);
```

3. 设置文本框和文本域为不可编辑

可以使用 attr()方法设置文本框和文本域为不可编辑，方法如下：

```
$("#id").attr("disabled",false);
```

4. 设置文本框和文本域为可编辑

可以使用 attr()方法设置文本框和文本域为可编辑，方法如下：

```
$("#id").attr("disabled",true);
```

如果文本框和文本域已经为不可编辑,也可以使用下面的方法设置文本框和文本域为可编辑,方法如下：

```
$("#id").removeAttr("disabled");
```

6.4.2　操作单选按钮和复选框

对单选按钮和复选框的常用操作类似，都是选中、取消选中、判断选择状态等。

1．选中单选按钮和复选框

使用 attr()方法可以设置选中单选按钮和复选框，方法如下：

```
$("#id").attr("checked",true);
```

2．取消选中单选按钮和复选框

使用 attr()方法取消选中单选按钮和复选框的方法如下：

```
$("#id").attr("checked",'');
```

3．判断选择状态

判断单选按钮和复选框选择状态的方法如下：

```
if($("#chk_id").attr('checked')==true){
    ......
}
```

6.4.3　操作下拉框

对下拉框的常用操作包括读取和设置控件的值、向下拉菜单中添加菜单项、清空下拉菜单等。

1．读取下拉框的值

可以使用 val()方法读取下拉框的值，方法如下：

```
var selectval = $('#sel_id).val();
```

2．设置下拉框的选中项

可以使用 attr()方法设置下拉框的选中项，方法如下：

```
$("#sel_id").attr("value",选中项的值);
```

3．清空下拉菜单

可以使用 empty()方法清空下拉菜单，方法如下：

```
$("#sel_id").empty();
```

4．向下拉菜单中添加菜单项

可以使用 append()方法向下拉菜单中添加菜单项，方法如下：

```
$("#sel_id").append('<option value="值">文本</option>');
```

6.5　jQuery 的表单插件

jQuery 有很多表单插件，使用它们可以很方便地管理和操作表单。本节介绍几个比较实用的表单插件。

6.5.1　a–tools 插件

a-tools 是跨浏览器的文本选择和修改插件，通常应用于 input 元素或 textarea 元素。

a-tools 插件的脚本文件是 jquery.a-tools-1.5.2.js 和 jquery.a-tools-1.5.2.min.js，可以在互联网上搜索和下载最新版本的 a-tools 插件，也可以直接使用本书源代码中 05\6.5.1\目录下的插件文件。引用 a-tools 插件的代码如下：

```
<script type="text/javascript" src="jquery.js"></script>
<script type="text/javascript" src="jquery.a-tools-1.5.2.min.js"></script>
```

使用 a-tools 插件可以将如表 6-10 所示的方法直接应用于 input 元素或 textarea 元素对应的 jQuery 对象上。

表 6-10　　　　　　　　　　　　　　　　　a-tools 插件中定义的方法

方　　法	具体描述
var info = jQuery 对象.getSelection()	返回选中文本的信息。info.start 表示选中文本的起始位置；info.end 表示选中文本的结束位置；info.length 表示选中文本的起长度；info.text 表示选中文本的内容
jQuery 对象.countCharacters()	统计字符数量
jQuery 对象.replaceSelection(str)	使用 str 替换选择的内容
jQuery 对象.insertAtCaretPos(str)	在光标位置插入 str

jQuery 对象.setMaxLength(数值,
function() {
　//超过限制的处理函数
});
	设置字符长度的限制

jQuery 对象.setCaretPos(数值)	设置光标位置
jQuery 对象.setSelection(起始位置,结束位置)	设置选择文本的开始和结束

【例 6-17】　使用 a-tools 插件的实例，本例的界面如图 6-14 所示。

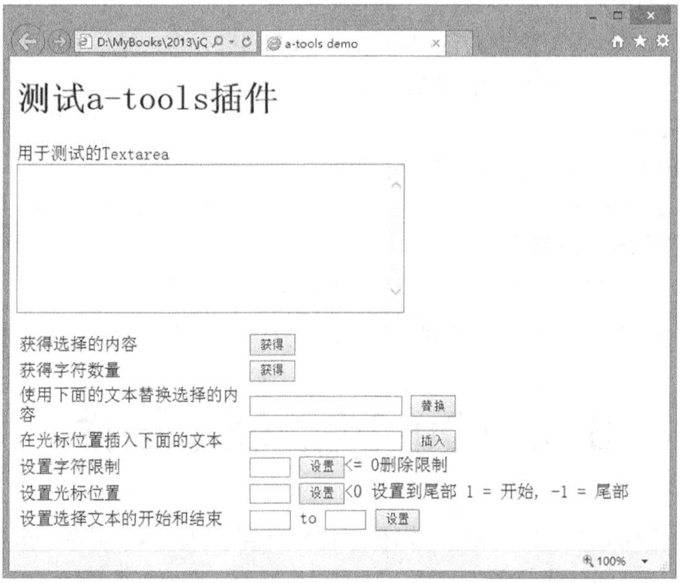

图 6-14　【例 6-17】的实例界面

在网页中定义一个用于测试的 Textarea 元素，代码如下：

```
<textarea id="textArea" rows="10" cols="60"></textarea>
```

定义一个用于获得选择内容的按钮，代码如下：

```
<button id="buttonInfo" type="button">获得</button>
```

单击此按钮，会弹出一个对话框，显示 Textarea 元素的选择内容，代码如下：

```
$("#buttonInfo").click(function() {
        var info = $("#textArea").getSelection();
        alert("Start: " + info.start + "\nEnd: " + info.end + "\nLength: " +
info.length + "\nText: " + info.text);
    });
```

定义一个用于获得字符数量的按钮，代码如下：

```
<button id="buttonCharacters" type="button">获得</button>
```

单击此按钮，会弹出一个对话框，显示 Textarea 元素的字符数量，代码如下：

```
$("#buttonCharacters").click(function() {
    alert("Characters: " + $("#textArea").countCharacters());
});
```

定义一个使用下面文本替换选择内容的按钮，代码如下：

```
<button id="buttonReplace" type="button">替换</button>
```

单击此按钮的代码如下：

```
$("#buttonReplace").click(function() {
    $("#textArea").replaceSelection($("input[name=replaceText]").attr("value"));
});
```

定义一个在光标位置插入文本的按钮，代码如下：

```
<button id="buttonInput" type="button">插入</button>
```

单击此按钮的代码如下：

```
$("#buttonInput").click(function() {
$("#textArea").insertAtCaretPos($("input[name=inputText]").attr("value"));
        });
```

定义一个设置字符限制的按钮，代码如下：

```
<button id="buttonLimit" type="button">设置</button>
```

单击此按钮的代码如下：

```
$("#buttonLimit").click(function() {
            $("#textArea").setMaxLength($("input[name=limit]").attr("value"),
function() {
                alert("Max reached.")
            });
            if ($("input[name=limit]").attr("value") >= 0) {
                alert("Limit set to: " + $("input[name=limit]").attr("value"));
            } else {
                alert("No limits");
            }
        });
```

定义一个设置光标位置的按钮，代码如下：

```
<button id="buttonPosition" type="button">设置</button>
```

单击此按钮的代码如下：

```
$("#buttonPosition").click(function() {
$("#textArea").setCaretPos($("input[name=position]").attr("value"));
        });
```

定义一个设置选择文本的开始和结束按钮，代码如下：

```
<button id="buttonSetSelection" type="button">设置</button>
```

单击此按钮的代码如下：

```
$("#buttonSetSelection").click(function() {
$("#textArea").setSelection($("input[name=startPosition]").attr("value"),$("input[name
=endPosition]").attr("value"));
        });
```

请参照表 6-10 所示的方法理解代码中 a-tools 插件的功能和用法。

6.5.2　两级级联下拉列表插件 DoubleSelection

DoubleSelection 插件可以将两个 Select 元素定义的下拉列表级联起来，定义第一个下拉列表的每个列表项对应的第两个下拉列表中的列表项。

DoubleSelection 插件的脚本文件是 jquery.doubleSelect.js 和 jquery.doubleSelect.min.js，可以在互联网上搜索和下载最新版本的 DoubleSelection 插件，也可以直接使用本书源代码中 06\6.5.2\目录下的插件文件。引用 DoubleSelection 插件的代码如下：

```
<script type="text/javascript" src="jquery.js"></script>
<script type="text/javascript" src="jquery.doubleSelect.js"></script>
```

可以通过下面的方式定义级联关系，代码如下：

```
var 级联关系变量 = {
第一个下拉列表的列表项1: {
    "key" : 键值,
    "defaultvalue" : 对应的第 2 个下拉列表中的默认列表项值,
    "values" : {
        对应的第 2 个下拉列表中的列表项: 列表项值,
        ……
        }
    },
    ……
    }
};
```

可以使用下面的方法将两个 Select 元素绑定到 DoubleSelection 插件，代码如下：

```
第一个 Select 元素对应的 jQuery 对象.doubleSelect(第 2 个 Select 元素，级联关系变量);
```

【例 6-18】　使用 DoubleSelection 插件的实例，本例的界面如图 6-15 所示。

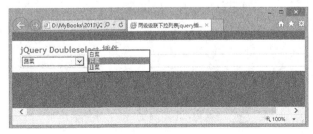

图 6-15　【例 6-18】的实例界面

在网页中定义两个用于测试的 select 元素，代码如下：

```
<select id="first" name="first" size="1"><option value="">--</option></select>
<select id="second" name="second" size="1"><option value="">--</option></select>
```

定义级联关系并绑定到 DoubleSelection 插件的代码如下：

```
<script type="text/JavaScript">
$(document).ready(function()
{
    var selectoptions = {
    "蔬菜": {
        "key" : 10,
        "defaultvalue" : 111,
        "values" : {
```

```
                    "白菜": 110,
                    "芹菜": 111,
                    "韭菜": 112
                    }
                },
            "水果": {
                "key" : 20,
                "defaultvalue" : 212,
                "values" : {
                    "苹果": 210,
                    "橘子": 211,
                    "梨": 212,
                    "草莓": 213
                    }
                }
    };
        $('#first').doubleSelect('second', selectoptions);
 });
    </script>
```

6.5.3　表单验证插件 Validate

Validate 是自动对表单中的 input 元素进行验证的插件，其官网地址如下

```
http://bassistance.de/jquery-plugins/jquery-plugin-validation/
```

Validate 插件的脚本文件就是 jquery.validate.js，可以在上面的网址下载最新版本的 Validate 插件，也可以直接使用本书源代码中 06\6.5.3\目录下的插件文件。引用 Validate 插件的代码如下：

```
<script type="text/javascript" src="jquery.js"></script>
<script type="text/javascript" src="query.validate.js"></script>
```

可以通过下面的方式将表单绑定到 Validate 插件，代码如下：

```
$("#表单 id").validate();
```

Validate 插件会根据 input 元素的 class 对其进行验证。用于指定验证方式的 class 如表 6-11 所示。

表 6-11　　　　　　　　　　用于指定 Validate 插件验证方式的 class

class	具体描述
required	必选字段
email	请输入正确格式的电子邮件
url	请输入合法的网址
accept	请输入拥有合法后缀名的字符串
maxlength	请输入一个长度最多是 {0} 的字符串
date	请输入合法的日期
number	请输入合法的数字
digits	只能输入整数
creditcard	请输入合法的信用卡号
equalTo	请再次输入相同的值

续表

class	具体描述
minlength	请输入一个长度最少是 {0} 的字符串
rangelength	请输入一个长度介于 {0} 和 {1} 之间的字符串
range	请输入一个介于 {0} 和 {1} 之间的值
max	请输入一个最大为 {0} 的值
min	请输入一个最小为 {0} 的值

当提交表单时，Validate 插件会根据 input 元素的 class 来进行验证了。如果失败，会阻止表单的提交。并且，将提示信息显示在 input 元素的后面。

【例 6-19】　使用 Validate 插件对表单进行验证的实例，本例的界面如图 6-16 所示。

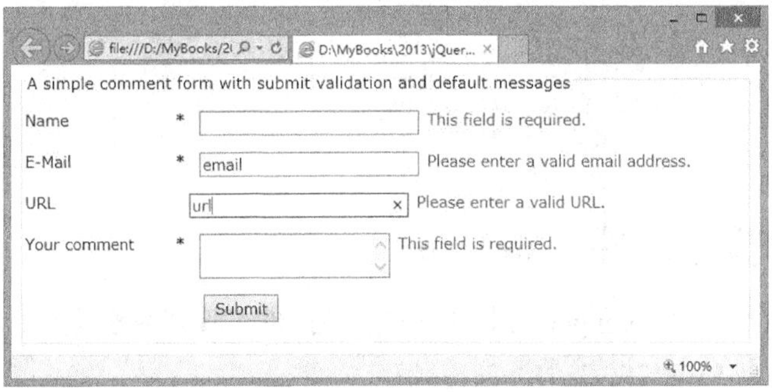

图 6-16　【例 6-19】的实例界面

在网页中定义一个表单，代码如下：

```
<form class="cmxform" id="commentForm" method="get" action="">
 <fieldset>
  <legend>A simple comment form with submit validation and default messages</legend>
  <p>
   <label for="cname">Name</label>
   <em>*</em><input id="cname" name="name" size="25" class="required" minlength="2" />
  </p>
  <p>
   <label for="cemail">E-Mail</label>
   <em>*</em><input id="cemail" name="email" size="25" class="required email" />
  </p>
  <p>
   <label for="curl">URL</label>
   <em> </em><input id="curl" name="url" size="25" class="url" value="" />
  </p>
  <p>
   <label for="ccomment">Your comment</label>
   <em>*</em><textarea id="ccomment" name="comment" cols="22" class="required">
</textarea>
  </p>
  <p>
   <input class="submit" type="submit" value="Submit"/>
  </p>
 </fieldset>
</form>
```

将表单绑定到 Validate 插件的代码如下：

```
<script>
$(document).ready(function(){
  $("#commentForm").validate();
});
</script>
```

　　　　Validate 插件使用非常方便，但美中不足的是提示信息都是英文的。有兴趣的读者可以在 Validate 插件的源代码中搜索相关提示信息，并替换成对应的中文字符串。

6.5.4　其他值得推荐的表单插件

除了前面介绍的，还有很多很实用的 jQuery 表单插件。由于篇幅所限，本书不可能一一详细介绍。本节列出一些其他值得推荐的表单插件，如表 6-12 所示。

表 6-12　　　　　　　　　　　　其他值得推荐的 jQuery 表单插件

插　　　件	具体描述
Advanced Form Validation	一个表单验证插件
Salid	一个简单的表单验证插件
Fvalidate	一款 Web 2.0 HTML 的表单验证插件
After the Deadlin	提供网页应用中的拼写和语法检查的插件。注意，只针对英文
akeditables	当点击链接时可以创建可编辑区域等。可以通过保存和取消按钮来保存内容
asmSelect	可以渐进、增强选择多个表单元素
autoclear	可以非常方便地在文本域中设置"默认/帮助"字符
Autocomplete	当用户在文本框中输入字符时，利用搜索和过滤方式自动地查找、选择一些值
autoNumeric	将动态输入的国际数字格式的字符转变为以特定字符分隔（如千位符）的类型
Checkbox ShiftClick	通过单击复选框来选择，设置一个"锚点"；以 shift+单击方式来选择或取消选择他们之间所有的复选框
BestUpper	将正在输入的字符实时转换为大写
Clearable Text Field	当用户在表单域中输入值的时候，本文框中会显示清除按钮"×"，单击该按钮可以清空文本内容
ClockPick	一款时间选择插件
ComboSelect	将选择列表中的多个元素，通过控制选择变换移动到右边的选择列表，反之亦然
Custom Maxlength	自动对给定的元素（例如 textarea 元素）应用"maxlength"属性
Multiple Select Info	标识 select 元素中已经选择的信息

有兴趣的读者可以查阅相关资料了解。

练 习 题

1．单项选择题

（1）在<form>标签中，指定处理表单提交数据的脚本文件的属性为（　　　）。

　　　A．id　　　　　　　　　　　　　　　B．name

    C. action   D. method

（2）在<input>标签中将 type 属性设置为（　　　　）即可定义单选按钮。

    A. "check"   B. "radio"

    C. "select"   D. "text"

（3）使用:input 选择器可以匹配表单中所有的（　　　　）元素。

    A. input   B. select

    C. button   D. 以上都可以

（4）使用（　　　）方法清空下拉菜单。

    A. clear()   B. empty()

    C. delete()   D. remove()

（5）下面（　　　　）是跨浏览器的文本选择和修改插件。

    A. a-tools   B. DoubleSelection

    C. jquery.validate.js   D. After the Deadlin

2.　填空题

（1）可以使用＿＿＿＿＿标签定义表单。

（2）在<input>标签中，指定控件的类型的属性为＿＿＿＿＿。

（3）文本区域是用于输入多行文本的表单控件。可以使用＿＿＿＿＿标签定义文本区域。

（4）可以使用<input>标签定义按钮，通过 type 属性指定按钮的类型，type=＿＿＿＿＿表示定义提交按钮，type=＿＿＿＿＿表示定义重置按钮，type=＿＿＿＿＿表示定义普通按钮。

（5）＿＿＿＿＿事件在元素失去焦点时发生。

3.　简答题

（1）试列举几个 jQuery 的表单选择器。

（2）试列举几个 jQuery 的表单过滤器。

第7章
jQuery 事件处理

jQuery 可以很方便地使用 Event 对象对触发的元素的事件进行处理，jQuery 支持的事件包括键盘事件、鼠标事件、表单事件、文档加载事件和浏览器事件等，其中表单事件处理已经在第 6 章中做了介绍。

7.1　事件处理函数

事件处理函数指触发事件时调用的函数。

7.1.1　指定事件处理函数

可以通过下面的方法指定事件处理函数：

```
jQuery 选择器. 事件名(function() {
  <函数体>
  ......
} );
```

例如，前面多次使用的$(document).ready()方法指定文档对象的 ready 事件处理函数。ready 事件当文档对象就绪的时候被触发。

7.1.2　绑定到事件处理函数

除了 7.1.1 小节介绍的方法外，还可以使用 bind()方法和 delegate()方法将事件绑定到事件处理函数。

1. bind()方法

使用 bind()方法可以为每一个匹配元素的特定事件（像 click）绑定一个事件处理器函数。事件处理函数会接收到一个事件对象。bind()方法的语法如下：

```
bind(type,[data],fn)
```

参数说明如下。

- type：事件类型。
- data：可选参数，作为 event.data 属性值传递给事件 Event 对象的额外数据对象。关于 Event 对象的具体情况将在 7.2 小节中介绍。
- fn：绑定到指定事件的事件处理器函数。如果 fn 函数返回 false，则会取消事件的默认行为，并阻止冒泡。

【例 7-1】 使用 bind()方法绑定事件处理函数的简单实例，代码如下：

```
<!DOCTYPE html>
<html>
<head>
<script type="text/javascript" src="jquery.js"></script>
</head>
<body>
<input id="name"></div>
<script>
    $("input").bind("click",function() {
        alert($(this).val());
});
});
</script>
</body>
</html>
```

页面中定义了一个 input 元素，并使用 bind()方法将 input 元素的 click 事件绑定到指定的处理函数。在处理函数中，弹出对话框显示 input 元素的内容。

【例 7-2】 使用 bind()方法在事件处理之前传递附加的数据的实例。

```
<!DOCTYPE html>
<html>
<head>
<script type="text/javascript" src="jquery.js"></script>
</head>
<body>
<input id="name"></div>
<script>

  function handler(event) {
    alert(event.data.foo);
  }
  $("input").bind("click", { foo: "hello" }, handler);
 </script>
</body>
</html>
```

在 bind()方法中，使用{ foo: "hello" }向事件处理函数传递参数。参数名为 foo，参数值为 "hello"。在事件处理函数中，可以使用 event.data.foo 获得参数值。

【例 7-3】 使用 bind()方法禁止网页弹出右键菜单的实例。

```
<!DOCTYPE html>
<html>
<head>
<script type="text/javascript" src="jquery.js"></script>
<script type="text/javascript">
$(document).ready(function(){
        $(document).bind("contextmenu",function(e){
            return false;
        });
    });
</script>
</head>
<body>
```

```
<p>右击网页，将不会弹出右键菜单</p>
</body>
</html>
```

在 bind()方法中，指定 contextmenu（右击）事件的处理函数返回 false，从而取消事件的默认行为。

2. delegate ()方法

使用 delegate()方法将制定元素的特定子元素绑定到指定的事件处理函数，语法如下：

```
.delegate( selector, eventType, handler(eventObject) )
```

参数说明如下。

- selector：匹配子元素的选择器。
- eventType：事件类型。
- handler(eventObject)：事件处理函数。

【例 7-4】　使用 delegate)方法的实例。

```
<!DOCTYPE html>
<html>
<head>
 <style>
 p { background:yellow; font-weight:bold; cursor:pointer;
     padding:5px; }
 p.over { background: #ccc; }
 span { color:red; }
 </style>
 <script src="http://code.jquery.com/jquery-1.9.1.js"></script>
</head>
<body>
 <p>Click me!</p>

 <span></span>
<script>
   $("body").delegate("p", "click", function(){
     $(this).after("<p>Another paragraph!</p>");
   });
</script>

</body>
</html>
```

程序将 body 元素（网页文档体）的 p 子元素的 click 事件绑定到指定的事件处理函数，单击 p 元素时在其后面插入一个 p 元素字符串（"<p>Another paragraph!</p>"）。本实例的界面如图 7-1 所示。

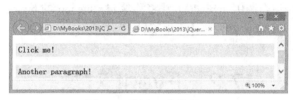

图 7-1　【例 7-4】的界面

7.1.3　移除事件绑定

可以使用 unbind()方法移除绑定到匹配元素的事件处理器函数。unbind()方法的语法如下：

```
.unbind( [eventType ] [, handler(eventObject) ] )
```

参数说明如下。

- eventType：指定要移除的事件类型字符串，例如 click 或 submit。
- handler(eventObject)：移出的事件处理器函数。

unbind()返回调用它的 jQuery 对象，从而可以实现链式操作，即在一条语句中对一个 HTML 元素进行多个操作。

【例 7-5】 使用 unbind()方法移除事件绑定的实例，代码如下：

```
<!DOCTYPE html>
<html>
<head>
 <style>
button { margin:5px; }
button#theone { color:red; background:yellow; }
</style>
 <script src="jquery.js"></script>
</head>
<body>
 <button id="theone">什么也不做...</button>
<button id="bind">绑定</button>
<button id="unbind">移除绑定</button>
 <script>
function aClick() {
 alert("hello");
}
$("#bind").click(function () {
$("#theone").click(aClick)
 .text("可以单击!");
});
$("#unbind").click(function () {
$("#theone").unbind('click', aClick)
 .text("什么也不做...");
});
</script>
</body>
</html>
```

页面中定义了 3 个 button 元素。单击"绑定"按钮会使用 bind()方法将 id="theone"的 button 元素的 click 事件绑定到指定的处理函数。在处理函数中，弹出对话框显示"hello"，然后将按钮文本设置为"可以单击!"。

单击"移除绑定"按钮会调用 unbind()方法将移除 id="theone"的 button 元素的 click 事件绑定的处理函数，然后将按钮文本设置为"什么也不做..."。

7.2　Event 对象

根据 W3C 标准，jQuery 的事件系统支持 Event 对象。每个事件处理函数都包含一个 Event 对象作为参数。

7.2.1　Event 对象的属性

Event 对象的属性如表 7-1 所示。

表 7-1　　　　　　　　　　　　　　　　Event 对象的属性

属　　性	说　　明
currentTarget	触发事件的当前元素。例如，下面的代码在单击 p 元素时将弹出一个显示 true 的对话框。 ```\n$("p").click(function(event) {\n alert(event.currentTarget === this); // true\n});\n```
data	传递给正在运行的事件处理函数的可选数据
delegateTarget	正在运行的事件处理函数绑定的元素
namespace	触发事件时指定的命名空间
pageX / pageY	鼠标与文档边缘的距离
relatedTarget	事件涉及的其他 DOM 元素，如果有的话
result	返回事件处理函数的最后返回值
target	初始化事件的 DOM 元素
timeStamp	浏览器创建事件的时间与 1970 年 1 月 1 日的时间差，单位为 ms
type	事件类型
which	用于键盘事件和鼠标事件，表示按下的键或鼠标按钮

【例 7-6】　演示 Event 对象 pageX 和 pageY 属性的简单实例，代码如下：

```
<!DOCTYPE html>
<html>
<head>
  <style>
  div { color:red; }
  </style>
<script type="text/javascript" src="jquery.js"></script>
</head>
<body>
<div id="log"></div>
<script>$(document).mousemove (function(e){
        $("#log").text("e.pageX: " + e.pageX + ", e.pageY: " + e.pageY);
}); </script>
</body>
</html>
```

程序在 document 对象的 mousemove 事件的处理函数里显示 Event 对象的 pageX 和 pageY 属性值。当移动鼠标时会在页面中显示鼠标的位置信息，如图 7-2 所示。

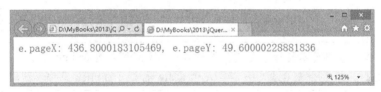

图 7-2　浏览【例 7-6】的结果

【例 7-7】 演示 Event 对象 type 属性和 which 属性的简单实例，代码如下：

```html
<!DOCTYPE html>
<html>
<head>
  <style>
  div { color:red; }
  </style>
<script type="text/javascript" src="jquery.js"></script>
</head>
<body>
<input id="whichkey" value="">
<div id="log"></div>
<script>
$('#whichkey').keydown(function(e){
  $('#log').html(e.type + ': ' + e.which );
});
</script>
</html>
```

网页中定义了一个 input 元素，并在其 keydown 事件的处理函数里显示 Event 对象的 type 和 which 属性值。当在 input 元素中输入字符时会在页面中显示触发的事件类型和字符对应的 ASCII 码数值，如图 7-3 所示。

图 7-3 浏览【例 7-7】的结果

7.2.2 Event 对象的方法

Event 对象的方法如表 7-2 所示。

表 7-2   Event 对象的方法

方 法	说 明
isDefaultPrevented	返回是否在此 Event 对象上调用过 event.preventDefault()方法
isImmediatePropagationStopped	返回是否在此 Event 对象上调用过 event. stopImmediatePropagation()方法
isPropagationStopped	返回是否在此 Event 对象上调用过 event. stopPropagation()方法
preventDefault	如果调用了此方法，则此事件的默认动作将不会触发
stopImmediatePropagation	阻止执行其余的事件处理函数，并阻止事件在 DOM 树中冒泡（即在 DOM 树中的元素间传递）
stopPropagation	阻止事件在 DOM 树中冒泡，并阻止父处理函数接到事件的通知

容器元素中可以包含子元素，例如 div 元素里可以包含 img 元素。如果在 img 元素上触发了 click 事件则也会触发其父元素（div 元素）的 click 事件。这就是事件的冒泡。

【例 7-8】 演示使用 Event 对象 preventDefault() 方法阻止默认事件动作的简单实例, 代码如下:

```
<html>
<head>
<script type="text/javascript" src="/jquery.js"></script>
<script type="text/javascript">
$(document).ready(function(){
  $("a").click(function(event){
    event.preventDefault();
  });
});
</script>
</head>
<body>
<a href="http://www.ptpress.com.cn/">人民邮电出版社</a>
</body>
</html>
```

程序在 a 元素的 click 事件处理函数中调用 event.preventDefault() 方法, 阻止超链接的单击事件的默认动作。因此单击网页中的超链接, 将不会打开目标页面。

7.3　jQuery 事件方法

jQuery 提供了一组事件方法, 用于处理各种 HTML 事件, 本节介绍这些事件方法的具体情况。

7.3.1　键盘事件

jQuery 提供的与键盘事件相关的方法如表 7-3 所示。

表 7-3　　　　　　　　　　与键盘事件相关的方法

方　　法	说　　明
focusin(handler(eventObject))	绑定到 focusin 事件处理函数的方法。focusin 事件当光标进入 HTML 元素时触发
focusout(handler(eventObject))	绑定到 focusout 事件处理函数的方法。Focusout 事件当光标离开 HTML 元素时触发
keydown(handler(eventObject))	绑定到 keydown 事件处理函数的方法。keydown 事件当按下按键时触发
keypress(handler(eventObject))	绑定到 keypress 事件处理函数的方法。keypress 事件当按下并放开按键时触发
keyup(handler(eventObject))	绑定到 keyup 事件处理函数的方法。Keyup 事件当放开按键时触发

【例 7-9】 使用 keypress () 方法的实例。

```
<!DOCTYPE html>
<html>
<head>
<script type="text/javascript" src="jquery.js"></script>
</head>
<body>
<input id="target" type="text" value="按下键" />
<script>
```

```
function handler(event) {
  alert(event.data.foo);
}
$("#target").keypress(function() {
alert("Handler for .keypress() called.");
});
</script>
</body>
</html>
```

网页中定义了一个 id 为 target 的文本框，程序调用$("#target").keypress()方法绑定 keypress 事件的处理函数。当在文本框中按下键时弹出一个对话框，显示"Handler for .keypress() called."。

7.3.2　鼠标事件

jQuery 提供的与鼠标事件相关的方法如表 7-4 所示。

表 7-4　　　　　　　　　　　　　与鼠标事件相关的方法

方　　法	说　　明
click(handler(eventObject))	绑定到 click 事件处理函数的方法。click 事件当单击鼠标时触发
dblclick (handler(eventObject))	绑定到 dblclick 事件处理函数的方法。dblclick 事件当双击鼠标时触发
focusin(handler(eventObject))	绑定到 focusin 事件处理函数的方法。focusin 事件当光标进入 HTML 元素时触发
focusout(handler(eventObject))	绑定到 focusout 事件处理函数的方法。Focusout 事件当光标离开 HTML 元素时触发
hover(handlerIn(eventObject), handlerOut(eventObject))	指定鼠标指针进入和离开指定元素时的处理函数
.mousedown(handler(eventObject))	绑定到 mousedown 事件处理函数的方法。mousedown 事件当按下鼠标按键时触发
mouseenter(handler(eventObject))	绑定到鼠标进入元素的事件处理函数
mouseleave(handler(eventObject))	绑定到鼠标离开元素的事件处理函数
.mousemove(handler(eventObject))	绑定到 mousemove 事件处理函数的方法。mousemove 事件当移动鼠标时触发
mouseout(handler(eventObject))	绑定到 mouseout 事件处理函数的方法。Mouseout 事件当鼠标指针离开被选元素时触发。不论鼠标指针离开被选元素还是任何子元素，都会触发 mouseout 事件；而只有在鼠标指针离开被选元素时，才会触发 mouseleave 事件
mouseover(handler(eventObject))	绑定到 mouseover 事件处理函数的方法。mouseover 事件当鼠标指针位于元素上方时触发
toggle(handler(eventObject))	绑定 2 个或更多处理函数到指定元素，当单击指定元素时，交替执行时处理函数

【例 7-10】　使用 hover()方法的实例。

```
<!DOCTYPE html>
<html>
<head>
  <style>
  ul { margin-left:20px; color:blue; }
  li { cursor:default; }
  span { color:red; }
```

```
</style>
  <script src="http://code.jquery.com/jquery-1.9.1.js"></script>
</head>
<body>
  <ul>
    <li>Milk</li>
    <li>Bread</li>
    <li class='fade'>Chips</li>

    <li class='fade'>Socks</li>
  </ul>
<script>
$("li").hover(
  function () {
    $(this).append($("<span> ***</span>"));
  },
  function () {
    $(this).find("span:last").remove();
  }
);
</script>
</body>
</html>
```

当鼠标经过 li 元素时在后面追加"***"字符串,离开时又将其删除。

7.3.3 文档加载事件

jQuery 提供的与文档加载事件相关的方法如表 7-5 所示。

表 7-5   与文档加载事件相关的方法

方　　法	说　　明
load(handler(eventObject))	绑定到 load 事件处理函数的方法。load 事件当加载文档时触发
ready (handler(eventObject))	指定当所有 DOM 元素都被加载时执行
unload(handler(eventObject))	绑定到 unload 事件处理函数的方法。unload 事件当页面卸载时触发

【例 7-11】 使用 load()方法的实例。

```
<!DOCTYPE html>
<html>
<head>
<script type="text/javascript" src="jquery.js"></script>
</head>
<body>
<script>
    $(window).load( function () { alert("Hello~!"); } );
</script>
</body>
</html>
```

当打开页面时会弹出一个对话框,显示"Hello~!"。

7.3.4 浏览器事件

jQuery 提供的与浏览器事件相关的方法如表 7-6 所示。

表 7-6 与浏览器事件相关的方法

方　　法	说　　明
error(handler(eventObject))	绑定到 error 事件处理函数的方法。error 事件当元素遇到错误（例如没有正确载入）时触发
resize (handler(eventObject))	绑定到 resize 事件处理函数的方法。resize 事件当调整浏览器窗口的大小时触发
scroll(handler(eventObject))	绑定到 scroll 事件处理函数的方法。scroll 事件当 ScrollBar 控件上的或包含一个滚动条的对象的滚动框被重新定位，或按水平（或垂直）方向滚动时触发

【例 7-12】 使用 scroll ()方法的实例。

```html
<html>
<head>
<script type="text/javascript" src="jquery.js"></script>
<script type="text/javascript">
x=0;
$(document).ready(function(){
  $("div").scroll(function() {
    $("span").text(x+=1);
  });
  $("button").click(function(){
    $("div").scroll();
  });
});
</script>
</head>
<body>
<div style="width:200px;height:100px;overflow:scroll;">请试着滚动 DIV 中的文本 请试着滚动 DIV 中的文本请试着滚动 DIV 中的文本请试着滚动 DIV 中的文本
  <br /><br />
  请试着滚动 DIV 中的文本请试着滚动 DIV 中的文本请试着滚动 DIV 中的文本请试着滚动 DIV 中的文本
</div>
<p>滚动了 <span>0</span> 次。</p>
<button>触发窗口的 scroll 事件</button>
</body>
</html>
```

页面中包含一个带滚动条的 div 元素。拉动滚动条，会在下面的 span 元素中显示滚动的次数。单击"触发窗口的 scroll 事件"按钮，可以执行$("div").scroll();语句。调用 scroll()方法可以触发 scroll 事件，但不会执行滚动操作。浏览【例 7-12】的结果如图 7-4 所示。

图 7-4　浏览【例 7-12】的结果

练 习 题

1．单项选择题

（1）Event 对象的（　　）属性表示触发事件的当前元素。

    A．data   B．currentTarget

    C．delegateTarget   D．relatedTarget

（2）Event 对象的（　　）方法用于阻止事件在 DOM 树中冒泡。

    A．stopPropagation   B．preventDefault

    C．isImmediatePropagationStopped   D．isDefaultPrevented

（3）绑定 2 个或更多处理函数到指定元素。当单击指定元素时，交替执行时处理函数的方法为（　　）。

    A．focusin   B．focusout

    C．toggle   D．mouseenter

（4）（　　）方法用于指定鼠标指针进入和离开指定元素时的处理函数。

    A．toggle   B．click

    C．hover   D．keyup

2．填空题

（1）可以使用＿＿＿＿方法和＿＿＿＿方法将事件绑定到事件处理函数。

（2）可以使用＿＿＿＿方法移除绑定到匹配元素的事件处理器函数。

（3）jQuery 的每个事件处理函数都包含一个＿＿＿＿对象作为参数。

3．简答题

（1）试述除了使用 bind()方法和 delegate()方法外，指定事件处理函数的方法。

第8章
使用 jQuery 设置 CSS 样式

层叠样式表（CSS）是用来定义网页的显示格式的，使用它可以设计出更加整洁、漂亮的网页。jQuery 可以很方便地设置 CSS 样式，从而动态改变页面的显示样式。

8.1 CSS 基础

首先介绍一下 CSS 的基础知识和基本功能。

8.1.1 什么是 CSS

CSS 是 Cascading Style Sheet（层叠样式表）的缩写，它可以扩展 HTML 的功能，重新定义 HTML 元素的显示方式。CSS 所能改变的属性包括字体、文字间的空间、列表、颜色、背景、页边距和位置等。使用 CSS 的好处在于用户只需要一次性定义文字的显示样式，就可以在各个网页中统一使用了，这样既避免了用户的重复劳动，也可以使系统的界面风格统一。

CSS 是一种能使网页格式化的标准，使用 CSS 可以使网页格式（由 CSS 定义）与内容（由 HTML 定义）分开，先决定文本的格式是什么样的，然后再确定文档的内容。

定义 CSS 的基本语句形式如下：

```
selector {property:value; property:value; ...}
```

其中各元素的说明如下。

- selector：CSS 选择器。CSS 支持 3 种选择器，第一种是 HTML 的标签，比如 p、body、a 等；第二种是 class（CSS 类别）；第三种是 HTML 元素的 ID，具体使用情况将在后面介绍。
- property：将要被修改的属性，比如 color。
- value：property 的值，比如 color 的属性值可以是 red。

下面是一个典型的 CSS 定义。

```
a {color: red}
```

此定义规定当前网页的所有链接都变成了红色。通常把所有的定义都包括在 style 元素中，style 元素在 HEAD 和</HEAD>之间使用。

【例 8-1】 在 HTML 中使用 CSS 设置显示风格的例子。

```
<HTML>
<HEAD>
  <STYLE>
    A {color: red}
```

```
   P {background-color:yellow; color:blue}
  </STYLE>
 </HEAD>
 <BODY>
  <A href="http://www.yourdomain.com">CSS 示例</A>
  <P>你注意到这一段文字的颜色和背景颜色了吗?</P> 怎么样?
 </BODY>
</HTML>
```

运行结果如图 8-1 所示。

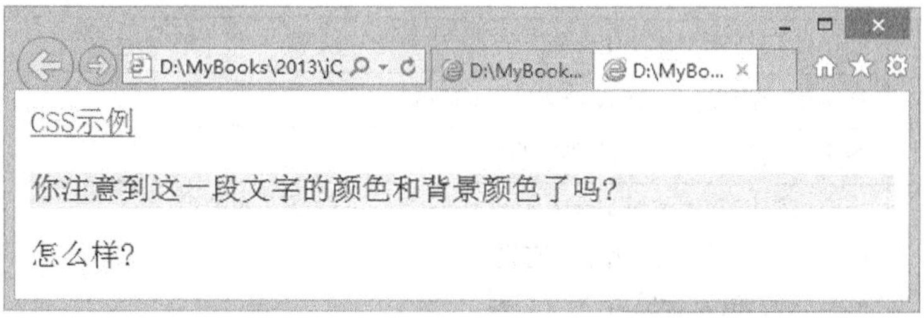

图 8-1　CSS 示例的运行结果

8.1.2　在 HTML 文档中应用 CSS

【例 8-1】已经介绍了一种简单的在 HTML 文档中应用 CSS 的方法。本节再总结一下在 HTML 文档中应用 CSS 的 3 种方法。

1. 行内样式表

在 HTML 元素中使用 style 属性可以指定该元素的 CSS 样式，这种应用称为行内样式表。

【例 8-2】　使用行内样式表定义网页的背景为蓝色，代码如下：

```
<html>
<head>
<title>使用行内样式表的例子</title>
</head>
<body style="background-color: blue;">
<p>网页的背景为蓝色</p>
</body>
</html>
```

2. 内部样式表

在网页中可以使用 style 元素定义一个内部样式表，指定该网页内元素的 CSS 样式。在 style 元素中通常可以使用 type 属性定义内容的类型（一般取值"text/css"）。

【例 8-3】　使用内部样式表来改写【例 8-1】。

```
<HTML>
<HEAD>
  <STYLE type = "text/css">
   A {color: red}
   P {background-color: yellow; color:white}
  </STYLE>
</HEAD>
<BODY>
  <A href="http://www.yourdomain.com">CSS 示例</A>
  <P>你注意到这一段文字的颜色和背景颜色了吗?</P> 怎么样?
```

```
</BODY>
</HTML>
```

3. 外部样式表

一个网站包含很多网页，通常这些网页都使用相同的样式，如果在每个网页中重复定义样式表，那显然是很麻烦的。可以定义一个样式表文件，样式表文件的扩展名为.css，例如 style.css。

在 HTML 文档中可以使用 link 元素引用外部样式表。link 元素的属性如表 8-1 所示。

表 8-1   link 元素的属性

属 性	说 明
charset	使用的字符集，HTML5 中已经不支持
href	指定被链接文档（样式表文件）的位置
hreflang	指定在被链接文档中的文本的语言
media	指定被链接文档将被显示在什么设备上，可以是下面的值 • all：默认值，适用于所有设备 • aural：语音合成器 • braille：盲文反馈装置 • handheld：手持设备（小屏幕、有限的带宽） • projection：投影机 • print：打印预览模式/打印页 • screen：计算机屏幕 • tty：电传打字机以及类似的使用等宽字符网格的媒介 • tv：电视类型设备（低分辨率、有限的滚屏能力）
rel	指定当前文档与被链接文档之间的关系，可以是下面的值 • alternate：链接到该文档的替代版本（例如打印页、翻译或镜像） • author：链接到该文档的作者 • help：链接到帮助文档 • icon：表示该文档的图标 • licence：链接到该文档的版权信息 • next：集合中的下一个文档 • pingback：指向 pingback 服务器的 URL • prefetch：规定应该对目标文档进行缓存 • prev：集合中的前一个文档 • search：链接到针对文档的搜索工具 • sidebar：链接到应该显示在浏览器侧栏的文档 • stylesheet：指向要导入的样式表的 URL • tag：描述当前文档的标签（关键词）
rev	保留参数，HTML5 中已经不支持
sizes	指定被链接资源的尺寸。只有当被链接资源是图标时（rel="icon"），才能使用该属性
target	链接目标，HTML5 中已经不支持
type	指定被链接文档的 MIME 类型

【例 8-4】 演示外部样式表的使用。创建一个 style.css 文件，代码如下：

```
A {color: red}
```

```
P {background-color: yellow; color:white}
```

引用 style.css 的 HTML 文档的代码如下：

```
<HTML>
<HEAD>
  <link rel="stylesheet" type="text/css" href="style.css" />
</HEAD>
<BODY>
  <A href="http://www.yourdomain.com">CSS 示例</A>
  <P>你注意到这一段文字的颜色和背景颜色了吗?</P> 怎么样？
</BODY>
</HTML>
```

运行结果与【例 8-1】相同。

8.1.3　颜色与背景

在 CSS 中可以使用一些属性定义 HTML 文档的颜色和背景，常用的设置颜色和背景的 CSS 属性如表 8-2 所示。

表 8-2　　　　　　　　　　常用的设置颜色和背景的 CSS 属性

属　　性	说　　明
color	设置前景颜色。【例 8-1】中已经演示了 color 属性的使用，例如： 　　`A {color: red}`
background-color	用来改变元素的背景颜色。【例 8-1】中已经演示了 background-color 属性的使用，例如： 　　`P {background-color:yellow; color:blue}`
background-image	设置背景图像的 URL 地址
background-attachment	指定背景图像是否随着用户滚动窗口而滚动。该属性有两个属性值，fixed 表示图像固定，acroll 表示图像滚动
background-position	用于改变背景图像的位置。此位置是相对于左上角的相对位置
background-repeat	指定平铺背景图像，可以是下面的值 ● repeat-x，指定图像横向平铺 ● repeat-y，指定图像纵向平铺 ● repeat，指定图像横向和纵向都平铺 ● norepeat，指定图像不平铺

【例 8-5】　演示设置网页背景图像的例子。

```
<!DOCTYPE HTML>
<html>
<head>
<title>设置网页背景图像的例子</title>
</head>
<body style="background-image: url('flower.jpg'); background-repeat: repeat;">
</body>
</html>
```

网页使用图片 flower.jpg 作为背景，使用 background-repeat 属性设置图像横向和纵向都平铺，运行结果如图 8-2 所示。

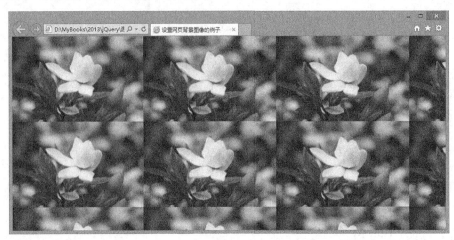

图 8-2 【例 8-5】的运行结果

8.1.4 设置字体

在 CSS 中可以使用一些属性定义 HTML 文档中的字体,常用的设置字体的 CSS 属性如表 8-3 所示。

表 8-3 常用的设置字体的 CSS 属性

属　　性	说　　明
font-family	设置文本的字体。有些字体不一定被浏览器支持,在定义时可以多给出几种字体。例如: P {font-family:Verdana,Forte,"Times New Roman"} 浏览器在处理上面这个定义时,首先使用 Verdana 字体。如果 Verdana 字体不存在,则使用 Forte 字体,如果还不存在,最后使用 Times New Roman 字体
font-size	设置字体的尺寸
font-style	设置字体样式。normal 表示普通,bold 表示粗体,italic 表示斜体
font-variant	设置小型大写字母的字体显示文本,也就是说,所有的小写字母均会被转换为大写,但是所有使用小型大写字体的字母与其余文本相比,其字体尺寸更小,可以是下面的值 • normal,默认值。指定显示一个标准的字体 • small-caps,指定显示小型大写字母的字体 • inherit,指定应该从父元素继承 font-variant 属性的值
font-weight	设置字体重量。normal 表示普通,bold 表示粗体,bolder 表示更粗的字体,lighter 表示较细

【例 8-6】 在 CSS 中设置字体的例子。

```
<!DOCTYPE HTML>
<HTML>
<HEAD>
<title>设置字体的例子</title>
  <STYLE type = "text/css">
    H1 {font-family: arial, verdana, sans-serif; font-weight: bold; font-size: 30px;}
    P { font-family: verdana; font-weight: normal; font-size: 12px;}
  </STYLE>
</HEAD>
<BODY>
  <H1> jQuery</H>
```

```
    <P>Query is a fast, small, and feature-rich JavaScript library. It makes things like
HTML document traversal and manipulation, event handling, animation, and Ajax much simpler
with an easy-to-use API that works across a multitude of browsers. With a combination of
versatility and extensibility, jQuery has changed the way that millions of people write
JavaScript.
    </P>
    </BODY>
    </HTML>
```

网页使用 arial（verdana 和 sans-serif 为备用字体）、加粗、30px 大小的字体作为标题字体，使用 verdana、12px 大小的字体作为正文字体，运行结果如图 8-3 所示。

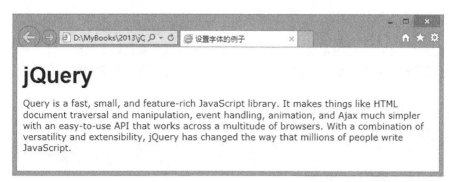

图 8-3　【例 8-6】的运行结果

8.1.5　设置文本对齐

使用 text-align 属性可以设置元素中文本的水平对齐方式。text-align 属性可以是下面的值。

- left：默认值。左侧对齐。
- right：右侧对齐。
- center：居中对齐。
- inherit：指定应该从父元素继承 text-align 属性的值。

【例 8-7】　演示设置文本对齐的例子。

```
<!DOCTYPE HTML>
<HTML>
<HEAD>
<title>设置文本对齐的例子</title>
  <STYLE type = "text/css">
    h1 {text-align:center}
    h2 {text-align:left}
    h3 {text-align:right}
  </STYLE>
</HEAD>
<BODY>
  <H1> 标题 1</H1>
  <H2>标题 2</H2>
  <H3>标题 3</H3>
</BODY>
</HTML>
```

【例 8-7】的运行结果如图 8-4 所示。

图 8-4　【例 8-7】的运行结果

8.1.6　超链接

超链接是网页中很常用的元素，因此设置超链接的样式关系到网页的整体外观和布局。

可以通过选择器 a 设置超链接的样式，通常是设置超链接的颜色和字体，具体方法前面已经介绍过了。

【例 8-8】　通过选择器 a 设置超链接样式的例子。

```
<!DOCTYPE HTML>
<html>
<head>
<title>设置超链接样式</title>
</head>
<style type="text/css">
a {color: red; font-family: 宋体; font-weight: normal; font-size: 9px;}
</style>
<body>
  <a href="http://www.yourdomain.com">CSS 示例</A>
</body>
</html>
```

这样定义的超链接，颜色是红色、字体是宋体、大小为 9px，如图 8-5 所示。

【例 8-9】　通过选择器 a 设置超链接样式，不显示超链接下面的下划线。

```
<!DOCTYPE HTML>
<html>
<head>
<title>【例 8-9】</title>
</head>
<style type="text/css">
a {text-decoration:none;}
</style>
<body>
  <a href="http://www.yourdomain.com">CSS 示例</A>
</body>
</html>
```

浏览【例 8-9】的结果如图 8-6 所示。

图 8-5　浏览【例 8-8】的结果

图 8-6　浏览【例 8-9】的结果

CSS 还可以在超链接选择器 a 后面使用下面的过滤器选择特定的超链接。

- a:link：未访问过的超链接。
- a:hover：把鼠标放上去，悬停状态时的超链接。
- a:active：鼠标点击时的超链接。
- a:visited：访问过的超链接。

【例 8-10】　设置各种状态的超链接样式。

```
<!DOCTYPE HTML>
<html>
<head>
<title>【例8-10】</title>
</head>
<style type="text/css">
a:link {color: red; font-family: 宋体; font-weight: normal; font-size: 9px;}
a:hover {color: orange;
font-style: italic; font-family: 宋体; font-weight: normal; font-size: 9px;}
a:active { background-color: #FFFF00; font-family: 宋体; font-weight: normal; font-size:
9px;}
    a: visited{ color: #660099; #FFFF00; font-family: 宋体; font-weight: normal; font-size:
9px;}
</style>
<body>
  <a href="http://www.yourdomain.com">CSS 示例</A>
</body>
</html>
```

8.1.7　列表

在 HTML 中可以使用下面的标签定义列表。

- ul：定义无序列表。
- ol：定义有序列表。
- li：定义列表项。

在 CSS 中，可以设置列表的样式。

1. 设置列表项标记的类型

可以使用 list-style-type 属性设置列表项标记的类型，其取值如表 8-4 所示。

表 8-4　　　　　　　　　　　　　list-style-type 属性的取值

取　　值	说　　明
none	没有标记
disc	默认值，标记是实心圆
circle	标记是空心圆
square	标记是实心方块
decimal	标记是数字
decimal-leading-zero	0 开头的数字标记（01、02、03 等）
lower-roman	小写罗马数字（i、ii、iii、iv、v 等）
upper-roman	大写罗马数字（I、II、III、IV、V 等）

续表

取　　值	说　　明
lower-alpha	小写英文字母（a、b、c、d、e 等）
upper-alpha	大写英文字母（A、B、C、D、E 等）
lower-greek	小写希腊字母（alpha、beta、gamma 等）
lower-latin	小写拉丁字母（a、b、c、d、e 等）
upper-latin	大写拉丁字母（A、B、C、D、E 等）
hebrew	传统的希伯来编号方式
armenian	传统的亚美尼亚编号方式
georgian	传统的乔治亚编号方式（an、ban、gan 等）
cjk-ideographic	简单的表意数字
hiragana	标记是 a、i、u、e、o、ka、ki 等日文片假名
katakana	标记是 A、I、U、E、O、KA、KI 等日文片假名
hiragana-iroha	标记是 i、ro、ha、ni、ho、he、to 等日文片假名
katakana-iroha	标记是 I、RO、HA、NI、HO、HE、TO 等日文片假名

【例 8-11】 设置无序列表和有序列表样式。

```
<!DOCTYPE HTML>
<html>
<head>
<title>【例8-11】</title>
</head>
<style type="text/css">
ul {list-style-type: circle}
ol {list-style-type: lower-roman}
</style>
<body>
<ol>
   <li>北京</li>
   <li>上海</li>
   <li>天津</li>
</ol>

<ul>
   <li>北京</li>
   <li>上海</li>
   <li>天津</li>
</ul>
</body>
</html>
```

浏览【例 8-11】的结果，如图 8-7 所示。　　　　　图 8-7　浏览【例 8-11】的结果

2. 设置列表项图像

列表项前面除了可以使用标记标明外，还可以使用 list-style-image 属性设置列表项前面的图像。

【例 8-12】 设置无序列表项前面的图像。

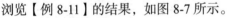
```
<DOCTYPE HTML>
```

```
<html>
<head>
<title>【例 8-12】</title>
</head>
<style type="text/css">
ul {list-style-image: url('01.png')}
</style>
<body>
<ul>
    <li>张三</li>
    <li>李四</li>
    <li>王五</li>
</ul>
</body>
</html>
```

浏览【例 8-12】的结果，如图 8-8 所示。

图 8-8　浏览【例 8-12】的结果

8.1.8　边框

在 CSS 中可以使用 border 属性为 HTML 元素设置边框。可以按照宽度（border-width）、样式（border-style）和颜色（border-color）的顺序设置 border 属性。例如：

```
p{  border:5px solid red; }
```

也可以显式地定义 border 属性，例如：

```
p {border-style: solid; border-width: 5px; border-color: red }
```

1．边框的宽度

可以直接使用数值设置边框的宽度，例如 2px（px 即像素）或 0.1em（em 表示一种特殊字体的大写字母 M 的高度。在网页上，em 是网页浏览器的基础文本尺寸的高度，一般情况下等于 16px）。也可以使用下面的关键字定义边框宽度。

- thin：定义细边框。
- medium：定义中等边框。
- thick：定义粗边框。

如果不特殊指定，则定义的是 HTML 元素的 4 个边框宽度。也可以按下面的顺序分别设置 4 个边框宽度，代码如下：

```
border-width: 上边框的宽度 右边框 下边框 左边框;
```

例如，下面的代码设置上边框是细边框、右边框是中等边框、下边框是粗边框、左边框是 10px 宽的边框。

```
border-width:thin medium thick 10px;
```

也可以不使用 border-width 属性，而直接使用 border-top-width、border-right-width、border-bottom-width 和 border-left-width 属性设置上边框、右边框、下边框和左边框的宽度。例如：

```
p
  {
  border-style:solid;
  border-top-width: thin;
  border-right-width: medium;
  border-bottom-width: thick;
  border- left -width:15px;
  }
```

2. 边框的样式

border-style 属性的取值如表 8-5 所示。

表 8-5   border-style 属性的取值

取　值	说　明
none	定义无边框
hidden	与 "none" 相同
dotted	定义点状边框
dashed	定义虚线
solid	定义实线
double	定义双线
groove	定义 3D 凹槽边框
ridge	定义 3D 垄状边框
inset	定义 3D inset 边框
Outset	定义 3D outset 边框
inherit	规定应该从父元素继承边框样式

【例 8-13】　使用 border 属性设置表格边框属性的例子。

```
<!DOCTYPE HTML>
<html>
<head>
<title>【例 8-13】</title>
</head>
<style type="text/css">
table,th,td
{
border:4px dotted blue;
}
</style>
<body>
<table>
<tr>
<th width =200>姓名</th>
<th width =200>性别</th>
</tr>
<tr>
<td>张三</td>
<td>男</td>
</tr>
<tr>
<td>李四</td>
<td>女</td>
</tr>
</table>
</body>
</html>
```

浏览【例 8-13】的结果，如图 8-9 所示。注意，默认情况下，表格采用双线条边框。

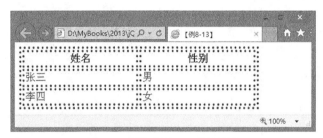

图 8-9　浏览【例 8-13】的结果

8.1.9　CSS 轮廓

轮廓（outline）是绘制于元素周围的一条线，位于边框边缘的外围，可以起到突出元素的作用。在 CSS 中可以通过如表 8-6 所示的轮廓属性设置轮廓的样式、颜色和宽度。

表 8-6　　　　　　　　　　　　　　　CSS 的轮廓属性

属　　性	说　　明
outline	在一个声明中设置所有的轮廓属性，轮廓属性的顺序为颜色、样式和宽度。例如，下面代码定义 p 元素的轮廓为红色、点线和粗线。 ```\np\n {\n outline:red dotted thick;\n }\n```
outline-color	设置轮廓的颜色。例如，下面代码定义 p 元素的轮廓为红色。 ```\np\n {\n outline-color:red;\n }\n```
outline-style	设置轮廓的样式。轮廓样式的可选值与表 8-5 所示的边框样式相同
outline-width	设置轮廓的宽度。轮廓宽度的可选值如表 8-7 所示

表 8-7　　　　　　　　　　　　　　　轮廓宽度的可选值

可选值	说　　明
thin	细轮廓
medium	默认值，中等的轮廓
thick	粗的轮廓
length	规定轮廓粗细的数值
inherit	规定从父元素继承轮廓宽度的设置

【例 8-14】　设置元素轮廓的例子，代码如下：

```
<!DOCTYPE html>
<html>
<head>
<style type="text/css">
p.one
{
outline-color:red;
outline-style:groove;
```

```
outline-width:thick;
}
p.two
{
outline-color:green;
outline-style:outset;
outline-width:5px;
}
</style>
</head>
<body>
<p class="one">3D 凹槽轮廓的效果</p>
<p class="two">3D 凸边轮廓的效果</p>
</body>
</html>
```

【例 8-14】中演示了 3D 凹槽轮廓和 3D 凸边轮廓的效果。浏览结果如图 8-10 所示。

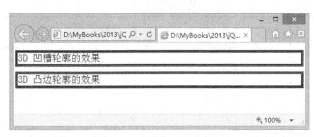

图 8-10　浏览【例 8-14】的结果

8.1.10　浮动元素

浮动是一种网页布局的效果，浮动元素可以独立于其他因素。例如，可以实现图片周围包围着文字的效果。在 CSS 中可以通过 float 属性实现元素的浮动，float 属性的可选值如表 8-8 所示。

表 8-8　　　　　　　　　　　　　　　　float 属性的可选值

可选值	说　　明
left	元素向左浮动
right	元素向右浮动
none	默认值。元素不浮动，并会显示在其在文本中出现的位置
inherit	规定应该从父元素继承 float 属性的值

【例 8-15】　演示浮动图片的效果。

```
<html>
<head>
<style type="text/css">
img
{
float:left
}
</style>
</head>

<body>
```

```
<p>
<img src="dragon.jpg" />
<h1>龙</h1>
```

中国古代的神话与传说中，龙是一种神异动物，具有九种动物合而为一之九不像的形象，为兼备各种动物之所长的异类。具体是哪九种动物尚有争议。传说多为其能显能隐，能细能巨，能短能长。春分登天，秋分潜渊，呼风唤雨，而这些已经是晚期发展而来的龙的形象，相比最初的龙而言更加复杂。封建时代，龙是帝王的象征，也用来指至高的权力和帝王的东西：龙种、龙颜、龙廷、龙袍、龙宫等。龙在中国传统的十二生肖中排第五，其与白虎、朱雀、玄武一起并称"四神兽"。而西方神话中的 Dragon，也翻译成龙，但二者并不相同。

```
</p>
</body>
</html>
```

代码中使用"float:left"定义图片元素左侧浮动。浏览【例 8-15】的结果如图 8-11 所示。

图 8-11　浏览【例 8-15】的结果

8.2　CSS3 的新技术

CSS3 是 CSS 的最新升级版本。为了使读者了解最新的 Web 前端开发技术，本节介绍一些 CSS3 的新技术。

8.2.1　实现圆角效果

所有的 HTML 元素边框都是直角的，这虽然整洁、严谨，但用多了，难免显得死板。在 CSS3 中，可以使用 border-radius 属性实现圆角效果，基本语法如下：

```
border-radius: 圆角半径
```

【例 8-16】　使用 border-radius 属性实现圆角效果的例子，代码如下：

```
<html>
<head>
<style type="text/css">
section{
    padding:20px;
    border:3px solid #000;
}
#border-radius{
    border-radius:10px;
```

```
}
</style>
</head>
<body>
<h1>全圆角：</h1>
    <section id="border-radius">
    <pre><code>#border-radius{
    border-radius:10px;
}</code></pre>
    </section>
</body>
</html>
```

在 CSS 样式中定义了 section 元素拥有实线边框，border-radius 类的元素采用圆角边框。在文档中定义了一个 border-radius 类的 section 元素，用于显示使用 border-radius 属性实现圆角效果的代码。浏览【例 8-16】的结果，如图 8-12 所示。

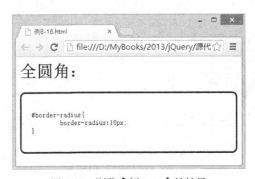

图 8-12　浏览【例 8-16】的结果

可以看到，border-radius 属性实现矩形的全圆角（即 4 个圆角），还可以使用下面的属性定义指定的圆角。

- border-top-right-radius：定义右上角的圆角半径。
- border-bottom-right-radius：定义右下角的圆角半径。
- border-bottom-left-radius：定义左下角的圆角半径。
- border-top-left-radius：定义左上角的圆角半径。

【例 8-17】　实现单个圆角效果的例子，代码如下：

```
<html>
<head>
<style type="text/css">
section{
    padding:20px;
    border:3px solid #000;
}
#border-top-left-radius{
    border-top-left-radius:10px;
}
#border-top-right-radius{
    border-top-right-radius:10px;
}
#border-bottom-right-radius{
    border-bottom-right-radius:10px;
}
```

```
#border-bottom-left-radius{
    border-bottom-left-radius:10px;
}
#border-irregular-radius{
    border-top-left-radius:20px 50px;
}
</style>
</head>
<body>
<h1>左上圆角：</h1>
    <section id="border-top-left-radius">
    <pre><code>#border-top-left-radius{
    border-top-left-radius:10px;
}</code></pre>
    </section>
    <h1>右上圆角：</h1>
    <section id="border-top-right-radius">
    <pre><code>#border-top-right-radius{
    border-top-right-radius:10px;
}</code></pre>
    </section>
    <h1>右下圆角：</h1>
    <section id="border-bottom-right-radius">
    <pre><code>#border-bottom-right-radius{
    border-bottom-right-radius:10px;
}</code></pre>
    </section>
    <h1>左下圆角：</h1>
    <section id="border-bottom-left-radius">
    <pre><code>#border-bottom-left-radius{
    border-bottom-left-radius:10px;
}</code></pre>
    </section>
</body>
</html>
```

浏览【例 8-17】的结果，如图 8-13 所示。

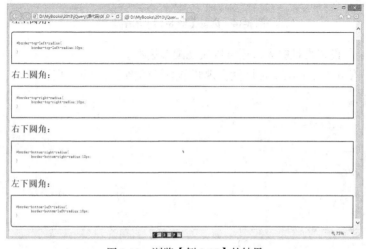

图 8-13　浏览【例 8-17】的结果

可以使用 2 个数字定义圆角的水平半径和垂直半径，从而实现不规则圆角，语法如下：

```
border-radius:水平圆角半径 垂直圆角半径
```

【例 8-18】　使用 border-radius 属性实现不规则圆角效果的例子，代码如下：

```html
<html>
<head>
<style type="text/css">
section{
    padding:20px;
    border:3px solid #000;
}
#border-irregular-radius{
    border-radius: 20px 50px;
}
</style>
</head>
<body>
<h1>不规则圆角: </h1>
    <section id="border-irregular-radius">
    <pre><code>#border-irregular-radius{
    border-radius:20px 50px;
}</code></pre>
    </section>
</body>
</html>
```

在 CSS 样式中定义了 section 元素拥有实线边框，border-irregular-radius 类的元素采用不规则圆角边框。在文档中定义了一个 border-irregular-radius 类的 section 元素，用于显示使用 border-radius 属性实现不规则圆角效果的代码。浏览【例 8-18】的结果，如图 8-14 所示。

图 8-14　浏览【例 8-18】的结果

如果将圆角半径设置得足够大，还可以实现圆形边框。

【例 8-19】　使用 border-radius 属性实现圆形边框的例子，代码如下：

```html
<html>
<head>
<style type="text/css">
section{
    padding:20px;
    border:3px solid #000;
}
#border-circle-radius{
    text-align: center;
    font:normal 40px/100% Arial;
    text-shadow:1px 1px 1px #000;
    color:#fff;
```

```
        background-color:yellow;
        width:400px;
        height:400px;
        padding:0;
        border-radius:200px;
}
</style>
</head>
<body>
<h1>圆形: </h1>
        <section id="border-circle-radius">
        <p>Hello,CSS3!</p>
        </section>
</body>
</html>
```

在 CSS 样式中定义了 section 元素拥有实线边框，border-circle-radius 类的元素采用不规则圆角边框。在文档中定义了一个 border- circle -radius 类的 section 元素，用于显示使用 border-radins 属性实现图形边框的代码。浏览【例 8-19】的结果，如图 8-15 所示。

图 8-15　浏览【例 8-19】的结果

8.2.2　多彩的边框颜色

在传统 CSS 中，只能设置简单的边框颜色。而在 CSS3 中可以使用多个颜色值设置边框颜色，从而实现过渡颜色的效果。在 CSS3 中，设置边框颜色的属性如下。

- border-bottom-colors：定义底边框的颜色。
- border-top-colors：定义顶边框的颜色。
- border-left-colors：定义左边框的颜色。
- border-right-colors：定义右边框的颜色。

使用这些属性的语法如下:

```
border-bottom-colors: 颜色值 1 颜色值 2...颜色值 n
border-top-colors: 颜色值 1 颜色值 2...颜色值 n
border-left-colors: 颜色值 1 颜色值 2...颜色值 n
border-right-colors: 颜色值 1 颜色值 2...颜色值 n
```

每个颜色值代表边框中的一行（列）像素的颜色。例如，如果边框的宽度为 10px，则颜色值

1 指定第 1 行（列）像素的颜色；颜色值 2 指定第 2 行（列）像素的颜色；以此类推。如果指定的颜色值数量小于 10，则其余边框行（列）像素的颜色使用颜色值 n。

在笔者编写此书时，主流浏览器中只有 FireFox 支持设置多彩边框颜色的 CSS3 属性，但是在这些属性的前面增加了一个前缀-moz，具体如下。

- -moz-border-bottom-colors：定义底边框的颜色。
- -moz-border-top-colors：定义顶边框的颜色。
- -moz-border-left-colors：定义左边框的颜色。
- -moz-border-right-colors：定义右边框的颜色。

【例 8-20】 在 CSS3 中实现过渡颜色边框的例子，代码如下：

```html
<html>
<head>
<style type="text/css">
section{
    padding:20px;
}
#colorful-border{
    border: 10px solid transparent;
    -moz-border-bottom-colors: #303 #404 #606 #808 #909 #A0A;
    -moz-border-top-colors: #303 #404 #606 #808 #909 #A0A;
    -moz-border-left-colors: #303 #404 #606 #808 #909 #A0A;
    -moz-border-right-colors: #303 #404 #606 #808 #909 #A0A;
}
</style>
</head>
<body>
<h1>过渡颜色边框</h1>
    <section id="colorful-border">
    <pre><code>#colorful-border{
    border: 10px solid transparent;
    -moz-border-bottom-colors: #303 #404 #606 #808 #909 #A0A;
    -moz-border-top-colors: #303 #404 #606 #808 #909 #A0A;
    -moz-border-left-colors: #303 #404 #606 #808 #909 #A0A;
    -moz-border-right-colors: #303 #404 #606 #808 #909 #A0A;
}</code></pre>
    </section>
</body>
</html>
```

在 FireFox 中浏览【例 8-20】的结果，如图 8-16 所示。

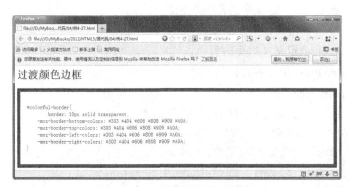

图 8-16　浏览【例 8-20】的结果

8.2.3　阴影

为图像和文字设置阴影可以增加画面的立体感。以前，Web 设计师只能使用 Photoshop 来处理阴影。在 CSS3 中，可以使用 box-shadow 属性设置阴影，语法如下：

```
box-shadow: 阴影水平偏移值阴影　垂直偏移值阴影　模糊值 || 阴影颜色
```

不同的浏览器引擎中，实现 box-shadow 属性的方法略有不同。在 webkit 引擎的浏览器中为 -webkit-box-shadow，在 Gecko 引擎的浏览器中为-moz-box-shadow。出于兼容性的考虑，建议同时使用 box-shadow、-webkit-box-shadow 和-moz-box-shadow 属性设置阴影。

【例 8-21】　在 CSS3 中实现阴影的例子，代码如下：

```html
<!DOCTYPE html>
<html>
<head>
<title>盒子阴影</title>
<meta charset="gb2312" />
<style>
.box {
    width:300px;
    height:300px;
    background-color:#fff;

    /* 设置阴影 */
    -webkit-box-shadow:1px 1px 3px #292929;
    -moz-box-shadow:1px 1px 3px #292929;
    box-shadow:1px 1px 3px #292929;
}
</style>
</head>
<body>
<div class="box">
<br /><br /><br /><br />
在 CSS3 中实现阴影的例子。
</div>
</body>
</html>
```

图 8-17　浏览【例 8-21】的结果

浏览【例 8-21】的结果，如图 8-17 所示。可以看到，虽然没有设置 div 元素的边框，但是因为设置了阴影效果，右侧和下方看起来也有一个边框。

如果需要实现左侧和顶部的阴影，可以将阴影的水平偏移值阴影和垂直偏移值阴影设置为负值。

8.2.4　背景图片

在 8.1.3 小节中，已经介绍了设置网页背景图像的方法。在 CSS2 中，背景图的大小在样式中是不可控的，如果要想使得背景图填充满某个区域，要么需要做一张大点的图，要么就只能让它以平铺的方式来填充。CSS3 提供了一个新特性 background-size，使用它可以随心所欲地控制背景图的尺寸大小。background-size 属性的语法如下：

```
background-size : 值1 值2
```

值 1 为必填，用于指定背景图的宽度；值 2 为可选，用于指定背景图的高度。如果只指定值 1，则值 2 自动按图像比例设置。值 1 和值 2 的单位可以使用 px（像素），也可以使用百分比%。值 1 还可以是如下的特定值。

- auto：按图像大小自动设置。
- cover：保持图像本身的宽高比例，将图片缩放到正好完全覆盖定义背景的区域。
- contain：保持图像本身的宽高比例，将图片缩放到宽度或高度正好适应定义背景的区域。

【例 8-22】 在 CSS3 中使用 background-size 属性控制背景图的尺寸大小的例子，代码如下：

```
<!DOCTYPE html>
<html>
<head>
<title>背景图片</title>
<style>
.box{
   background-image:url(dragon.jpg);
   background-repeat:no-repeat;
   background-size:200px;
}
.auto{
   background-image:url(dragon.jpg);
   background-repeat:no-repeat;
   background-size:100px;
}
.cover{
   background-image:url(dragon.jpg);
   background-repeat:no-repeat;
   background-size:cover;
   }
.contain{
   background-image:url(dragon.jpg);
   background-repeat:no-repeat;
   background-size:contain;
}
</style>
</head>
<body>
<div class="box">
<br /><br /><br /><br />
 background-size:200px;
</div>
<div class="auto">
<br /><br /><br /><br />
 background-size:auto;
</div>
<div class="cover">
<br /><br /><br /><br />
 background-size:cover;
</div>
<div class="contain">
<br /><br /><br /><br />
 background-size:contain;
</div>
</body>
</html>
```

代码中设置了各种 background-size 属性的值。浏览【例 8-22】的结果，如图 8-18 所示。

图 8-18　浏览【例 8-22】的结果

8.2.5　多列

在很多报纸中，将文章以多列的形式表现。CSS3 可以使用 column-count 属性设置文章显示的列数，语法如下：

```
column-count : auto | 整数
```

如果取值 auto，则由浏览器自动计算列数。

不同的浏览器引擎中，实现 column-count 属性的方法略有不同。在 webkit 引擎中为 -webkit-column-count，在 Gecko 引擎中为-moz-column-count。出于兼容性的考虑，建议同时使用 -webkit-column-count 和-moz-column-count 属性设置文章显示的列数。

【例 8-23】　在 CSS3 中实现多列的例子，代码如下：

```
<!DOCTYPE html>
<html>
<head>
<title>CSS3 多列</title>
<style>
.columns{width:800px;}
.columns .title{margin-bottom:5px; line-height:25px; background:#f0f3f9; text-indent:
3px; font-weight:bold; font-size:14px;}
.columns .column_count{
    -webkit-column-count:3;
    -moz-column-count:3;
}
</style>
</head>
<body>
<div class="columns">
    <div class="title">龙</div>
    <div class="column_count">
```

中国古代的神话与传说中，龙是一种神异动物，具有九种动物合而为一之九不像的形象，为兼备各种动物之所长的异类。具体是哪九种动物尚有争议。传说多为其能显能隐，能细能巨，能短能长。春分登天，秋分潜渊，呼风唤雨，而这些已经是晚期发展而来的龙的形象，相比最初的龙而言更加复杂。封建时代，龙是帝王的象征，也用来指至高的权力和帝王的东西：龙种、龙颜、龙廷、龙袍、龙宫等。龙在中国传统的十二生肖中排第五，其与白虎、朱雀、玄武一起并称"四神兽"。而西方神话中的 Dragon，也翻译成龙，但二者并不相同。

163

龙在中国传统的十二生肖中排列第五位，对应的地支是辰。龙与凤凰、麒麟、龟一起并称"四瑞兽"，香港渣打银行在 1979 年起发行的钞票都是以这些瑞兽为题材。（也有许多典籍和史书著作中提到"四瑞兽"分别为：獌貐、居、貔、狻猊。）青龙与白虎、朱雀、玄武是中国天文的四象。龙也是中国帝制时期的皇帝象征物，唯有皇帝能使用五爪的龙当作记号或黄袍上的刺绣，其他大臣及皇族只能用四爪的龙又称蟒，在台湾的许多庙宇皆有龙的雕像或画像，皆是四爪龙。中国历史上的各个朝代，帝王也称呼自己为"真龙天子"，龙也具有权力的象征。与皇帝有关的事物也背影上了龙的标记，如"龙床"、"龙颜"、"龙袍"等。

```
    ……
 </div>
 </div>
 </body>
 </html>
```

代码中省略了一部分文章的内容。使用 Google 浏览【例 8-23】的结果，如图 8-19 所示。可以看到，文章按 3 列显示。

图 8-19　浏览【例 8-23】的结果

8.2.6　嵌入字体

为了使页面更加美观、独特，网页设计人员经常需要在网页中使用特殊的字体。但是如果客户端没有安装此字体，就无法达到预期的效果，因此很多时候只能使用图片代替文字。但是，图片文件会增加网页的大小，影响浏览的速度。

在 CSS3 中，可以使用@font-face 属性使用嵌入字体，语法如下：

```
@font-face {
    font-family: <YourWebFontName>;
    src: <source> [<format>][,<source> [<format>]]*;
    [font-weight: <weight>];
    [font-style: <style>];
}
```

参数说明如下。

* <yourWebFontName>：自定义的字体名，网页元素的 font-family 里可以引用定义的嵌入字体。
* <source>：指定自定义字体文件的存放路径。
* <format>：指定自定义字体的格式，用来帮助浏览器识别。可以包括以下几种类型，truetype、opentype、truetype-aat、embedded-opentype 和 avg 等。
* <weight>：定义字体是否为粗体。
* style：定义字体样式，如斜体。

【例 8-24】　在 CSS3 中实现嵌入字体的例子，代码如下：

```
<!DOCTYPE html>
<html>
<head>
<title>CSS3 嵌入字体</title>
<style>
@font-face {
  font-family: 'Andriko';
  src: url('Andriko.ttf');
  font-weight: normal;
  font-style: normal;
  }
  h1 {
   font-family: 'Andriko'
}
</style>
</head>
<body>
  <h1>font-family: 'Andriko';</h1>
</body>
</html>
```

浏览【例 8-24】的结果，如图 8-20 所示。网页中标题文字使用嵌入字体 Andriko。

图 8-20　浏览【例 8-24】的结果

可以访问下面的网站下载需要的英文字体，如图 8-21 所示。单击字体后面的 download 按钮，可以下载字体。

http://www.dafont.com/

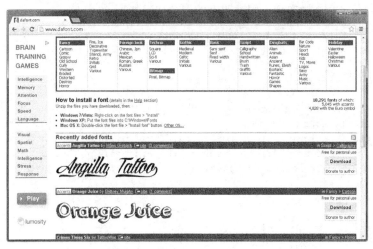

图 8-21　从 dafont.com 下载字体

8.2.7 透明度

在 CSS3 中，可以使用 opacity 定义 HTML 元素的透明度。其取值范围为 0~1，0 表示完全透明（即不可见），1 表示完全不透明。

【例 8-25】 在 CSS3 中实现不同透明度的图像，代码如下：

```
<!DOCTYPE html>
<html>
<head>
<title>不同透明度的图像</title>
<style>
img.opacity1 { opacity:0.25; width:150px; height:100px; }
img.opacity2 { opacity:0.50; width:150px; height:100px; }
img.opacity3 { opacity:0.75; width:150px; height:100px; }
</style>
</head>
<body>
  <img class='opacity1' src="cat.bmp" />
  <img class='opacity2' src="cat.bmp" />
  <img class='opacity3' src="cat.bmp" />
</body>
</html>
```

浏览【例 8-25】的结果，如图 8-22 所示。

图 8-22　浏览【例 8-25】的结果

【例 8-26】 在 CSS3 中实现不同透明度的层，代码如下：

```
<!DOCTYPE html>
<html>
<head>
<title>不同透明度的层</title>
<style>
div.opacityL1 { background:red; opacity:0.2; width:575px; height:20px; }
div.opacityL2 { background:red; opacity:0.4; width:575px; height:20px; }
div.opacityL3 { background:red; opacity:0.6; width:575px; height:20px; }
div.opacityL4 { background:red; opacity:0.8; width:575px; height:20px; }
div.opacityL5 { background:red; opacity:1.0; width:575px; height:20px; }
</style>
</head>
<body>
  <div class='opacityL1'></div>
  <div class='opacityL2'></div>
  <div class='opacityL3'></div>
```

```
  <div class='opacityL4'></div>
  <div class='opacityL5'></div>
</body>
</html>
```

浏览【例 8-26】的结果，如图 8-23 所示。

图 8-23　浏览【例 8-26】的结果

也可以使用 RGBA 声明定义颜色的透明度。RGBA 声明在 RGB 颜色的基础上增加了一个 A 参数，设置该颜色的透明度。与 opacity 一样，A 参数的取值范围也为 0~1，0 表示完全透明（即不可见），1 表示完全不透明。

【例 8-27】　使用 RGBA 声明实现类似【例 8-26】的不同透明度的层，代码如下：

```
<!DOCTYPE html>
<html>
<head>
<title>不同透明度的层</title>
<style>
div.rgbaL1 { background:rgba(255, 0, 0, 0.2); height:20px; }
div.rgbaL2 { background:rgba(255, 0, 0, 0.4); height:20px; }
div.rgbaL3 { background:rgba(255, 0, 0, 0.6); height:20px; }
div.rgbaL4 { background:rgba(255, 0, 0, 0.8); height:20px; }
div.rgbaL5 { background:rgba(255, 0, 0, 1.0); height:20px; }
</style>
</head>
<body>
  <div class='rgbaL1'></div>
  <div class='rgbaL2'></div>
  <div class='rgbaL3'></div>
  <div class='rgbaL4'></div>
  <div class='rgbaL5'></div>
</body>
</html>
```

8.2.8　HSL 和 HSLA 颜色表现方法

CSS3 支持以 HSL 声明的形式表现颜色。HSL 色彩模式是工业界的一种颜色标准，是通过对色调（H）、饱和度（S）、亮度（L）三个颜色通道的变化以及它们相互之间的叠加来得到各式各样的颜色。这个标准几乎包括了人类视力所能感知的所有颜色，是目前运用最广的颜色系统之一。HSL 声明的定义形式如下：

```
Hsl（色调值,饱和度值,亮度值）
```

参数说明如下。

* 色调值：用于定义色盘，0 和 360 是红色，接近 120 的是绿色，240 是蓝色。

- 饱和度值：百分比，0%是灰度，100%饱和度最高。
- 亮度值：百分比，0%是最暗，50%均值，100%最亮。

【例 8-28】 使用 HSL 声明实现不同颜色的层，代码如下：

```
<!DOCTYPE html>
<html>
<head>
<title>使用 HSL 声明实现不同颜色的层</title>
<style>
div.hslL1 { background:hsl(120, 100%, 50%); height:20px; }
div.hslL2 { background:hsl(120, 50%, 50%); height:20px; }
div.hslL3 { background:hsl(120, 100%, 75%); height:20px; }
div.hslL4 { background:hsl(240, 100%, 50%); height:20px; }
div.hslL5 { background:hsl(240, 50%, 50%); height:20px; }
div.hslL6 { background:hsl(240, 100%, 75%); height:20px; }
</style>
</head>
<body>
  <div class='hslL1'></div>
  <div class='hslL2'></div>
  <div class='hslL3'></div>
  <div class='hslL4'></div>
  <div class='hslL5'></div>
</body>
</html>
```

浏览【例 8-28】的结果，如图 8-24 所示。

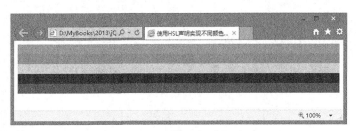

图 8-24　浏览【例 8-28】的结果

HSLA 声明在 HSL 颜色的基础上增加了一个 A 参数，设置该颜色的透明度。与 RGBA 一样，A 参数的取值范围也为 0~1，0 表示完全透明（即不可见），1 表示完全不透明。

【例 8-29】 使用 HSLA 声明实现类似【例 8-28】的不同透明度的层，代码如下：

```
<!DOCTYPE html>
<html>
<head>
<title>【例 8-29】</title>
<style>
div.hslaL1 { background:HSLA(0, 50%, 50%, 0.2); height:20px; }
div.hslaL2 { background:HSLA(0, 50%, 50%, 0.4); height:20px; }
div.hslaL3 { background:HSLA(0, 50%, 50%, 0.6); height:20px; }
div.hslaL4 { background:HSLA(0, 50%, 50%, 0.8); height:20px; }
div.hslaL5 { background:HSLA(0, 50%, 50%, 1.0); height:20px; }
</style>
</head>
<body>
```

```
    <div class='hslaL1'></div>
    <div class='hslaL2'></div>
    <div class='hslaL3'></div>
    <div class='hslaL4'></div>
    <div class='hslaL5'></div>
</body>
</html>
```

浏览【例 8-29】的结果，如图 8-25 所示。

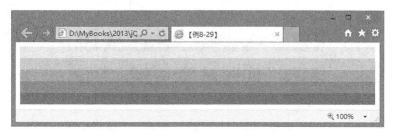

图 8-25　浏览【例 8-29】的结果

8.3　在 jQuery 中设置 CSS 样式

在 jQuery 中，可以很方便地设置 HTML 元素的 CSS 样式、类别、位置和尺寸等属性。

8.3.1　使用 css()方法获取和设置 CSS 属性

使用 css()方法获取 CSS 属性的语法如下：

```
值 = css(属性名);
```

使用 css()方法设置 CSS 属性的语法如下：

```
css(属性名: 值);
```

【例 8-30】　使用 css()方法设置 CSS 属性的实例。

```
<!DOCTYPE html>
<html>
<head>
<html>
<head>
<script type="text/javascript" src="jquery.js"></script>
<script type="text/javascript">
$(document).ready(function(){
  $("button").click(function(){
    $("p").css({"background-color":"red","font-size":"200%"});
  });
});
</script>
</head>

<body>
<h2>注意字体和背景色的变化</h2>
<p>注意字体和背景色的变化</p>
<p>注意字体和背景色的变化</p>
```

```
<button type="button">Click me</button>
</body>
</html>
```

浏览【例 8-30】的网页，单击 Click me 按钮，p 元素的字体会放大一倍，而且背景色变成红色，如图 8-26 所示。

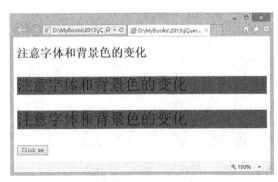

图 8-26　浏览【例 8-30】的结果

8.3.2　与样式类别有关的方法

在 HTML 语言中，可以通过 class 属性指定 HTML 元素的类别。在 CSS 中可以指定不同类别的 HTML 元素的样式。jQuery 可以使用表 8-9 所示的方法对 CSS 类别进行管理。

表 8-9　　　　　　　　　　　　　jQuery 中与 CSS 类别有关的方法

方　　法	说　　明
addClass()	使用 addClass()方法可以为匹配的 HTML 元素添加类别属性。语法如下： 　　　addClass(className) className 是要添加的类别名称
hasClass()	使用 hasClass()方法可以判断匹配的元素是否被拥有指定的类别，语法如下： 　　　hasClass(className) 如果匹配的元素拥有名为 className 的类别，则 hasClass()方法返回 True；否则返回 False
removeClass()	使用 removeClass()可以为匹配的 HTML 元素删除指定的 class 属性。也就是执行切换操作。语法如下： 　　　removeClass(className) className 是要切换的类别名称
toggleClass()	检查每个元素中指定的类。如果不存在则添加类，如果已设置则将其删除。语法如下： 　　　toggleClass(className) className 是要切换的类别名称

【例 8-31】　演示使用 addClass()方法为 HTML 元素添加 class 属性的实例，代码如下：

```
<!DOCTYPE html>
<html>
<head>
<style>
 p { margin: 8px; font-size:16px; }
 .selected { color:red; }
```

```
 .highlight { background:yellow; }
</style>
 <script src="jquery.js"></script>
</head>
<body>
  <p>注意我的变化</p>

<button id="addClass">添加样式</button>
<button id="removeClass">删除样式</button>
<script>
 $("#addClass").click(function(){
 $("p").addClass("selected highlight");
 });
 $("#removeClass").click(function(){
 $("p").removeClass("selected highlight");
 });
    </script>
</body>
</html>
```

网页中定义了两个按钮和一个 p 元素，单击"添加样式"按钮，会调用 addClass()方法为 p
元素添加了 selected 和 highlight 两个 class；单击"删除样式"按钮，会调用 removeClass()方法为
p 元素删除 selected 和 highlight 两个 class。在文档头里已经定义了 selected 和 highlight 两个 class
的 CSS 样式。selected 的前景色为红色，highlight 的背景色为黄色。浏览【例 8-31】的结果，如
图 8-27 所示。

图 8-27　浏览【例 8-31】的结果

8.3.3　获取和设置 HTML 元素的尺寸

jQuery 可以使用表 8-10 所示的方法获取和设置 HTML 元素的尺寸。

表 8-10　　　　　　　　　　　jQuery 中与 HTML 元素尺寸有关的方法

方　　法	说　　明

height()	获取和设置元素的高度。获取高度的语法如下：
	`    value = height();`
	设置高度的语法如下：
	`    height(value);`

innerHeight()	获取元素的高度（包括顶部和底部的内边距）。语法如下： `    value = innerHeight();`
innerWidth()	获取元素的宽度（包括左侧和右侧的内边距）。语法如下： `    value = innerWidth();`
outerHeight()	获取元素的高度（包括顶部和底部的内边距、边框和外边距）。语法如下： `    value = outerHeight();`

续表

方　法	说　明
outerWidth()	获取元素的宽度（包括左侧和右侧的内边距、边框和外边距）。语法如下： `value = outerWidth();`

width()	获取和设置元素的宽度。获取宽度的语法如下：
	`value = width();`
	设置宽度的语法如下：
	`width(value);`

【例 8-32】　演示获取 HTML 元素高度的实例，代码如下：

```
<!DOCTYPE html>
<html>
<head>
  <style>
  button { font-size:12px; margin:2px; }
  p { width:150px; border:1px red solid; }
  div { color:red; font-weight:bold; }
  </style>
  <script src="jquery.js"></script>
</head>
<body>
  <button id="getp">获取段落尺寸</button>
  <button id="getd">获取文档尺寸</button>
  <button id="getw">获取窗口尺寸</button>

  <div> </div>
  <p>
用于测试尺寸的段落。
</p>
<script>
    function showHeight(ele, h) {
      $("div").text(ele + " 的高度为 " + h + "px." );
    }
    $("#getp").click(function () {
      showHeight("段落", $("p").height());
    });
    $("#getd").click(function () {
      showHeight("文档", $(document).height());
    });
    $("#getw").click(function () {
      showHeight("窗口", $(window).height());
    });
</script>
</body>
</html>
```

　　网页中定义了 3 个按钮，在 jQuery 程序中定义单击这 3 个按钮分别获取并显示 div 元素、文档和窗口的高度。浏览【例 8-32】的结果，如图 8-28 所示。

图 8-28　浏览【例 8-32】的结果

8.3.4　获取和设置元素的位置

jQuery 可以使用表 8-11 所示的方法获取和设置 HTML 元素的位置。

表 8-11　　　　　　　　　　　jQuery 中与 HTML 元素位置有关的方法

方　　法	说　　明
offset()	获取和设置元素在当前视窗的相对偏移（坐标）。获取坐标的语法如下： 　　value = offset(); 设置坐标的语法如下： 　　offset (value);
position()	获取和设置元素相对父元素的偏移（坐标）。获取坐标的语法如下： 　　value = offset(); 设置坐标的语法如下： 　　offset (value);

【例 8-33】　演示获取 HTML 元素位置的实例，代码如下：

```
<!DOCTYPE html>
<html>
<head>
  <style>
p { margin-left:10px; }
  </style>
  <script src="jquery.js"></script>
</head>
<body>
  <p>Hello</p><p>2nd Paragraph</p>
<script>var p = $("p:last");
var offset = p.offset();
p.html( "left: " + offset.left + ", top: " + offset.top );</script>

</body>
</html>
```

网页中定义了一个 p 元素，然后在 jQuery 程序中调用 p.offset()方法获取并显示 p 元素在当前
视窗的相对偏移。浏览【例 8-33】的结果，如图 8-29 所示。

图 8-29　浏览【例 8-33】的结果

8.3.5 滚动条相关

jQuery 中与滚动条相关的方法如表 8-12 所示。

表 8-12   jQuery 中与滚动条有关的方法

方　法	说　明

scrollLeft()	获取或设置元素中滚动条的水平位置。获取滚动条水平位置的语法如下：
	`value = scrollLeft();`
	设置滚动条水平位置的语法如下：
	`scrollLeft(value);`

scrollTop()	获取或设置元素中滚动条的垂直位置。获取滚动条垂直位置的语法如下：
	`value = scrollTop();`
	设置滚动条垂直位置的语法如下：
	`scrollTop (value);`

【例 8-34】 演示设置元素滚动条水平位置的实例，代码如下：

```
<!DOCTYPE html>
<html>
<head>
<script type="text/javascript" src="/jquery/jquery.js"></script>
<script type="text/javascript">
$(document).ready(function(){
  $("button").click(function(){
    $("div").scrollLeft(20);
  });
});
</script>
</head>
<body>
<div style="border:1px solid black;width:100px;height:130px;overflow:auto">
The longest word in the english dictionary is: pneumonoultramicroscopicsilicovolcanoconiosis.
</div>
<button class="btn1">把滚动条的水平位置设置为 20px</button>
</body>
</html>
```

网页中定义了一个带有滚动条（overflow:auto）的 div 元素。浏览【例 8-34】的结果，如图 8-30 所示。单击"把滚动条的水平位置设置为 20px"按钮，会调用$("div").scrollLeft()将滚动条向右移动 20px。

图 8-30　浏览【例 8-34】的结果

8.4　应　用　实　例

本节介绍两个实用的 jQuery+CSS 应用实例的设计过程。

8.4.1　动态控制页面字体大小

本节介绍的实例可以通过按钮动态控制页面中字体的缩放。在网页中定义一个 p 元素，用于演示字体的缩放，定义代码如下：

```
<p>请注意字体的变化</p>
```

定义一个"放大字体"按钮，定义代码如下：

```
<button class="increaseFont">放大字体</button>
```

单击"放大字体"按钮的处理代码如下：

```
$(".increaseFont").click(function(){
  var currentFontSize= $('html').css('font-size');
var currentFontSizeNum= parseFloat(currentFontSize, 10);
var newFontSize= currentFontSizeNum*1.2;
$('html').css('font-size', newFontSize);
return false;
});
```

程序首先调用$('html').css('font-size')方法获取网页的当前字体大小到变量 currentFontSize，然后再调用$('html').css()方法将网页字体大小设置为当前字体大小的 1.2 倍，从而达到放大字体的效果。

定义一个"缩小字体"按钮，定义代码如下：

```
<button class="decreaseFont">缩小字体</button>
```

单击"缩小字体"按钮的处理代码如下：

```
$(".decreaseFont").click(function(){
  var currentFontSize= $('html').css('font-size');
  var currentFontSizeNum= parseFloat(currentFontSize, 10);
  var newFontSize= currentFontSizeNum*0.8;
  $('html').css('font-size', newFontSize);
  return false;
});
```

程序首先调用$('html').css('font-size')方法获取网页的当前字体大小到变量 currentFontSize，然后再调用$('html').css()方法将网页字体大小设置为当前字体大小的 0.8 倍，从而达到缩小字体的效果。

定义一个"重置"按钮，定义代码如下：

```
<button class="resetFont">重置</button>
```

单击"重置"按钮的处理代码如下：

```
$(document).ready(function() {
    // Reset the font size(back to default)
    var originalFontSize= $('html').css('font-size');
    $(".resetFont").click(function(){
    $('html').css('font-size', originalFontSize);
    });
……
});
```

在加载页面时，程序调用 $('html').css('font-size')方法获取网页的当前字体大小到变量 originalFontSize，在单击"重置"按钮时再调用 $('html').css()方法将网页字体大小设置为

originalFontSize，也就是恢复初始大小。

8.4.2　快捷切换网页显示样式

本节介绍的实例可以通过超链接快捷地切换网页显示样式。本实例定义了 styles1.css、styles2.css 和 styles3.css 等 3 个样式文件。styles1.css 的代码如下：

```
body, html {
    height: 100%;
    margin: 0;
    font-family   : Arial, Helvetica, sans-serif;
}
body {
    background: #e0e0e0;
    color: #333;
    font-size: 76%;
    padding: 20px;
}

#st2, #st3 {
    display: none;
}
```

styles1.css 设置背景色为灰色。styles2.css 的代码如下：

```
body, html {
    height: 100%;
    margin: 0;
    font-family   : Arial, Helvetica, sans-serif;
}
body {
    background: #000;
    color: #fff;
    font-size: 76%;
    padding: 20px;
}

#st1, #st3 {
    display: none;
}}
```

styles2.css 设置背景色为黑色。styles3.css 的代码如下：

```
body, html {
    height: 100%;
    margin: 0;
    font-family   : Arial, Helvetica, sans-serif;
}
body {
    background: #fff;
    color: #000;
    font-size: 76%;
    padding: 20px;
}

#st1, #st2 {
    display: none;
}
```

styles3.css 设置背景色为白色。

在本实例的主页 index.html 中，定义 styles1.css 为默认样式表，styles2.css 和 styles3.css 为备用样式表，代码如下：

```
<link rel="stylesheet" type="text/css" href="styles1.css" title="styles1" media="screen" />
<link rel="alternate stylesheet" type="text/css" href="styles2.css" title="styles2" media="screen" />
<link rel="alternate stylesheet" type="text/css" href="styles3.css" title="styles3" media="screen" />
```

rel="alternate stylesheet"用于定义备用样式表。在 index.html 中，还定义了 3 个 span 元素，用于显示当前使用的样式表，代码如下：

```
<span id="st1"><B>样式 1</B></span>
<span id="st2"><B>样式 2</B></span>
<span id="st3"><B>样式 3</B></span>
```

还定义了 3 个超链接，用于选择使用的样式表，代码如下：

```
<ul>
    <li><a href="" rel="styles1" class="styleswitch">样式 1</a></li>
    <li><a href="" rel="styles2" class="styleswitch">样式 2</a></li>
    <li><a href="" rel="styles3" class="styleswitch">样式 3</a></li>
</ul>
```

在 styleswitch.js 中定义切换样式表的代码。单击超链接的代码如下：

```
$(document).ready(function() {
    $('.styleswitch').click(function()
    {
        switchStylestyle(this.getAttribute("rel"));
        return false;
    });
});
```

switchStylestyle()函数用于切换样式表，代码如下：

```
function switchStylestyle(styleName)
{
    $('link[title]').each(function(i)
    {
        this.disabled = true;
        if (this.getAttribute('title') == styleName) this.disabled = false;
    });
}
```

参数 styleName 为要应用的样式。程序遍历所有样式，首先禁用样式，如果样式名等于 styleName，则启用它。应用样式 1 的效果如图 8-31 所示。

图 8-31　应用样式 1 的效果

应用样式 2 的效果如图 8-32 所示。

图 8-32　应用样式 2 的效果

应用样式 3 的效果如图 8-33 所示。

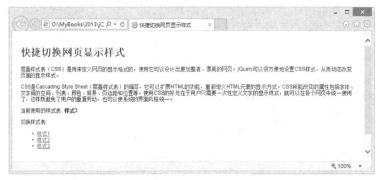

图 8-33　应用样式 3 的效果

练 习 题

1. 单项选择题

（1）设置所有链接的字体都显示为红色的 CSS 代码为（　　　）。

    A．p {color: red}　　　　　　　　　　B．a {red}

    C．a {color: red}　　　　　　　　　　D．a {background-color: red}

（2）在 HTML 文档中可以使用（　　　）元素引用外部样式表。

    A．link　　　　　　　　　　　　　　B．css

    C．style　　　　　　　　　　　　　　D．outer-style

（3）用于指定平铺背景图像的 CSS 属性为（　　　）。

    A．background-color　　　　　　　　B．background-image

    C．background-attachment　　　　　　D．background-repeat

（4）用于设置文本字体的 CSS 属性为（　　　）。

    A．font　　　　　　　　　　　　　　B．font-family

    C．font-size　　　　　　　　　　　　D．font-style

（5）在 HTML 中可以使用（　　　）标签定义无序列表。

  A．ul   B．wl

  C．ol   D．li

2．填空题

（1）可以通过_____、_____和_____等 3 种方法在 HTML 文档中应用 CSS。

（2）在 CSS 中可以使用_____属性为 HTML 元素设置边框。

（3）在 CSS3 中，可以使用_____属性实现圆角效果。

（4）在 CSS3 中，可以使用_____属性设置阴影。

（5）在 CSS3 中，可以使用_____属性设置文章显示的列数。

（6）在 jQuery 中，使用_____方法获取和设置 CSS 属性。

3．简答题

（1）试述什么是 CSS。

（2）试列举 CSS 选择器的类型。

（3）试述 CSS3 中设置边框颜色的属性。

（4）试述 jQuery 中与 CSS 类别有关的方法。

第 3 部分
高级应用篇

第 9 章
jQuery 动画特效

jQuery 可以很方便地在 HTML 元素上实现动画效果，例如显示、隐藏、淡入淡出和滑动等。这无疑可以使页面活泼起来，实现很多吸引眼球的特效。

9.1 显示和隐藏 HTML 元素

显示和隐藏 HTML 元素是 HTML 和 JavaScript 语言的基本功能，本节介绍在 jQuery 中以动画效果显示和隐藏 HTML 元素的方法。

9.1.1 以动画效果显示 HTML 元素

使用 show()方法可以以动画效果显示指定的 HTML 元素，语法如下：

```
.show( [duration ] [,easing ] [, complete ] )
```

参数说明如下。

● duration：指定动画效果运行的时间长度，单位为 ms，默认值为 nomal（400ms）。可选值包括 "slow" 和 "fast"。在指定的速度下，元素在从隐藏到完全可见的过程中，会逐渐地改变其高度、宽度、外边距、内边距和透明度等。

● easing：指定设置不同动画点中动画速度的 easing 函数（也称为动画缓冲函数或缓动函数），内置的擦除函数包括 swing（摇摆缓冲）和 linear（线性缓冲）。jQuery 的扩展插件中可以提供更多的 easing 函数。

● complete：指定动画效果执行完后调用的函数。

这 3 个参数都是可选的，也就是说，最简单的调用 show()的方法就是不使用参数。

　　　　show()方法仅适用于通过 jQuery 隐藏的元素或在 CSS 中声明 style="display: none"的元素。不适用于 style="visibility:hidden"的元素）。

【例 9-1】 使用 show ()方法显示 HTML 元素的实例。

```
<html>
<head>
  <script src="http://code.jquery.com/jquery-latest.js"></script>
</head>
<body>
  <button>显示图片</button>
```

```
      <img src="01.jpg" style="display: none">
<script>
$("button").click(function () {
  $("img").show("slow");
});
</script>
</body>
</html>
```

页面中定义了一个隐藏（通过 CSS 样式 style="display: none"）的 img 元素。单击 "显示图片" 按钮，会以动画效果显示 img 元素。动画效果如图 9-1 所示，图片由小变大、由透明变实。

图 9-1　【例 9-1】中显示 HTML 元素的动画效果

9.1.2　隐藏 HTML 元素

使用 hide()方法可以隐藏指定的 HTML 元素，语法如下：

```
.hide( [duration ] [, easing ] [, complete ] )
```

参数的含义与 show()方法完全相同，请参照理解。

【例 9-2】　使用 hide()方法隐藏 HTML 元素的实例。

```
<html>
<head>
  <script src="http://code.jquery.com/jquery-latest.js"></script>
</head>
<body>
  <button>隐藏图片</button>
    <img src="01.jpg" >
<script>
```

```
$("button").click(function () {
  $("img").hide("slow");
});
</script>
</body>
</html>
```

页面中定义了一个图片，单击"隐藏图片"按钮，会以动画效果隐藏图片。

9.1.3 切换 HTML 元素的显示和隐藏状态

使用 toggle()方法可以切换 HTML 元素的显示和隐藏状态，语法如下：

```
.toggle( [duration ] [, easing ] [, complete ] )
```

参数的含义与 show()方法中完全相同，请参照理解。在【例 9-2】中将 hide 替换为 toggle，即可体验 toggle()方法的效果。

9.2 淡入/淡出效果

在显示图片时，经常需要使用淡入/淡出的效果。淡入和淡出效果实际上就是透明度的变化，淡入就是由透明到不透明的过程，淡出就是由不透明到透明的过程。

9.2.1 实现淡入效果

使用 fadeIn()方法可以实现淡入效果，语法如下：

```
fadeIn( [duration ] [, easing ] [, complete ] )
```

参数的含义与 show()方法中完全相同，请参照 9.1.1 小节理解。

【例 9-3】 使用 fadeIn ()方法实现淡入效果的实例。

```
<!DOCTYPE html>
<html>
<head>
  <style>
div { margin:3px; width:80px; display:none;
  height:80px; float:left; }
  div#one { background:#f00; }
  div#two { background:#0f0; }
  div#three { background:#00f; }
</style>
<script type="text/javascript" src="jquery.js"></script>
</head>
<body>

    <div id="one"></div>
    <div id="two"></div>
    <div id="three"></div><br>
  <button>单击我...</button>
<script>
$("button").click(function () {
  $("div:hidden:first").fadeIn("slow");
```

页面中定义了 3 个初始为隐藏的 div 元素和一个按钮。单击按钮，会以淡入效果显示第一个隐藏（由选择器$("div:hidden:first")决定）的 div 元素。3 个 div 元素都显示出来之后的效果如图
9-2 所示。

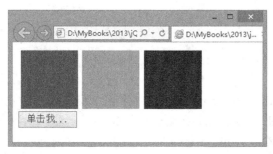

图 9-2　浏览【例 9-3】的结果

9.2.2　实现淡出效果

使用 fadeOut ()方法可以实现淡出效果，语法如下：

```
fadeOut ( [duration ] [, easing ] [, complete ] )
```

参数的含义与 show()方法中完全相同，请参照 9.1.1 小节理解。

【例 9-4】　使用 fadeOut()方法实现淡出效果的实例。

```
<!DOCTYPE html>
<html>
<head>
  <style>
.box,
button { float:left; margin:5px 10px 5px 0; }
.box { height:80px; width:80px; background:#090; }
#log { clear:left; }

</style>
<script type="text/javascript" src="jquery.js"></script>
</head>
<body>

<button id="btn1">fade out</button>
<button id="btn2">show</button>

<div id="log"></div>

<div id="box1" class="box">linear</div>
<div id="box2" class="box">swing</div>

<script>
$("#btn1").click(function() {
  function complete() {
    $("<div/>").text(this.id).appendTo("#log");
  }

  $("#box1").fadeOut(1600, "linear", complete);
  $("#box2").fadeOut(1600, complete);
});
```

```
$("#btn2").click(function() {
  $("div").show();
  $("#log").empty();
});

</script>

</body>
</html>
```

页面中定义了两个 div 元素（box1 和 box2）和两个按钮元素。单击"fade out"按钮，会以淡出效果隐藏两个 div 元素，隐藏之后调用 complete()函数，将 div 元素的 id 显示在 id="log"的 div 元素里。单击"show"按钮，会显示两个 div 元素。淡出效果如图 9-3 所示。

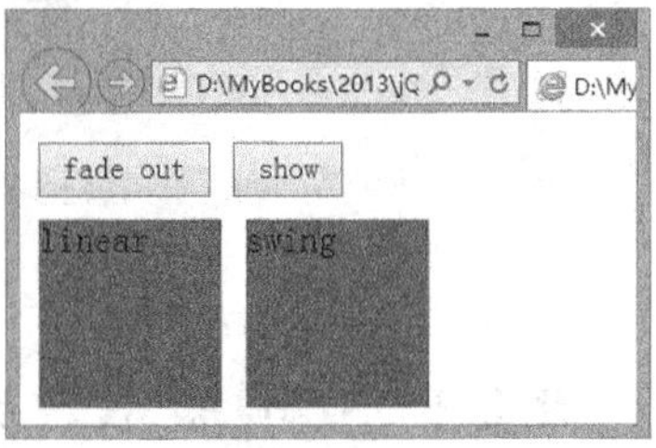

图 9-3　浏览【例 9-4】的结果

9.2.3　直接调节 HTML 元素的透明度

使用 fadeTo()方法可以直接调节 HTML 元素的透明度，语法如下：

```
fadeTo( duration, opacity [, easing ] [, complete ] )
```

参数 opacity 表示透明度，取值范围为 0~1。其他参数的含义与 show()方法中完全相同，请参照 9.1.1 小节理解。

【例 9-5】　使用 fadeTo ()方法直接调节 HTML 元素透明度的实例。

```
<!DOCTYPE html>
<html>
<head>
<script type="text/javascript" src="jquery.js"></script></head>
<body>
  <p>单击我，我会变透明。</p>
<p>用于比较。</p>
<script>
$("p:first").click(function () {
$(this).fadeTo("slow", 0.33);
});
</script>
</body>
</html>
```

页面中定义了 2 个 p 元素。单击第一个 p 元素，它会以淡出效果变得透明（透明度为 0.33）。第 2 个 p 元素仅用于对比。浏览【例 9-5】的结果，如图 9-4 所示。

图 9-4　浏览【例 9-5】的结果

9.2.4　以淡入/淡出的效果切换显示和隐藏 HTML 元素

使用 fadeToggle()方法可以以淡入/淡出的效果切换显示和隐藏 HTML 元素，也就是说如果 HTML 元素原来是隐藏的，则调用 fadeToggle()方法后会逐渐变成显示；如果 HTML 元素原来是显示的，则调用 fadeToggle()方法后会逐渐变成隐藏，fadeToggle()方法的语法如下：

```
fadeToggle( duration, opacity [, easing ] [, complete ] )
```

参数的含义与 show()方法中完全相同，请参照 9.1.1 小节理解。

【例 9-6】　使用 fadeToggle()方法以淡入淡出效果切换显示和隐藏 HTML 元素的实例。

```
<!DOCTYPE html>
<html>
<head>
<script type="text/javascript" src="jquery.js"></script>
</head>
<body>
<button id="btnlinear">线性切换</button>
<button id="btnfast">快速切换</button>
 <br>
<img src="01.jpg">
<script>
$("#btnlinear").click(function() {
  $("img").fadeToggle("slow", "linear");
});
$("#btnfast").click(function () {
  $("img").fadeToggle("fast");
});
</script>
</body>
</html>
```

页面中定义了一个 img 元素和两个按钮。单击"线性切换"按钮，会以慢速、线性的方式切换显示和隐藏 img 元素；单击"快速切换"按钮，会快速切换显示和隐藏 img 元素。浏览【例 9-6】的结果，如图 9-5 所示。

图 9-5　浏览【例 9-6】的结果

9.3　滑　动　效　果

jQuery 可以以滑动效果显示和隐藏 HTML 元素。

9.3.1 以滑动效果显示隐藏的 HTML 元素

使用 SlideDown()方法可以以滑动效果显示隐藏的 HTML 元素，语法如下：

```
SlideDown ( [duration ] [, easing ] [, complete ] )
```

参数的含义与 show()方法中完全相同，请参照 9.1.1 小节理解。

【例 9-7】 使用 SlideDown ()方法的实例。

```
<!DOCTYPE html>
<html>
<head>
  <style>
div { background:#de9a44; margin:3px; width:80px;
height:40px; display:none; float:left; }
</style>
<script type="text/javascript" src="jquery.js"></script>
</head>
<body>
  Click me!
<div></div>
<div></div>
<div></div>
<script>
$(document.body).click(function () {
if ($("div:first").is(":hidden")) {
$("div").slideDown("slow");
} else {
$("div").hide();
}
});
</script>
</body>
</html>
```

页面中定义了 3 个初始为隐藏的 div 元素。单击"Click me!"按钮时，如果第一个 div 元素是隐藏的（$("div:first").is(":hidden")）则调用$("div").slideDown("slow")方法以滑动效果显示 div 元素；否则隐藏 div 元素。3 个的<div>元素都显示出来之后的效果如图 9-6 所示。

图 9-6　浏览【例 9-7】的结果

9.3.2 以滑动效果隐藏 HTML 元素

使用 SlideUp()方法可以以滑动效果隐藏 HTML 元素，语法如下：

```
SlideUp ( [duration ] [, easing ] [, complete ] )
```

参数的含义与 show()方法中完全相同，请参照 9.1.1 小节理解。

【例 9-8】 使用 SlideUp ()方法实现以滑动效果隐藏 HTML 元素的实例。

```
<!DOCTYPE html>
```

```
<html>
<head>
  <style>
div { background:#de9a44; margin:3px; width:80px;
height:40px; float:left; }
</style>
<script type="text/javascript" src="jquery.js"></script>
</head>
<body>
  Click me!
<div></div>
<div></div>
<div></div>
<script>
$(document.body).click(function () {
if ($("div:first").is(":hidden")) {
  $("div").show();
} else {
  $("div").slideUp("slow");
}
});

</script>

</body>
</html>
```

页面中定义了 3 个 div 元素。单击"Click me!"按钮时，如果第一个 div 元素是隐藏的
（$("div:first").is(":hidden")）则显示 div 元素；否则调用$("div"). slideUp ("slow")方法以滑动效果隐
藏 div 元素。初始页面如图 9-7 所示。

图 9-7　浏览【例 9-8】的结果

9.3.3　以滑动效果切换显示和隐藏 HTML 元素

使用 SlideToggle()方法可以以滑动效果切换显示和隐藏 HTML 元素，语法如下：

```
SlideToggle( [ duration ] [, easing ] [, complete ] )
```
参数的含义与 show()方法中完全相同，请参照 9.1.1 小节理解。

【例 9-9】　使用 SlideToggle ()方法实现以滑动效果切换显示和隐藏 HTML 元素的实例。

```
<!DOCTYPE html>
<html>
<head>
  <style>
  p { width:400px; }
  </style>
<script type="text/javascript" src="jquery.js"></script>
```

```
</head>
<body>
 <button>切换</button>

 <p>
   使用SlideToggle()方法可以以滑动效果切换显示和隐藏HTML元素。
 </p>
<script>
   $("button").click(function () {
     $("p").slideToggle("slow");
   });
</script>
</body>
</html>
```

页面中定义了一个 p 元素和"切换"按钮。单击"切换"按钮时将以滑动效果切换显示和隐藏 p 元素。初始页面如图 9-8 所示。

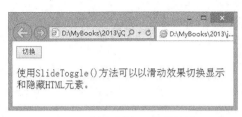

图 9-8　浏览【例 9-9】的结果

9.4　动　画　队　列

jQuery 可以定义一组动画动作，把它们放在队列（queue）中顺序执行。队列是一种支持先进先出原则的数据结构（线性表），它只允许在表的前端进行删除操作，而在表的后端进行插入操作。如图 9-9 所示是队列的示意图。

图 9-9　队列的示意图

9.4.1　queue()方法

使用 queue()方法可以管理指定动画队列中要执行的函数，语法如下：

```
queue( [queueName ] )
```

参数 queueName 是队列的名称。

【例 9-10】　使用 queue()方法显示动画队列的实例。

```
<!DOCTYPE html>
<html>
<head>
<style>
```

```
      div { margin:3px; width:40px; height:40px;
         position:absolute; left:0px; top:60px;
           background:green; display:none;
           }
      div.newcolor { background:blue; }
     p { color:red; }
</style>
<script type="text/javascript" src="jquery.js"></script>
</head>
<body>    <p>队列长度: <span></span></p>
<div></div>
<script>
var div = $("div");
function runIt() {
    div.show("slow");
     div.animate({left:'+=200'},2000);
     div.slideToggle(1000);
     div.slideToggle("fast");
     div.animate({left:'-=200'},1500);
     div.hide("slow");
     div.show(1200);
     div.slideUp("normal",
     runIt);
}
function showIt() {
    var n = div.queue("fx");   // fx 是默认的动画队列
    $("span").text( n.length );
    setTimeout(showIt, 100);
}
runIt();
showIt();
</script>
</body>
</html>
```

在 runIt()函数中定义了一组动画动作，在 showIt()函数中调用 queue()方法显示默认的动画队列 fx 的长度，效果如图 9-10 所示。当然，正方形的 div 元素是运动的。

图 9-10　浏览【例 9-10】的结果

可以使用下面的方法初始化动画队列：

```
queue( [queueName ], newQueue )
```

参数 queueName 指定动画队列的名称，参数 newQueue 是指定动画队列内容的函数数组。具体使用方法将在 9.4.2 小节结合【例 9-11】介绍。

9.4.2　dequeue()方法

使用 dequeue ()方法可以执行匹配元素的动画队列中下一个函数,同时将其出队。语法如下:

```
dequeue( [queueName ] )
```

参数 queueName 是队列的名称。

【例 9-11】　使用 queue()方法和 dequeue()方法实现【例 9-10】的功能。

```
<!DOCTYPE html>
<html>
<head>
<style>
    #count { margin:3px; width:40px; height:40px;
        position:absolute; left:0px; top:60px;
         background:green; display:none;
    }
</style>
<script src="http://code.jquery.com/jquery-latest.js"></script>
<script type="text/javascript">
$(function() {
    var div = $('#count');
    var list = [
        function() {div.show("slow"); get();},
        function() {div.animate({left:'+=200'},2000); get();},
        function() {div.slideToggle(1000); get();},
        function() {div.slideToggle("fast");get();},
        function() {div.div.hide("slow"); get();},
        function() {div.show(1200); get();},
        function() {div.slideUp("normal"); get();}
    ];

    div.queue('testList', list);

    var get = function() {
        div.dequeue('testList');
    }

    $('#btn').bind('click', function() {
        get();
    });
});
</script>
</head>
<body>
<div id="count"></div>
<input id="btn" type="button" value="Start" />
</body>
</html>
```

程序中使用 queue()方法定义了一个动画队列 testList,动画队列中包含动画函数中定义的执行完动画后调用的 get()函数。在 get()函数中会调用 dequeue()方法,执行动画队列中下一个函数,同时将其出队。因此,动画队列中包含的动画会依次被执行。

9.4.3　删除动画队列中的成员

使用 ClearQueue()方法可以删除匹配元素的动画队列中所有未执行的函数,语法如下:

```
ClearQueue( [queueName ] )
```

参数 queueName 是队列的名称。

【例 9-12】　在【例 9-11】中增加一个"停止"按钮，定义代码如下：

```
<button id="stop">Stop</button>
```

并增加如下 jQuery 代码定义单击"停止"按钮的操作：

```
$("#stop").click(function () {
  var myDiv = $("div");
  myDiv.clearQueue();
});
```

单击"停止"按钮，会在执行完当前动画后停止，同时队列长度变成了 0。

9.4.4　延迟动画

使用 delay()方法可以延迟动画队列里函数的执行，语法如下：

```
delay( duration [, queueName ] )
```

参数 duration 指定延迟的时间，单位为 ms；参数 queueName 是队列的名称。

【例 9-13】　使用 delay()方法的实例。

```html
<!DOCTYPE html>
<html>
<head>
  <style>
div { position: absolute; width: 60px; height: 60px; float: left; }
.first { background-color: #3f3; left: 0;}
.second { background-color: #33f; left: 80px;}
</style>
<script type="text/javascript" src="jquery.js"></script></head>
<body>

<p><button>Run</button></p>
<div class="first"></div>
<div class="second"></div>
<script>
    $("button").click(function() {
      $("div.first").slideUp(300).delay(800).fadeIn(400);
      $("div.second").slideUp(300).fadeIn(400);
    });</script>

</body>
</html>
```

页面中定义了两个 div 元素。单击"Run"按钮时，div 元素执行 slideUp()方法，然后执行 fadeIn()方法。不同的是，第一个 div 元素执行完 slideUp()方法后，会调用 Delay ()方法延迟 800ms，然后再执行 fadeIn()方法。浏览【例 9-13】的结果，如图 9-11 所示。

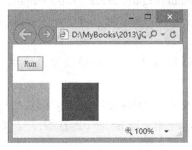

图 9-11　浏览【例 9-13】的结果

使用 jQuery.fx.interval 属性可以设置动画的显示帧速，单位为 ms，默认值为 13ms。

9.4.5　停止正在执行的动画

可以使用下面的方法停止正在执行的动画。

1．stop()方法

使用 stop ()方法可以停止正在执行的动画，语法如下：

```
stop( [queueName] [, clearQueue ] [, jumpToEnd ] )
```

参数说明如下。

- queueName：队列的名称。
- clearQueue：指定是否删除队列中的动画，默认为 False，即不删除。
- jumpToEnd：指定是否立即完成当前的动画，默认为 False。

2．finish()方法

使用 finish ()方法可以停止正在执行的动画并删除队列里所有的动画，语法如下：

```
finish( [queueName] )
```

参数 queueName 是队列的名称。

finish ()方法相当于 ClearQueue()方法加上 stop ()方法的效果。

3．jQuery.fx.off 属性

将 jQuery.fx.off 属性设置为 true 可以全局性地关闭所有动画（所有效果会立即执行完毕），将其设成 false 之后，可以重新开启所有动画。

在下面的情况下，可能需要使用 jQuery.fx.off 属性关闭所有动画。

- 在配置比较低的电脑上使用 jQuery。
- 由于动画效果而使网页不可访问。

9.5　执行自定义的动画

调用 animate()方法可以根据一组 CSS 属性实现自定义的动画效果。语法如下：

```
$(selector).animate( properties [, duration ] [, easing ] [, complete ] )
```

参数说明如下。

- properties：产生动画效果的 CSS 属性和值，可以使用的 CSS 属性包括 backgroundPosition、borderWidth、borderBottomWidth、borderLeftWidth、borderRightWidth、borderTopWidth、borderSpacing、margin、marginBottom、marginLeft、marginRight、marginTop、outlineWidth、padding、paddingBottom、paddingLeft、paddingRight、paddingTop、height、width、maxHeight、maxWidth、minHeight、maxWidth、font、fontSize、bottom、left、right、top、letterSpacing、wordSpacing、lineHeight、textIndent 等；
- duration：指定动画效果运行的时间长度，单位为 ms，默认值为 nomal（400ms）。可选值包括"slow"和"fast"。
- easing：指定设置不同动画点中动画速度的 easing 函数（也称为动画缓冲函数或缓动函数），内置的擦除函数包括 swing（摇摆缓冲）和 linear（线性缓冲）。jQuery 的扩展插件中可以提供更多的 easing 函数。

- complete：指定动画效果执行完后调用的函数。

【例 9-14】　使用 animate()方法实现自定义动画效果的实例。

```html
<html>
<head>
<script type="text/javascript" src="jquery.js"></script>
<script type="text/javascript">
$(document).ready(function()
  {
  $("#btn1").click(function(){
    $("#box").animate({height:"300px"});
  });
  $("#btn2").click(function(){
    $("#box").animate({height:"100px"});
  });
});
</script>
</head>
<body>
<div id="box" style="background:#0000ff;height:100px;width:100px;margin:6px;">
</div>
<button id="btn1">变长</button>
<button id="btn2">恢复</button>
</body>
</html>
```

页面中定义了一个蓝色背景的 div 元素，如图 9-12 所示。单击"变长"按钮，div 元素会拉长，如图 9-13 所示。单击"恢复"按钮，div 元素又会恢复成图 9-12 的样子。

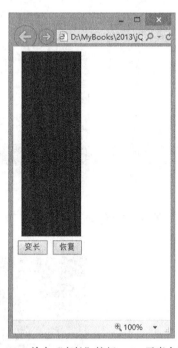

图 9-12　浏览【例 9-14】的结果　　　　　　　图 9-13　单击"变长"按钮，div 元素会拉长

要想直观地了解动画的效果，还需要在上机实验时亲自体验。

9.6 应用实例：焦点视频切换栏

本章前面使用的实例都是演示某个具体的动画效果，虽然针对性很强，但是实用性稍有欠缺。为了使读者能够直观地了解 jQuery 动画特效的实际应用，本节介绍一个非常实用的应用实例：焦点视频切换栏。

9.6.1 实例界面和目录结构

本例以滑动效果切换几组推荐视频的图片，也可以用于栏目导航、广告等。本例界面如图 9-14 所示。

图 9-14 本节介绍的实例的界面

在视频切换栏的下部有 3 个控制块，用于切换 3 个不同主题的视频。图 9-14 所示的主题是电影视频；第 2 个主题是音乐，如图 9-15 所示。

图 9-15 音乐主题

第 3 个主题是纪录片和讲座，如图 9-16 所示。

图 9-16 纪录片和讲座主题

3 个主题会定期自动滑动切换，也可以单击控制块进行手动切换。

每个主题可以推荐 4 个视频：整个左侧图片是主推视频，另外还有中间两幅小图和右侧的竖条幅图片。

本实例保存在源代码的 09\9.6\目录下，子目录的功能如下。

- css：用于保存本实例使用的样式表。
- images：用于保存本例中使用的图片。
- js：用于保存实例中使用的 JavaScript 脚本文件。

9.6.2　设计实例页面

本实例的页面文件为 index.html。整个焦点视频切换栏容器为 class="slide_screen" div 元素，代码如下：

```
    <div class="slide_screen">
    ……
</div>
```

在容器中，使用无序列表 ul 定义视频切换栏中的 4 个图片，代码如下：

```
    <ul class="list">
        <li class="liA">
    …
        </li>
        <li class="liB">
    …
        </li>
        <li class="liC">
    …
        </li>
        <li class="liD">
    …
        </li>
    </ul>
```

下面介绍列表项的具体定义。

1. class="liA"的列表项

class="liA"的列表项用于定义左侧主推视频的图片，代码如下：

```
<li class="liA">
    <div class="window">
        <div class="piece">
            <a target="_blank" href="http://video.sina.com.cn/m/ cyzc_61327477.
html"> <img alt="" src="images/bar01.jpg"></a>
            <div class="bar">
                <h3>赤焰战场</h3>
                <p>老戏骨集体帅气亮相银幕</p>
                <span></span>
                <a target="_blank" href="http://video.sina.com.cn/m/ cyzc_61327477.
html"> </a>
            </div>
        </div>
        <div class="piece">
            <a target="_blank" href="http://video.sina.com.cn/p/music/v/2013/0424/
114362342223.html"><img alt="" src="images/bar02.jpg"></a>
            <div class="bar">
```

```
                <h3>陈妍希《Sorry》</h3>
                    <p>女神陈妍希首张创作专辑《Me, Myself, and I》首波主打《Sorry》歌词版 MV 首播,
出自韩剧《想你》片尾曲。献给所有在爱里没有犯错,却无法走到最后的我们。</p>
                <span></span>
                <a target="_blank" href="http://video.sina.com.cn/p/music/v/2013/0424/
114362342223.html"> </a>
            </div>
        </div>
        <div class="piece">
            <a target="_blank" href="http://video.sina.com.cn/m/xzyn_ 61121173.html">
<img alt="" src="images/bar03.jpg"></a>
            <div class="bar">
                <h3>《西藏一年》</h3>
                <p>普通西藏人的生活与困惑</p>
                <span></span>
                <a target="_blank" href="http://video.sina.com.cn/m/ xzyn_61121173.
html"> </a>
            </div>
        </div>
    </div>
</li>
```

列表项的内容包含在一个 class="window" 的 div 元素中,其中包含两个 div 元素。class="piece" 的 div 元素中包含视频的图片,class=" bar " 的 div 元素中包含了图片下面的黑色信息条。3 种主题的相关视频定义都包含在其中。

2. class="liB"的列表项

class="liB" 的列表项用于定义中间上面的小视频图片,代码如下:

```
<li class="liB">
    <div class="window">
        <div class="piece">
            <a target="_blank" href="http://video.sina.com.cn/m/ wyhc_62252747.
html"><img alt="" src="images/piece01.jpg"></a>
            <div class="bar">
                <h3>午夜火车</h3>
                <p>卧铺激情与魔鬼同眠之旅</p>
                <span></span> <a target="_blank" href="http://video.sina.com.cn/m/
wyhc_62252747.html"> </a>
            </div>
        </div>
        <div class="piece">
            <a target="_blank" href="http://video.sina.com.cn/p/music/v/2012/0330/
181461708363.html"><img alt="" src="images/piece02.jpg"></a>
            <div class="bar">
                <h3>张国荣</h3>
                <p>九年祭特辑</p>
                <span></span>
                <a target="_blank" href="http://video.sina.com.cn/p/music/v/2012/
0330/181461708363.html"> </a>
            </div>
        </div>
        <div class="piece">
            <a target="_blank" href="http://video.sina.com.cn/movie/detail/hej">
<img alt="" src="images/piece03.jpg"></a>
```

```
                    <div class="bar">
                        <h3>华尔街</h3>
                        <p>：本纪录片以华尔街金融危机为契机，以证券市场为中心，梳理两百多年来，现代金
融来龙去脉，探寻、发现资本市场兴衰与经济起伏的规律，为决策者提供依据，为资本市场的实践者提供镜鉴，为大众
提供关于资本市场的启示。</p>
                        <span></span>
                        <a  target="_blank"  http://video.sina.com.cn/movie/detail/hej">
 </a>
                    </div>
                </div>
            </div>
    </li>
```

列表项的内容格式与上面介绍的列表项相同，请参照理解。

3. class="liC"的列表项

class="liC"的列表项用于定义中间下面的小视频图片，代码如下：

```
<li class="liC">
    <div class="window">
        <div class="piece">
            <a  target="_blank"  href="http://video.sina.com.cn/m/ rzjt_61126399.
html"><img alt="" src="images/piece04.png"></a>
            <div class="bar">
                <h3>人在囧途</h3>
                <p>两个倒霉蛋的疯狂旅程！</p>
                <span></span>
                <a target="_blank" href="http://video.sina.com.cn/p/ent/m/c/ 2013-
04-18/012062315579.html"> </a>
            </div>
        </div>
        <div class="piece">
            <a target="_blank" href="http://video.sina.com.cn/p/ent/m/c/ 2013-04-
18/012062315579.html"><img alt="" src="images/piece05.jpg"></a>
            <div class="bar">
                <h3>王菲</h3>
                <p>《致青春》主题曲 MV</p>
                <span></span>
                <a  target="_blank"  href="http://video.sina.com.cn/v/b/ 61301488-
2293941057.html"> </a>
            </div>
        </div>
        <div class="piece">
            <a  target="_blank"  href="http://video.sina.com.cn/v/b/  61301488-
2293941057.html"><img alt="" src="images/piece06.png"></a>
            <div class="bar">
                <h3>葡萄酒文化与鉴赏</h3>
                <p>青岛大学教授主讲</p>
                <span></span>
                <a  target="_blank"  href="http://video.sina.com.cn/v/b/ 61301488-
2293941057.html"> </a>
            </div>
        </div>
    </div>
</li>
```

列表项的内容格式与前面介绍的列表项相同，请参照理解。

4. class="liD"的列表项

class="liD"的列表项用于定义右侧的竖条幅图片，代码如下：

```
<li class="liD">
    <div class="window">
        <div class="piece">
            <a          target="_blank"          href="http://video.sina.com.cn/v/b/
94563923-3009544965.html"><img alt="" src="images/right01.png"></a>
            <div class="bar">
                <h3>大海啸之鲨口逃生</h3>
                <p>鲨鱼来袭，全城动员！</p>
                <span></span>
                <a target="_blank" href="http://video.sina.com.cn/v/b/ 94563923-
3009544965.html"> </a>
            </div>
        </div>
        <div class="piece">
            <a   target="_blank"   href="http://video.sina.com.cn/v/b/   11478157-
1282788590.html"><img alt="" src="images/right02.png"></a>
            <div class="bar">
                <h3>陈百强</h3>
                <p>一生不可自决</p>
                <span></span>
                <a target="_blank" href="http://video.sina.com.cn/v/b/ 11478157-
1282788590.html"> </a>
            </div>
        </div>
        <div class="piece">
            <a   target="_blank"   href="http://video.sina.com.cn/v/b/   72147629-
1490132724.html"><img alt="" src="images/right03.png"></a>
            <div class="bar">
                <h3>敦煌石窟艺术壁画鉴赏</h3>
                <p>北京中华书局编审柴剑虹主讲。</p>
                <span></span>
                <a target="_blank" href="http://video.sina.com.cn/v/b/ 72147629-
1490132724.html"> </a>
            </div>
        </div>
    </div>
</li>
```

列表项的内容格式与上面介绍的列表项相同，请参照理解。在 css\style.css 中定义了网页的样式，与切换栏列表项有关的样式定义如下：

```
.slide_screen{width:990px;margin:0 auto;overflow:hidden;zoom:1}
.slide_screen li{float:left;overflow:hidden;position:relative;margin-right:4px}
.slide_screen li.liA{width:583px;height:342px}
.slide_screen li.liB, .slide_screen li.liC{width:199px;height:169px}
.slide_screen li.liD{width:198px;height:342px;margin-top:-173px}
.slide_screen li.liA .window{width:1166px}
.slide_screen li.liB .window,.slide_screen li.liC .window{width:398px}
.slide_screen li.liD .window{width:396px}
.slide_screen li img{display:block}
.slide_screen li .piece{float:left;position:relative;overflow:hidden;zoom:1}
.slide_screen li.liA,.slide_screen li.liA .piece,.slide_screen li.liA img{width:
```

```
583px;height:342px}
        .slide_screen li.liB,.slide_screen li.liB .piece,.slide_screen li.liB img{width:199px;
height:169px}
        .slide_screen li.liB,.slide_screen li.liB .piece,.slide_screen li.liC img{width:199px;
height:169px}
        .slide_screen li.liD,.slide_screen li.liD .piece,.slide_screen li.liD img{width:198px;
height:342px;margin-right:0}
        .slide_screen li.liB{margin-bottom:4px}
        .slide_screen li .bar{width:537px;padding:0 36px 0 10px;height:45px;position:absolute;
bottom:0;left:0;filter:progid:DXImageTransform.Microsoft.gradient(enabled='true',start
Colorstr='#CC000000',  endColorstr='#CC000000');background:rgba(0,0,0,0.8);color:#fff;
font-weight:bold;font-size:12px}
        .slide_screen li.liB .bar,.slide_screen li.liC .bar{width:153px}
        .slide_screen li.liD .bar{width:152px}
        .slide_screen li .bar h3{padding-top:4px;font-size:14px}
        .slide_screen li .bar p{font-weight:normal}
        .slide_screen  li  .bar  span{display:block;width:28px;height:28px;overflow:hidden;
position:absolute;top:8px;right:4px;background:url(../images/icon_play.png) no-repeat;
_background:none;_filter:progid:DXImageTransform.Microsoft.AlphaImageLoader(enable
d=true, sizingMethod=scale, src='images/icon_play.png')}
        .slide_screen li .bar a{display:block;width:583px;height:45px;position:absolute;top:
0;left:0;z-index:10;font-size:0}
        .slide_screen li.liB .bar a,.slide_screen li.liC .bar a{width:199px}
        .slide_screen li.liC .bar a{width:198px}
```

5. 定义控制块

在视频切换栏下部有 3 个控制块，定义代码如下：

```
<ul class="libtn">
    <li _index="1" class="selected"></li>
    <li _index="2" class=""></li>
    <li _index="3" class=""></li>
</ul>
```

与切换栏列表项有关的样式定义如下：

```
.libtn{width:240px;text-align:center;margin:10px auto 0}
.libtn  li{width:45px;height:11px;border:1px  solid  #989898;margin:0  4px;float:
none;display:inline-block; *display:inline;zoom:1;overflow:hidden;cursor:pointer}
.libtn li.selected{background:#989898}
```

9.6.3　实现滑动切换的 jQuery 脚本

本实例使用的 jQuery 脚本为 js\js.js，在 index.html 中引用 js.js 的代码如下：

```
<script src="js/jquery.js"></script>
<script src="js/js.js"></script>
```

js.js 中的主要代码如下：

```
(function() {
    var LI_WIDTH = [583, 199, 199, 198],    // 各视频图片的宽度，用于计算滑动距离
        // 一个主题里各视频图片的li元素的id
        LI_DOM = [$('.slide_screen li.liA'), $('.slide_screen li.liB'), $('.slide_
screen li.liC'), $('.slide_screen li.liD')],
        LI_BTN = $('.slide_screen .libtn'),
        COUNT = 3/* 主题数量 */, SPEED = 1000 /* 滑动的速度*/, DISTIM = 6000/* 自动滑动
的时间间隔*/, LI_COUNT = 4/*一个主题里各视频图片的li元素的数量*/;
    var cur = 1, next_cur = 2, runid, isclick = true;

    init(); // 初始化样式
```

```
        initEvent(); //初始化事件

        runid = setInterval(run, DISTIM);//定期自动滑动
        function init() {
            LI_BTN.find('li').eq(cur-1).addClass('selected');  // 选中当前滑动块

            for(var i=0; i<LI_COUNT; i++) {// 设置主题的窗口（class="window"的div元素）的样式
                LI_DOM[i].find('.window').css({'top':0, 'left':0, 'position':'absolute'});
                LI_DOM[i].find('.window').css('width', LI_WIDTH[i]*COUNT);
            }

        }
        function initEvent() {
            LI_BTN.click(function(ev){ // 单击滑动块的处理函数
                if(isclick && $(ev.target).attr("_index") !== undefined) {
                    isclick = false;
                    LI_BTN.find('li').eq(cur-1).removeClass('selected'); //移除选中当前滑动块
                    clearInterval(runid);
                    runid = null;
                    cur = parseInt($(ev.target).attr("_index"));  //获得当前滑动块的索引
                    next_cur = cur + 1;
                    LI_BTN.find('li').eq(cur-1).addClass('selected');//选中当前滑动块
                    for(var i=0; i<LI_COUNT; i++) {
                    // 对所有主题的窗口（class="window"的div元素）先停止动画，再向左滑动
                        LI_DOM[i].find('.window').stop(true,true).animate
({"left": -(cur-1)*LI_WIDTH[i]}, SPEED, function(){
                            if(runid===null)runid = setInterval(run, DISTIM);//定期自动滑动
                            isclick = true;
                        });
                    }
                }
            });
        }
```

请参照注释理解。run()函数用于自动运行一次滑动，代码如下：

```
    function run() {
        isclick = false;  //标识是否可以单击滑动块
        // 移除选中当前滑动块
        LI_BTN.find('li').eq(cur-1).removeClass('selected');

        if(cur != COUNT){// 如果没到最后一个主题，则滑动显示下一个主题
            // 所有li元素向左滑动
            for(var i=0; i<LI_COUNT; i++) {
                // 对所有主题的窗口（class="window"的div元素）先停止动画，再向左滑动
                LI_DOM[i].find('.window').stop(true,true).animate({"left": -(next_cur
-1)*LI_WIDTH[i]}, SPEED, function() {
                    isclick = true; //滑动后就可以单击滑动块
                });
            }
            cur++; //cur用于记录当前主题的索引
            next_cur = cur + 1;//next_cur用于记录下一个要显示的主题的索引
        }
        else {// 如果已经到了最后一个主题，则滑动显示第一个主题
```

```
            for(var i=0; i<LI_COUNT; i++) {
                // 把前面所有 class="piece"的 div 元素都移至最后一个 class="piece"的 div 元素后面
                    LI_DOM[i].find('.piece:lt('+(COUNT-1)+')').clone().insertAfter(LI_
DOM[i].find('.piece').last());
                    LI_DOM[i].find('.piece:lt('+(COUNT-1)+')').remove();
                    LI_DOM[i].find('.window').css('left', '0px');

                // 对所有主题的窗口（class="window"的 div 元素）先停止动画，再向左滑动，然后将第
一个 class="piece"的 div 元素移至最后
    LI_DOM[i].find('.window').stop(true,true).animate({"left":  -LI_WIDTH[i]},  SPEED,
function() {
                    $(this).find('.piece').first().clone().insertAfter($(this).find
('.piece').last());
                    $(this).find('.piece').first().remove();
                    $(this).css('left', '0px');
                    isclick = true;
                });
            }
            cur = 1;//cur 用于记录当前主题的索引
            next_cur = cur + 1;//next_cur 用于记录下一个要显示的主题的索引
        }
        LI_BTN.find('li').eq(cur-1).addClass('selected');// 移除选中当前滑动块
    }
```

请参照注释理解。

练 习 题

1. 单项选择题

（1）使用（　　　）方法可以切换 HTML 元素的显示和隐藏状态。

　　A. show()　　　　　B. hide()　　　　　C. toggle()　　　　D. change()

（2）使用（　　　）方法可以直接调节 HTML 元素的透明度。

　　A. fadeIn()　　　　B. fadeOut()　　　　C. fadeTo()　　　　D. fadeToggle()

（3）使用（　　　）方法可以执行匹配元素的动画队列中下一个函数，同时将其出队。

　　A. next()　　　　　B. dequeue()　　　　C. go()　　　　　D. continue()

（4）使用（　　　）方法可以停止正在执行的动画并删除队列里所有的动画。

　　A. stop()　　　　　B. finish()　　　　　C. clear()　　　　D. ClearQueue()

2. 填空题

（1）使用＿＿＿＿＿方法可以以动画效果显示指定的 HTML 元素。

（2）使用＿＿＿＿＿方法可以以滑动效果切换显示和隐藏 HTML 元素。

（3）使用＿＿＿＿＿方法可以延迟动画队列里函数的执行。

（4）调用＿＿＿＿＿方法可以根据一组 CSS 属性实现自定义的动画效果。

（5）默认的动画队列为＿＿＿＿＿。

3. 简答题

（1）试列举 jQuery 中用于实现淡入淡出效果的方法。

（2）试列举 jQuery 中用于实现滑动效果的方法。

第 10 章
jQuery 与 Ajax

Ajax 是 Asynchronous JavaScript and XML（异步的 JavaScript 和 XML）的缩写。它由一组相互关联的 Web 开发技术组成，用于在客户端创建异步的 Web 应用程序。使用 Ajax 开发的 Web 应用程序可以在不刷新页面的情况下，与 Web 服务器进行通信，并将获得的数据显示在页面。jQuery 提供了很多与 Ajax 技术相关的 API，可以很方便地实现 Ajax 的功能。

10.1　使用 XMLHttpRequest 对象与服务器通信

在 Ajax 中，可以使用 XMLHttpRequest 对象与服务器进行通信。XMLHttpRequest 是一个浏览器接口，开发者可以使用它提出 HTTP 和 HTTPS 请求，而且不用刷新页面就可以修改页面的内容。XMLHttpRequest 的两个最常见的应用是提交表单和获取额外的内容。

使用 XMLHttpRequest 对象可以实现下面的功能。
- 在不重新加载页面的情况下更新网页。
- 在页面已加载后从服务器请求数据。
- 在页面已加载后从服务器接收数据。
- 在后台向服务器发送数据。

10.1.1　创建 XMLHttpRequest 对象

对于不同的浏览器，创建 XMLHttpRequest 对象也可能不同。在微软的 IE 浏览器中使用 Active 对象创建 XMLHttpRequest 对象，代码如下：

```
xmlhttp=new ActiveXObject("Microsoft.XMLHTTP");
```

当 window.ActiveXObject 等于 True 时，可以使用这种方法。

在其他浏览器中可以使用下面的代码创建 XMLHttpRequest 对象：

```
xmlhttp=new XMLHttpRequest();
```

当 window.XMLHttpRequest 等于 True 时，可以使用这种方法。

综上所述，可以在各种浏览器中创建 XMLHttpRequest 对象，代码如下：

```
var xmlHttp;
if(window.XMLHttpRequest){
  xmlHttp = new XMLHttpRequest();
}else if(window.ActiveXObject){
  xmlHttp = new ActiveXObject("Microsoft.XMLHTTP");
}
```

10.1.2 发送 HTTP 请求

在发送 HTTP 请求之前，需要调用 open()方法初始化 HTTP 请求的参数，语法如下：

```
open(method, url, async, username, password)
```

参数说明如下。

- method：用于请求的 HTTP 方法。值包括 GET、POST 和 HEAD。
- url：所调用的服务器资源的 URL。
- async：布尔值，指示这个调用是使用异步还是同步，默认为 true（即异步）。
- username：可选参数，为 url 所需的授权提供认证用户。
- password：可选参数，为 url 所需的授权提供认证密码。

例如，使用 GET 方法以异步形式请求访问 url 的代码如下：

```
xmlhttp.open("GET",url,true);
```

open()方法只是初始化 HTTP 请求的参数，并不真正发送 HTTP 请求。可以调用 send()方法发送 HTTP 请求，语法如下：

```
send(body)
```

如果通过调用 open()方法指定的 HTTP 方法是 POST 或 GET，则 body 参数指定了请求体，它可以是一个字符串或者 Document 对象。如果不需要指定请求体，则可以将这个参数设置为 null。

send()方法发送的 HTTP 请求通常由以下几部分组成。

- 之前调用 open()时指定的 HTTP 方法、URL 以及认证资格（如果有的话）。
- 如果之前调用 setRequestHeader()方法发送了 HTTP 请求的头部，则包含指定的请求头部。
- 传递给这个方法的 body 参数。

当 XMLHttpRequest 对象把一个 HTTP 请求发送到服务器时将经历若干种状态，XMLHttpRequest 对象的 ReadyState 属性可以表示请求的状态，它的取值如表 10-1 所示。

表 10-1　　　　　　　　　　　　　ReadyState 属性的取值

值	具体说明
0	表示已经创建一个 XMLHttpRequest 对象，但是还没有初始化，即还没调用 open()方法
1	表示正在加载，此时对象已建立，已经调用 open()方法，但还没调用 send()方法
2	表示请求已发送，即方法已调用 send()，但服务器还没有响应
3	表示请求处理中。此时，已经接收到 HTTP 响应头部信息，但是消息体部分还没有完全接收结束
4	表示请求已完成，即数据接收完毕，服务器的响应完成

10.1.3 从服务器接收数据

发送 HTTP 请求之后，就要准备从服务器接收数据了。首先要指定响应处理函数。定义相应处理函数后，将函数名赋值给 XMLHttpRequest 对象的 onreadystatechange 属性即可，代码如下：

```
xmlHttp.onreadystatechange = callback

//指定响应函数
function callBack(){
    //函数体
    ……
}
```

提示

响应处理函数没有参数，指定时也不带括号。

也可以不定义响应处理函数的函数名，直接定义函数体，例如：

```
request.onreadystatechange = function() {
    //函数体
    ......
}
```

当 ReadyState 属性值发生改变时，XMLHttpRequest 对象会激发一个 readystatechange 事件，此时会调用响应处理函数。

在响应处理函数中通常会根据 XMLHttpRequest 对象的 ReadyState 属性和其他属性决定对接收数据的处理。除了 ReadyState 属性外，XMLHttpRequest 的常用属性如表 10-2 所示。

表 10-2   XMLHttpRequest 的常用属性

值	具体说明
responseText	包含客户端接收到的 HTTP 响应的文本内容。当 ReadyState 值为 0、1 或 2 时，ResponseText 属性为一个空字符串；当 ReadyState 值为 3 时，responseText 属性为还未完成的响应信息；当 ReadyState 为 4 时，responseText 属性为响应的信息
responseXML	用于当接收到完整的 HTTP 响应时（ReadyState 为 4）描述 XML 响应。如果 ReadyState 值不为 4，那么 responseXML 的值为 null
status	用于描述 HTTP 状态代码，其类型为 short。仅当 ReadyState 值为 3 或 4 时，status 属性才可用
statusText	用于描述 HTTP 状态代码文本。仅当 readyState 值为 3 或 4 时才可用

常用的响应处理函数框架如下：

```
function callBack(){
    if(request.readyState ==4) { // 服务器已经响应
        if(request.status == 200) // 请求成功
            // 显示服务器响应
            ......
        }
}
```

request.status 等于 200 表示请求成功。

【例 10-1】　在网页中定义一个按钮。单击此按钮时，使用 XMLHttpRequest 对象从服务器获取并显示一个 XML 文件的内容。

定义 3 个<span >标签，用来显示服务器的响应数据，定义代码如下：

```
<p><b>Status:</b>
<span id="A1"></span>
</p>
<p><b> statusText:</b>
<span id="A2"></span>
</p>
<p><b> responseText:</b>
<br /><span id="A3"></span>
</p>
```

A1 用于显示 status 属性值，A2 用于显示 statusText 属性值，A3 用于显示 responseText 属性值。

按钮的定义代码如下：

```
<button onclick="loadXMLDoc('example.xml')">获取 XML 文件</button>
```

单击此按钮，可以调用 loadXMLDoc()函数，获取并显示一个 XML 文件的内容，代码如下：

```
function loadXMLDoc(url)
{
if (window.XMLHttpRequest)
  {// code for IE7, Firefox, Opera, etc.
  xmlhttp=new XMLHttpRequest();
  }
else if (window.ActiveXObject)
  {// code for IE6, IE5
  xmlhttp=new ActiveXObject("Microsoft.XMLHTTP");
  }
if (xmlhttp!=null)
  {
  xmlhttp.onreadystatechange=state_Change;
  xmlhttp.open("GET",url,true);
  xmlhttp.send(null);
  }
else
  {
  alert("您的浏览器不支持 XMLHTTP.");
  }
}
```

程序首先创建一个 XMLHttpRequest 对象，然后指定响应处理函数为 state_Change，定义代码如下：

```
function state_Change()
{
if (xmlhttp.readyState==4)  // 服务器已经响应
  {
  if (xmlhttp.status==200)  // 请求成功
    {
    // 显示服务器的响应数据
    document.getElementById('A1').innerHTML=xmlhttp.status;
    document.getElementById('A2').innerHTML=xmlhttp.statusText;
    document.getElementById('A3').innerHTML=xmlhttp.responseText;
    }
  else
    {
    alert("接收 XML 数据时出现问题:" + xmlhttp.statusText);
    }
  }
}
```

因为 XMLHttpRequest 是与 Web 服务器进行通信的接口，所以要查看【例 10-1】的运行效果就需要搭建一个 Web 服务器，可以使用 IIS 或 Apache。搭建成功后将【例 10-1】的网页和请求的 example.xml 复制到网站的根目录下，然后在浏览器中访问 Web 服务器的【例 10-1】网页。单击按钮的结果如图 10-1 所示。

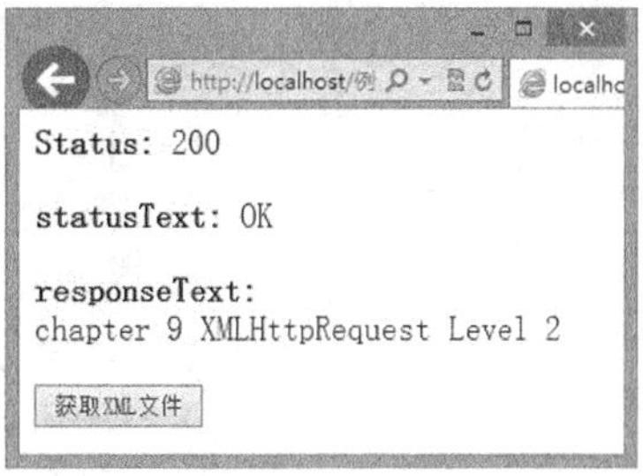

图 10-1　浏览【例 10-1】的界面

10.2　在 jQuery 中实现 Ajax 编程

jQuery 对 Ajax 提供了很好的支持,用户甚至不需要了解 XMLRequest 对象的概念就可以实现 Ajax 编程。

10.2.1　load()方法

调用 load()方法可以动态地从服务器加载数据,并填充调用它的 HTML 元素的内容,语法如下:

```
#(选择器).load( url [, data ] [, complete(responseText, textStatus, XMLHttpRequest) ] )
```

参数说明如下。

- url:需要加载的资源的 url。
- data:可选参数,在提交请求时发送到服务器的数据对象或字符串。
- complete(responseText, textStatus, XMLHttpRequest):可选参数,请求结束后调用的回调函数。

例如,将服务器端的 ajax\test.html 文件的内容显示在 id= '#result'的 HTML 元素中,代码如下:

```
$('#result').load('ajax/test.html');
```

【例 10-2】　在网页中定义一个按钮,单击此按钮时,使用 load()方法从服务器获取 test.txt 文件的内容,并显示在一个 div 元素中。

按钮的定义代码如下:

```
<button id="b01" type="button">改变内容</button>
```

定义一个 div 元素,用来显示从服务器获取的 test.txt 文件的内容,定义代码如下:

```
<div id="myDiv"><h2>通过 AJAX 改变文本</h2></div>
```

单击按钮的代码如下:

```
<script type="text/javascript" src="/js/jquery.js"></script>
<script type="text/javascript">
$(document).ready(function(){
  $("#b01").click(function(){
  $('#myDiv').load('test.txt');
  });
});
</script>
```

要查看【例 10-2】的运行效果就需要搭建一个 Web 服务器,可以使用 IIS 或 Apache。搭建成功后将【例 10-2】的网页、jquery.js 和请求的 test.txt 复制到网站的根目录下,然后在浏览器中访问 Web 服务器的【例 10-2】网页。单击按钮的结果如图 10-2 所示。

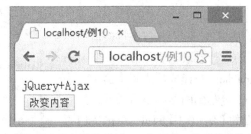

图 10-2　访问 Web 服务器的【例 10-2】网页,然后单击按钮的结果

在 IE 中，load()方法是从缓存中加载数据而不是向服务器加载数据。因此，在调用 load（）方法之前应该执行下面的代码，禁止 load（）方法调用 IE 缓存文件，代码如下：

```
$.ajaxSetup ({
cache: false
});
```

10.2.2　$.get()方法

使用$.get()方法可以通过 HTTP GET 请求从服务器加载数据，语法如下：

```
jQuery.get( url [, data ] [, success(data, textStatus, jqXHR) ] [, dataType ] )
```

参数说明如下。

- url：需要加载的资源的 url。
- data：可选参数，在提交请求时发送到服务器的数据对象或字符串。
- success(data, textStatus, jqXHR)：可选参数，请求成功后调用的回调函数。

【例 10-3】　在网页中定义一个按钮，单击此按钮时，使用$.get()方法从服务器获取 test.txt 文件的内容，并弹出对话框显示文件内容，代码如下：

```
<html>
<head>
<script type="text/javascript" src="/js/jquery.js"></script>
<script type="text/javascript">
$(document).ready(function(){
  $("button").click(function(){
  $.get("test.txt",
function(data){
  alert("Data Loaded: " + data);
  });
});
 });
 </script>
</head>
<body>
<button>获取</button>
</body>
</html>
```

同样，要查看【例 10-3】的运行效果就需要搭建一个 Web 服务器，可以使用 IIS 或 Apache。搭建成功后将【例 10-3】的网页、jquery.js 和请求的 test.txt 复制到网站的根目录下，然后在浏览器中访问 Web 服务器的【例 10-3】网页。

10.2.3　$.post()方法

使用$. post ()方法可以通过 HTTP POST 请求从服务器加载数据，语法如下：

```
jQuery.post( url [, data ] [, success(data, textStatus, jqXHR) ] [, dataType ] )
```

其参数与$.get()方法的参数相同，请参照 10.2.2 小节理解。

GET 是向服务器发索取数据的一种请求；而 POST 是向服务器提交数据的一种请求，要提交的数据位于信息头后面的实体中。因此，POST 请求的 url 通常是 ASP 或 PHP 等脚本，脚本可以接受 POST 请求，并返回数据。

【例 10-4】 在网页中定义一个按钮，单击此按钮时，使用$.post()方法从服务器获取 test.asp 文件的内容，并弹出对话框显示文件内容，代码如下：

```
<html>
<head>
<script type="text/javascript" src="/js/jquery.js"></script>
<script type="text/javascript">
$(document).ready(function(){
  $("button").click(function(){
  $.post("test.asp",
function(data){
  alert("Data Loaded: " + data);
  });
});
 });
 </script>
</head>
<body>
<button>获取</button>
</body>
</html>
```

这里假定 test.asp 的内容很简单，具体如下：

```
hello ajax
```

同样，要查看【例 10-4】的运行效果就需要搭建一个 Web 服务器，可以使用 IIS 或 Apache。搭建成功后将【例 10-4】的网页、jquery.js 和请求的 test.asp 复制到网站的根目录下，然后在浏览器中访问 Web 服务器的【例 10-4】网页。单击"获取"按钮，会弹出一个对话框，显示 test.asp 的内容。

10.2.4 $.getJSON()方法

使用$.getJSON()方法可以通过 HTTP GET 请求从服务器加载 JSON 编码格式的数据，语法如下：

```
jQuery.getJSON( url [, data ] [, success(data, textStatus, jqXHR) ] )
```

参数说明如下。

- url：需要加载的资源的 url。
- data：可选参数，在提交请求时发送到服务器的数据对象或字符串。
- success(data, textStatus, jqXHR)：可选参数，请求成功后调用的回调函数。

JSON(JavaScript Object Notation)是一种轻量级的数据交换格式。它采用完全独立于语言的文本格式，但是也使用了类似于 C 语言家族的习惯（包括 C，C++，C#，Java，JavaScript，Perl，Python 等）。这些特性使 JSON 成为理想的数据交换语言，易于人阅读和编写，同时也易于机器解析和生成。

【例 10-5】 使用 getJSON ()方法从服务器获取图片的实例，代码如下：

```
<!DOCTYPE html>
<html>
<head>
<style>img{ height: 100px; float: left; }</style>
<script src="http://code.jquery.com/jquery-1.9.1.js"></script>
</head>
<body>
```

```
<div id="images">
</div>
<script>
(function() {
var flickerAPI = "http://api.flickr.com/services/feeds/photos_public.gne?jsoncallback=?";
 $.getJSON( flickerAPI, {
 tags: "mount rainier",
 tagmode: "any",
 format: "json"
 })
 .done(function( data ) {
 $.each( data.items, function( i, item ) {
 $( "<img/>" ).attr( "src", item.media.m ).appendTo( "#images" );
if ( i === 3 ) {
return false;
 }
 });
 });
})();
</script>
</body>
</html>
```

程序从下面的 url 获取 JSON 编码格式的图片数据，并显示在一个 div 元素中，代码如下：

```
http://api.flickr.com/services/feeds/photos_public.gne?jsoncallback=?
```

使用下面的代码作为参数：

```
tags: "mount rainier",
 tagmode: "any",
 format: "json"
```

浏览【例 10-5】的界面，如图 10-3 所示。

图 10-3　浏览【例 10-5】的网页

10.2.5　$.ajax()方法

调用$.ajax ()方法可以执行异步 HTTP（Ajax）请求，语法如下：

```
jQuery.ajax( url [, settings ]
```

参数说明如下。

- url：需要发送异步 HTTP（Ajax）请求的 url。
- settings：用于配置 Ajax 请求的一组"键/值"对。

【例 10-6】　在网页中定义一个按钮,单击此按钮时,使用$.ajax()方法从服务器获取 js\jquery.js 文件的内容，并显示在一个 div 元素中。

按钮的定义代码如下：

```
<button id="b01" type="button">读取</button>
```

定义一个 div 元素，用来显示从服务器获取的 test.txt 文件的内容，定义代码如下：

```
<div id="myDiv"><h2>通过 AJAX 读取 js\jquery.js 的内容并显示在这</h2></div>
```

单击按钮的代码如下：

```
<script type="text/javascript" src="js/jquery.js"></script>
<script type="text/javascript">
$(document).ready(function(){
  $("#b01").click(function(){
  htmlobj=$.ajax({url:"js/jquery.js",async:false});
  $("#myDiv").html(htmlobj.responseText);
  });
});
</script>
```

要查看【例 10-6】的运行效果就需要搭建一个 Web 服务器，可以使用 IIS 或 Apache。搭建成功后将【例 10-6】的网页、jquery.js 复制到网站的 js 目录下，然后在浏览器中访问 Web 服务器的【例 10-6】网页。单击按钮的结果如图 10-4 所示。

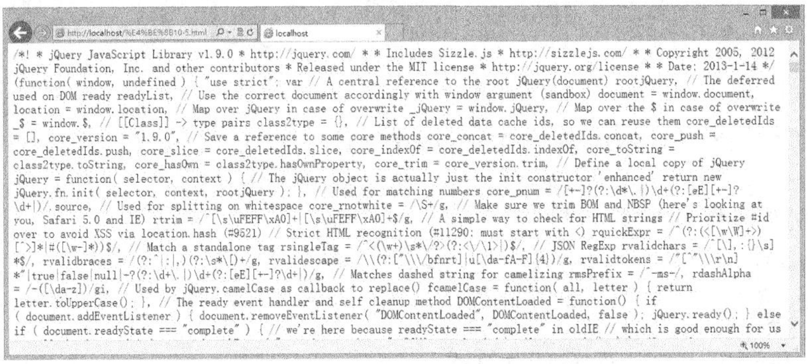

图 10-4　访问 Web 服务器的【例 10-6】网页，然后单击按钮的结果

10.2.6　利用 Ajax 提交表单

在$.ajax()方法中使用 FormData 对象可以模拟表单向服务器发送数据。

1. 创建 FormData 对象

可以使用两种方法创建 FormData 对象，一种是使用 new 关键字创建，方法如下：

```
var formData = new FormData();
```

另一种方法是调用表单对象的 getFormData()方法获取表单对象中的数据，方法如下：

```
var formElement = document.getElementById("myFormElement");
formData = formElement.getFormData();
```

2. 向 FormData 对象中添加数据

可以使用 append()方法向 FormData 对象中添加数据，语法如下：

```
formData.append(key, value);
```

FormData 对象中的数据是键值对格式的，参数 key 为数据的键，参数 value 是数据的值。例如：

```
formData.append('username', 'lee');
formData.append('num', 123);
```

3. 向服务器发送 FormData 对象

在$.ajax()方法中使用 FormData 对象可以模拟表单向服务器发送数据，代码如下：

```
var formdata=new FormData();
```

```
$.ajax({
    type:'POST',
    url:'/yourpath',
    data:formdata,
    /**
     *必须 false 才会自动加上正确的 Content-Type
     */
    contentType:false,
    /**
     * 必须 false 才会避开 jQuery 对 formdata 的默认处理
     * XMLHttpRequest 会对 formdata 进行正确的处理
     */
    processData:false
}).then(function(){
    //成功处理函数
},function(){
    //失败处理函数
});
```

4. 在服务器端接收和处理表单数据

在服务器端通常由 PHP、ASP 等脚本语言接收和处理表单数据。这个话题本不在本书讨论的范围内，但为了演示向服务器发送 FormData 对象的效果，这里以 PHP 为例介绍在服务器端接收和处理表单数据的方法。

表单提交数据的方式可以分为 GET 和 POST 两种。在 PHP 程序中，可以使用 HTTP GET 变量$_GET 读取使用 GET 方式提交的表单数据，具体方法如下：

```
参数值 = $_GET[参数名]
```

使用 HTTP POST 变量$_POST 读取使用 POST 方式提交的表单数据，具体方法如下：

```
参数值 = $_POST[参数名]
```

【例 10-7】　演示使用 FormData 对象向服务器发送数据的方法。

在网页中定义一个<span >标签，用来显示服务器的响应数据，定义代码如下：

```
<p><span id="A1"></span></p>
```

在网页中定义一个按钮，单击此按钮时，使用 FormData 对象向服务器发送姓名和年龄数据。按钮的定义代码如下：

```
<button>发送数据</button>
```

单击此按钮的代码如下：

```
<script type="text/javascript" src="jquery.js"></script>
<script type="text/javascript">
$(document).ready(function(){
  var formdata=new FormData();
  $("button").click(function(){
    formdata.append('name', 'lee');
    formdata.append('age', 38);
    $.ajax({
        type:'POST',
        url:"ShowInfo.php",
        data:formdata,
        /**
         *必须 false 才会自动加上正确的 Content-Type
         */
```

```
            contentType:false,
            /**
             * 必须 false 才会避开 jQuery 对 formdata 的默认处理
             * XMLHttpRequest 会对 formdata 进行正确的处理
             */
            processData:false
        }).then(function(){
            alert("ok");
        },function(){
            alert("Failed");
        });
        return false;
    });
});
</script>
```

程序首先创建一个 FormData 对象 formdata，然后向 formdata 对象中添加数据，并调用$.ajax ()方法将 FormData 对象发送至 Web 服务器。设置提交数据的方式为 POST，接收和处理数据的服务器端脚本为 ShowInfo.php。

服务器端脚本为 ShowInfo.php 的代码如下：

```
<meta http-equiv="Content-Type" content="text/html; charset=utf-8" />
<?PHP
        $file=@fopen("file.txt","a+");
        @fwrite($file,"username: " . $_POST['name'] . "; " . "age: " . $_POST['age']);
        @fclose($file);
?>
```

"<?PHP"标识 PHP 程序的开始，"?>"标识 PHP 程序的结束，在开始标记和结束标记之间的代码将被作为 PHP 程序执行。程序将接收到的数据保存在 file.txt 文件中。"."是 PHP 的字符串连接符。

PHP 作为 Web 应用程序的开发语言，通常选择 Apache 作为 Web 服务器应用程序。因为它们都是开放源代码和支持跨平台的产品，可以很方便地在 Windows 和 Unix（Linux）之间整体移植。本书不介绍 PHP 和 Apache 等软件的安装和配置情况，有兴趣的读者可以查阅相关资料了解。

将【例 10-7】的 HTML 文件和 ShowInfo.php 都上传至 Apache 网站的根目录，然后浏览【例 10-7】的 HTML 文件，单击"发送数据"按钮。如果看到"OK"对话框，表示已成功将 FormData 对象发送至 Web 服务器。确认在 Web 服务器的 Apache 网站的根目录看到 file.txt，其内容如下：

```
username: lee; age: 38
```

10.2.7　Ajax 的事件

jQuery 在进行 Ajax 请求时，可以触发一系列事件，如表 10-3 所示。

表 10-3　　　　　　　　　　　　　　　　　Ajax 事件

Ajax 事件	事件应用范围	具体说明
ajaxStart	全局事件	当开始一个 ajax 请求且没有其他 ajax 请求时触发
beforeSend	局部事件	ajax 请求开始前触发
ajaxSend	全局事件	发送 ajax 请求时触发
success	局部事件	只有 ajax 请求成功时才触发（服务器没有返回错误，数据也没有错误）

Ajax 事件	事件应用范围	具体说明
ajaxSuccess	全局事件	ajax 请求成功时触发
error	局部事件	ajax 请求发生错误时触发
ajaxError	全局事件	ajax 请求发生错误后触发
complete	局部事件	ajax 请求完成时触发
ajaxComplete	全局事件	ajax 请求完成时触发
ajaxStop	全局事件	当没有更多的 ajax 请求时触发

调用$.ajax()、$.get()、$.load()、$.getJSON()等方法时都会触发 Ajax 事件。成功的 ajax 请求事件流如图 10-5 所示。

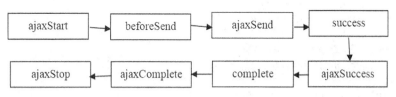

图 10-5　成功的 ajax 请求事件流

失败的 ajax 请求事件流如图 10-6 所示。

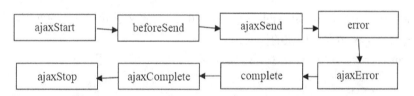

图 10-6　失败的 ajax 请求事件流

局部事件只能在$.ajax()、$.get()、$.load()、$.getJSON()等方法中处理，例如：

```
$.ajax({
  beforeSend: function(){
    // Handle the beforeSend event
  },
  complete: function(){
    // Handle the complete event
  }
  // ......
});
```

全局事件可以在 document 对象上触发，并使用 bind()方法绑定到处理函数，例如：

```
$(document).bind("ajaxSend", function(){
  $("#loading").show();
}).bind("ajaxComplete", function(){
  $("#loading").hide();
});
```

在调用$.ajax()方法时可以将 global 属性设置为 false，以禁用全局事件，方法如下：

```
$.ajax({
  url: "test.html",
  global: false,
```

```
    // ...
  });
```

【例 10-8】 演示 Ajax 事件流的实例。

定义两个按钮，分别用于发起成功和失败的 Ajax 请求，定义代码如下：

```
<p><input type="button" value="成功的 ajax 请求" id="getSuccessData" />  
 <input type="button" value="失败的 ajax 请求" id="getErrorData" /></p>
```

单击"成功的 ajax 请求"按钮的代码如下：

```
//成功获取数据
$("#getSuccessData").click(function(){
    $("#log").html("");
    $.ajax({
       type: "get",
       url: "data.xml",
       beforeSend : function(){
           logEvent("beforeSend");
       },
       success : function(data){
           logEvent("success");
       },
       complete : function(event){
          logEvent("complete");
       }
    });
})
```

程序调用$.ajax()方法获取 data.xml（该文件存在），并定义了局部事件的处理函数。

单击"失败的 ajax 请求"按钮的代码如下：

```
$("#getErrorData").click(function(){
    $("#log").html("");
    $.ajax({
       type: "get",
       url: "error.xml",
       beforeSend : function(){
           logEvent("beforeSend");
       },
       success : function(data){
            logEvent("success");
       },
       complete : function(){
            logEvent("complete");
       }
    });
 })
})
```

程序调用$.ajax()方法获取 error.xml（该文件不存在），并定义了局部事件的处理函数。

logEvent()函数用于将触发的 Ajax 事件的信息显示在 d="log"的 div 元素中，代码如下：

```
// 打印事件
function logEvent(event, xhr, settings, err) {
    var s = '事件名（event）: ';
    s += event.type && event.type+"（全局）" || event;
    //状态码
```

```
     if (xhr && xhr.readyState > 1) s += ';  状态码（statusCode）: ' + xhr.status;
     //数据源路径
     if (settings) s += ';  数据源路径（url）: ' + settings.url;
     //错误信息
     if (err) s += ';  错误（error）: ' + err;
     // 向面板添加新的消息
     $('#log').append('<div>'+s+'</div>');
}
```

处理全局事件的代码如下：

```
<script type="text/javascript" src="js/jquery.js"></script>
<script type="text/javascript">$(function(){
     // 绑定 ajax 全局事件
     $(document).ajaxStart(onStart)
              .ajaxStop(onStop)
              .ajaxSend(onSend)
              .ajaxComplete(onComplete)
              .ajaxSuccess(onSuccess)
              .ajaxError(onError);

     function onStart(event) {
          logEvent(event);
     }
     function onStop(event) {
          logEvent(event);
     }
     function onSend(event, xhr, settings) {
          logEvent(event, xhr, settings);
     }
     function onComplete(event, xhr, settings) {
          logEvent(event, xhr, settings);
     }
     function onSuccess(event, xhr, settings) {
          logEvent(event, xhr, settings);
     }
     function onError(event, xhr, settings, err) {
          logEvent(event, xhr, settings, err);
     }
......
})
```

本实例代码保存在源代码的 10\例 10-7\jqueryAjax 目录下。将 jqueryAjax 目录复制到网站根目录，然后访问网站 jqueryAjax/index.html。单击"成功的 ajax 请求"按钮的事件流如图 10-7 所示。

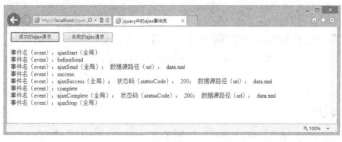

图 10-7 单击"成功的 ajax 请求"按钮的事件流

单击"失败的 ajax 请求"按钮的事件流如图 10-8 所示。

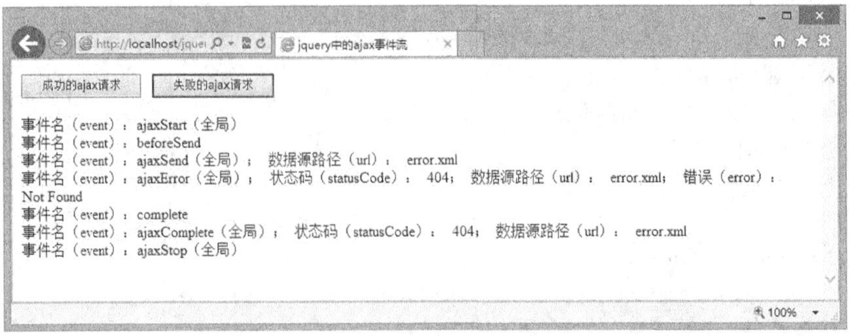

图 10-8　单击"成功的 ajax 请求"按钮的事件流

10.3　应用实例——使用 Ajax 实现登录页面

本节介绍的实例是一个简单的登录页面，通过 Ajax 编程提交登录数据（用户名和密码）到服务器端的处理脚本，并把处理脚本返回的数据显示在页面中，如图 10-9 所示。

图 10-9　使用 Ajax 实现登录页面的界面

定义表单的代码如下：

```
<form id="formtest" action="" method="post">
<p><span>输入姓名:</span><input type="text" name="username" id="username" /></p>
<p><span>输入密码:</span><input type="password" name="password" id="password" /></p>
</form>
```

定义一个用于显示处理脚本返回数据的 div 元素，代码如下：

```
<div id="result" style="background:orange;border:1px solid red;width:300px;height:200px;"></div>
```

本例页面中定义了 3 个按钮，分别用于调用$.ajax()方法、$.get()方法和$.post()方法向服务器端提交 Ajax 请求，代码如下：

```
<button id="button_login">ajax 提交</button>
<button id="test_post">post 提交</button>
```

```
<button id="test_get">get 提交</button>
```

单击"ajax 提交"按钮的代码如下：

```
$(document).ready(function(){
$("#button_login").click(function(){
login(); //单击 ID 为"button_login"的按钮后触发函数 login();
});
});
function login(){ //函数 login();
var username = $("#username").val();//取框中的用户名
var password = $("#password").val();//取框中的密码
$.ajax({ //调用 Ajax 方法
type: "post", //以 post 方式与后台沟通
url : "login.php", //与此 php 页面沟通
dataType:'json',//从 php 返回的值以 JSON 方式 解释
data: 'username='+username+'&password='+password, //发给 php 的数据有两项，分别是上面传来
的用户名和密码
success: function(json){//如果调用 php 成功
$('#result').html("姓名:" + json.username + "<br/>密码:" + json.password); //把 php 中
的返回值显示在预定义的 result 定位符位置
}
});
}
```

程序调用$.ajax()方法向服务器端提交 Ajax 请求，处理脚本为 login.php。请参照注释理解。

单击"post 提交"按钮的代码如下：

```
$('#test_post').click(function () {
$.post(
'login.php',
{
username:$('#username').val(),
password:$('#password').val()
},
function (data) //回传函数
{
var myjson='';
eval('myjson=' + data + ';'); //解析返回的 json 字符串
$('#result').html("姓名 1:" + myjson.username + "<br/>密码 1:" + myjson.password); //
显示服务器返回的数据
}
);
```

程序调用$. post ()方法向服务器端提交 Ajax 请求，处理脚本为 login.php。请参照注释理解。

单击"get 提交"按钮的代码如下：

```
$('#test_get').click(function ()
{
$.get(
'login.php',
{
username:$('#username').val(),
password:$('#password').val()
},
```

```
function(data)  //回传函数
{
var myjson='';
eval("myjson=" + data + ";");    //解析返回的json字符串
$('#result').html("姓名2:" + myjson.username + "<br/>密码2:" + myjson.password);  //
显示服务器返回的数据
}
);
});
```

程序调用$. get ()方法向服务器端提交 Ajax 请求，处理脚本为 login.php。请参照注释理解。

处理脚本为 login.php 的代码如下：

```
<?php
echo                                                          json_encode(array
('username'=>$_REQUEST['username'],'password'=>$_REQUEST['password']));
?>
```

"<?PHP" 标识 PHP 程序的开始，"?>" 标识 PHP 程序的结束。在开始标记和结束标记之间的代码将被作为 PHP 程序执行。$_REQUEST 用于接收表单中的数据。

echo 是一条 PHP 语句，用于在网页中输出指定的内容。

练 习 题

1. 单项选择题

（1）在微软的 IE 浏览器中使用（   ）方法创建 XMLHttpRequest 对象。

    A. xmlhttp=new ActiveXObject("Microsoft.XMLHTTP");

    B. xmlhttp=new XMLHttpRequest();

    C. A 和 B 都可以

    D. A 和 B 都不可以

（2）在 XMLHttpRequest 对象发送 HTTP 请求之前，需要调用（   ）方法初始化 HTTP 请求的参数。

    A. req ()   B. open()

    C. $.post()   D. http()

（3）调用（   ）方法可以动态地从服务器加载数据，并填充调用它的 HTML 元素的内容。

    A. $.get()   B. $.post()

    C. MakeDatabase()   D. load()

（4）在$.ajax()方法中使用（   ）对象可以模拟表单向服务器发送数据。

    A. FormData   B. AjaxData

    C. FormData   D. Form

（5）发起 Ajax 请求最先触发的事件为（   ）。

    A. beforeSend   B. ajaxSend

    C. ajaxStart   D. success

2. 填空题

（1）在 Ajax 中，可以使用_____对象与服务器进行通信。

（2）使用＿＿＿＿＿＿＿方法可以通过 HTTP GET 请求从服务器加载 JSON 编码格式的数据。

（3）XMLHttpRequest 的＿＿＿＿＿＿＿属性用于描述 HTTP 状态代码。

3.　简答题

（1）试述使用 XMLHttpRequest 对象可以实现的功能。

（2）试述 JSON 的基本概念。

（3）调用 $.ajax ()方法可以执行异步 HTTP（Ajax）请求，语法如下：

```
jQuery.ajax( url [, settings ]
```

试述参数的含义。

（4）试述成功的 ajax 请求的事件流。

（5）试述失败的 ajax 请求的事件流。

第 11 章
jQuery 与 HTML5

HTML5 是最新的 HTML 标准，之前的版本 HTML4.01 于 1999 年发布。10 多年过去了，互联网已经发生了翻天覆地地变化，原有的标准已经不能满足各种 Web 应用程序的需求。目前 HTML5 的标准草案已进入了 W3C 制定标准五大程序的第 1 步，预期要到 2022 年才会成为 W3C 推荐标准，因此 HTML5 无疑会成为未来 10 年最热门的互联网技术。jQuery 可以很好地支持 HTML5 的新特性，从而使设计出的网页更加美观、新颖、有个性。

11.1 HTML5 基础

首先概要地介绍一下 HTML 的基础知识和 HTML5 的新特性。

11.1.1 什么是 HTML

HTML 是 HyperText Markup Language（即超文本标记语言）的缩写，它是通过嵌入代码或标记来表明文本格式的国际标准。用它编写的文件扩展名是.html 或.htm，这种网页文件的内容通常是静态的。

HTML 语言中包含很多 HTML 标记（标签），它们可以被 Web 浏览器解释，从而决定网页的结构和显示的内容。这些标记通常成对出现，例如<HTML>和</HTML>就是常用的标签对，用于表示 HTML 文档的开始和结束。标签的语法格式如下：

<标签名> 数据 </标签名>

HTML 文档可以分为两部分，即文件头与文件体。文件头中可以定义文档标题和文档应用的显示（CSS）样式，并建立 HTML 文档与文件目录间的关系；文件体部分是 Web 页的实质内容。它是 HTML 文档中最主要的部分，其中定义了 Web 页的显示内容和效果。

基本的 HTML 结构标签如表 11-1 所示。

表 11-1　　　　　　　　　　　基本的 HTML 结构标记

标　　签	具体描述
<HTML>…</HTML>	标记 HTML 文档的开始和结束
<HEAD>…</HEAD>	标记文件头的开始和结束。HTML 文档的头部中可以包含脚本、CSS 样式表和网页标题等信息。这里指的脚本通常是 Java Script 脚本，具体情况已在第 2 章介绍；关于 CSS 样式表的具体情况已在第 8 章介绍

续表

标　　签	具体描述
\<TITLE>...\</TITLE>	标记文件头中的文档标题
\<BODY>...\</BODY>	标记文件体部分的开始和结束
\<!--...-->	标记文档中的注释部分

【例 11-1】　一个使用基本结构标记文档的 HTML 文档实例。

```
<HTML>
  <HEAD>
    <TITLE> HTML 文件标题</TITLE>
  </HEAD>
  <BODY>
    <!-- HTML 文件内容 -->
  </BODY>
</HTML>
```

这些标记只用于定义网页的基本结构，并没有定义网页要显示的内容。因此，在浏览器中查看此网页时，除了网页的标题外，其他部分与空白网页没有什么区别。

可以在\<BODY>标签中通过 background 属性设置网页的背景图片，例如：

```
<BODY background="01.jpg">
```

可以在\<BODY>标签中通过 backcolor 属性设置网页的背景色，例如：

```
<BODY bgcolor="#0000FF">
```

在 HTML 中，可以使用 RGB 格式的 16 进制字符串表示颜色，格式为#RRGGBB。其中，RR 表示红色集合，GG 表示绿色集合，BB 表示蓝色集合。例如#FF0000 表示红色，#00FF00 表示绿色，#0000FF 表示蓝色，#FFFFFF 表示白色，#000000 表示黑色。

11.1.2　HTML5 的新特性

HTML5 在语法上与 HTML4 是兼容的，同时也增加了很多新特性，因此使用 HTML5 设计网页更加方便、简单和美观。

1. 简化的文档类型和字符集

\<!DOCTYPE> 声明位于 HTML 文档中的最前面的位置，它位于 \<html> 标签之前。该标签告知浏览器文档所使用的 HTML 或 XHTML 规范。

在 HTML4 中，\<!DOCTYPE>标签可以声明三种 DTD 类型，分别表示严格版本（Strict）、过渡版本（Transitional）和基于框架（Frameset）的 HTML 文档。

【例 11-2】　HTML4 使用\<!DOCTYPE>标签的例子。

```
<!DOCTYPE html
PUBLIC "-//W3C//DTD XHTML 1.0 Strict//EN"
"http://www.w3.org/TR/xhtml1/DTD/xhtml1-strict.dtd">
```

在上面的声明中，声明了文档的根元素是 html，具体情况在公共标识符为"-//W3C//DTD XHTML 1.0 Strict//EN"的 DTD 中进行了定义。浏览器将明白如何寻找匹配此公共标识符的 DTD。如果找不到，浏览器将使用公共标识符后面的 URL 作为寻找 DTD 的位置。

对于初学者而言，前面的内容也许有些复杂，不好理解。不过，好在 HTML5 对\<!DOCTYPE>标签进行了简化，只支持 HTML 一种文档类型。定义代码如下

```
<!DOCTYPE HTML>
```

之所以这么简单，是因为 HTML5 不再是 SGML（Standard Generalized Markup Language，标准通用标记语言，是一种定义电子文档结构和描述其内容的国际标准语言，是所有电子文档标记语言的起源）的一部分，而是独立的标记语言。这样设计 HTML 文档时就不需要考虑文档类型了。

HTML4 的字符集包括 ASCII、ISO-8859-1、Unicode 等很多类型。HTML5 的字符集也得到了简化，只需要使用 UTF-8 即可，使用一个 meta 标签就可以指定 HTML5 的字符集，代码如下：

```
<meta charset="UTF-8">
```

2. HTML5 的新结构

HTML5 的设计者们认为网页应该像 XML 文档和图书一样有结构。通常，网页中有导航、网页体内容、工具栏、页眉和页脚等结构。HTML5 中增加了一些新的 HTML 标签以实现这些网页结构，这些新标记及其定义的网页布局如图 11-1 所示。

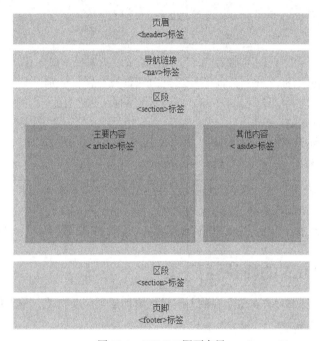

图 11-1　HTML5 网页布局

HTML5 定义网页布局的标签如表 11-2 所示。

表 11-2　　　　　　　　　　　　　　　基本的 HTML 结构标签

标　　签	具体描述
<section>	用于定义文档中的区段，例如章节、页眉、页脚或文档中的其他部分
<header>	用于定义文档的页眉（介绍信息）
<footer>	用于定义区段（section）或文档的页脚。通常，该元素包含作者的姓名、文档的创作日期或者联系方式等信息
<nav>	用于定义导航链接
<article>	用于定义文章或网页中的主要内容
<aside>	用于定义主要内容之外的其他内容
<figure>	用于定义独立的流内容（图像、图表、照片、代码等）

3．HTML5 的新增内联元素

HTML5 新增了几个内联元素（inline element），如表 11-3 所示。内联元素一般都是基于语义级的基本元素。内联元素只能容纳文本或者其他内联元素。

表 11-3 　　　　　　　　　　　　　　　　　HTML5 新增的内联元素

标　签	具体描述
<mark>	用于定义带有记号的文本
<time>	用于定义公历的时间（24 小时制）或日期，时间和时区
<meter>	用于定义度量衡，仅用于已知最大和最小值的度量。浏览器会使用图形方式表现< meter >标签。例如，在 Google Chrome 中< meter >标签的表现如图 11-2 所示
<progress>	用于定义一个进度条。例如，在 Google Chrome 中< progress >标签的表现如图 11-3 所示

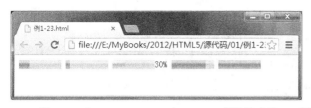 

图 11-2　在 Google Chrome 中< meter >标签的表现　　图 11-3　在 Google Chrome 中< progress >标签的表现

4．全新的表单设计

HTML5 支持 HTML4 中定义的所有标准输入控件，而且新增了下面的新输入控件，从而使 HTML5 实现了全新的表单设计。

5．强大的绘图和多媒体功能

HTML4 几乎没有绘图的功能，通常只能显示已有的图片；而 HTML5 则集成了强大的绘图功能。在 HTML5 中可以通过下面的方法进行绘图。

- 使用 Canvas API 动态地绘制各种效果精美的图形。
- 绘制可伸缩矢量图形（SVG）。

借助 HTML5 的绘图功能，既可以美化网页界面，也可以实现专业人士的绘图需求。

HTML4 在播放音频和视频时都需要借用 flash 等第 3 方插件。而 HTML5 新增了<audio>和<video>元素，可以不依赖任何插件播放音频和视频，以后用户就不需要安装和升级 flash 插件了。

6．打造桌面应用的一系列新功能

在传统的 Web 应用程序中，数据存储和数据处理都由服务器端脚本（例如 ASP、ASP.NET 和 PHP 等）完成，客户端的 HTML 语言只负责显示数据，几乎没有处理能力。

因此，使用 HTML4 打造桌面应用是不可能的。而 HTML5 新增了一系列数据存储和数据处理的新功能，大大增强了客户端的处理能力，这足以颠覆传统 Web 应用程序的设计和工作模式。甚至使用 HTML5 打造桌面应用也不再是天方夜谭。

HTML5 新增的与数据存储和数据处理相关的新功能如下。

（1）Web 通信：在 HTML4 中，出于安全考虑，一般不允许一个浏览器的不同框架、不同标签页、不同窗口之间的应用程序互相通信，以防止恶意攻击。如果要实现跨域通信只能通过 Web 服务器作为中介，但在桌面应用中经常需要进行跨域通信，HTML5 提供了这种跨域通信的消息机制。

（2）本地存储：HTML4 的存储能力很弱，只能使用 Cookie 存储很少量的数据，比如用户名和密码。HTML5 扩充了文件存储的能力，可以存储多达 5MB 的数据，而且还支持 WebSQL 和 IndexedDB 等轻量级数据库，大大增强了数据存储和数据检索能力。

（3）离线应用：传统 Web 应用程序对 Web 服务器的依赖程度非常高，离开 Web 服务器几乎什么都做不了。而使用 HTML5 可以开发支持离线的 Web 应用程序，在连接不上 Web 服务器时，可以切换到离线模式；等到可以连接 Web 服务器时，再进行数据同步，把离线模式下完成的工作提交到 Web 服务器。

7. 获取地理位置信息

越来越多的 Web 应用需要获取地理位置信息，例如在显示地图时标注自己的当前位置。在 HTML4 中，获取用户的地理位置信息需要借助第 3 方地址数据库或专业的开发包（例如，Google Gears API）。HTML5 新增了 Geolocation API 规范，可以通过浏览器获取用户的地理位置，这无疑给有相关需求的用户提供了很大的方便。

8. 支持多线程

提到多线程，大多数人都会想到 Visual C++、Visual C#和 Java 等高级语言。传统的 Web 应用程序都是单线程的，完成一件事后才能做其他事情，因此效率不高。

11.1.3　浏览器对 HTML5 的支持

尽管 HTML5 还只是草案，但它已经引起了业内的广泛重视，对 HTML5 的支持程度已经是衡量一个浏览器的重要指标。

目前绝大多数主流浏览器都支持 HTML5，只是支持的程度不同。访问下面的网址就可以测试当前浏览器对 HTML5 的支持程度，例如使用 Google Chrome 26.0 进行测试得分为 468（满分为 500），如图 11-4 所示。

```
http://html5test.com/
```

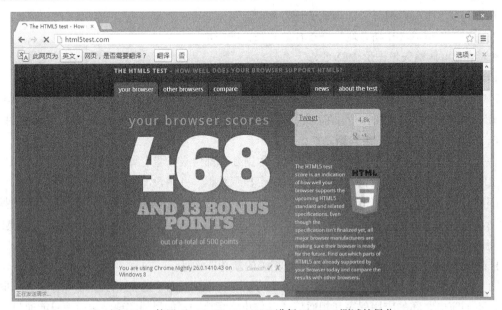

图 11-4　使用 Google Chrome 26.0 进行 HTML5 测试的得分

笔者使用目前国外厂商的主流浏览器进行测试的结果，如表 11-4 所示。

表 11-4   国外厂商的主流浏览器对 HTML5 支持程度的测试结果

浏 览 器	版 本	得 分
Google Chrome	26.0.1410.43	468
Opera	12.14	404
Firefox	19.0.2	393
Internet Explorer	10.0	320
苹果浏览器 Safari for Windows	5.1.7	278

可以看到，目前对 HTML5 支持最好的国外厂商主流浏览器是 Google Chrome。

本书后面的实例大多使用 Google Chrome 浏览器测试和演示效果。

笔者也对目前国内厂商的主流浏览器进行了测试，结果如表 11-5 所示。

表 11-5   国内厂商的主流浏览器对 HTML5 支持程度的测试结果

浏 览 器	版 本	得 分
360 极速浏览器	7.0.0.610	450
360 安全浏览器	6.1.290	450
傲游浏览器	4.0.5.2000（测试时显示为 I Maxthon 4.0）	464
猎豹浏览器	3.2.16.4033（测试时显示为 Chrome 21）	446
搜狗高速浏览器	4.1.1.7492	436
QQ 浏览器	7.2	319
百度浏览器	4.1	141

相信所有的主流浏览器厂商都会越来越重视 HTML5，这个测试的结果也是动态变化的。读者在阅读本书时也可以亲自做一下测试。

11.2 jQuery HTML5 实用编程

本节介绍在 jQuery 程序中调用 HTML5 API 的使用编程技术。使读者在学习 jQuery 编程技术的同时，也可以直观地领略 HTML5 的特色。

11.2.1 支持进度显示的文件上传

在 HTML5 中实现文件上传需要使用到下面 2 项技术。

（1）HTML5 File API。

（2）使用 XMLHttpRequest 对象向服务器传送数据。关于 XMLHttpRequest 对象对象的具体情况已经在 10.1 节做了介绍，请参照理解。

1．HTML5 File API

HTML5 提供了一组 File API，用于对文件进行操作，使程序员可以对选择文件的表单控件进行编程，更好地通过程序对访问文件和文件上传等功能进行控制。在 HTML5 File API 中定义了一组对象，包括 FileList 对象、File 对象、Blob 对象、FileReader 对象等。本节会使用到 FileList 对象和 File 对象。FileList 对象代表着由本地系统里选中的由单个文件组成的数组，用于获取 file 类型的 input 元素所选择的文件。FileList 数组的元素是一个 File 对象，File 对象的主要属性如下。

- name：返回文件名，不包含路径信息。
- lastModifiedDate：返回文件的最后修改日期。
- size：返回 File 对象的大小，单位是字节。
- type：返回 File 对象媒体类型的字符串。

在 JavaScript 中，可以使用下面的方法获取 file 类型的 input 元素的 FileList 数组。

```
document.getElementById('file类型的input元素id').files
```

获取 FileList 数组中的 File 对象的方法如下：

```
document.getElementById('file类型的input元素id').files[index]
```

2. 向服务器发送 FormData 对象

使用 XMLHttpRequest 对象的 send()方法可以向服务器发送 FormData 对象，语法如下：

```
xmlhttp.send(formData);
```

关于 FormData 对象的基本情况已经在 10.2.5 小节介绍了。

在发送 FormData 对象之前，也需要调用 open()方法设置提交数据的方式以及接收和处理数据的服务器端脚本，例如：

```
xmlhttp.open('POST', "upfile.php");
```

【例 11-3】 实现支持进度显示的文件上传的例子。

在上传文件的网页中，用于上传文件的表单 form1 的定义如下：

```
<form id="form1" enctype="multipart/form-data" >
<h1 align="center">上传文件的演示实例</h1>
<p align="center">选择上传的文件</p>
<table width="80%" border="0" align=center>
<tr><td align ="center"> <input type="file" name="fileToUpload" id="fileToUpload"
multiple="multiple" onchange="fileSelected();" /></td></tr>
    <tr><td  align=center><input  type="button"  id="btnupload"  onclick="uploadFile()"
value="上传文件"/></td></tr>
    <tr><td align=center>

        <div id="fileName">
         </div>
         <div id="fileSize">
          </div>
         <div id="fileType">
          </div>
      <progress id="progress" value="0" max="100"></progress>
      <div id="divprogress">
         </div>
</td></tr>
</table>
</form>
```

表单的 enctype 属性被设置为"multipart/form-data"，这是使用表单上传文件的固定编码格式。表单中包含的元素如表 11-6 所示。

表 11-6 　　　　　　　　　　　　　　【例 11-3】的表单中包含的元素

元素类型	元素名称	具体说明
type="file"的 input 元素	fileToUpload	用于选择上传文件

续表

元素类型	元素名称	具体说明
type="button"的 input 元素	Btnupload	上传文件的按钮
div	fileName	用于显示上传文件名
div	fileSize	用于显示上传文件的大小
div	fileType	用于显示上传文件的类型
div	divprogress	用于显示上传文件的进度百分比
progress	progress	用于显示上传文件的进度条

在 jQuery 程序中，定义元素 fileToUpload 的 change 事件的处理函数，代码如下：

```
<script type="text/javascript" src="jquery.js"></script>
<script type="text/javascript">
 $(document).ready(function(){
  $("#fileToUpload").change(function() {
  var file = document.getElementById('fileToUpload').files[0];
  if (file) {
    var fileSize = 0;
    if (file.size > 1024 * 1024)
      fileSize = (Math.round(file.size * 100 / (1024 * 1024)) / 100).toString() + 'MB';
    else
      fileSize = (Math.round(file.size * 100 / 1024) / 100).toString() + 'KB';
    $("#fileName").html("文件名: " + file.name);
    $("#fileSize").html("文件大小: " + fileSize);
    $("#fileType").html("文件类型: " + file.type);
   }
  });
});
</script>
```

当用户选择文件时，将选择文件的文件名、文件大小和文件类型显示在对应的 div 元素中。
定义上传文件按钮的 click 事件处理函数，代码如下：

```
<script type="text/javascript" src="jquery.js"></script>
<script type="text/javascript">
 $(document).ready(function(){  $("#btnupload").click(function() {
    var fd = new FormData();
  fd.append("fileToUpload", document.getElementById('fileToUpload').files[0]);
  var xhr;
  if(window.XMLHttpRequest){
    xhr = new XMLHttpRequest();
  }else if(window.ActiveXObject){
    xhr = new ActiveXObject("Microsoft.XMLHTTP");
  }
  xhr.upload.addEventListener("progress", function(evt){
  if (evt.lengthComputable) {
    var percentComplete = Math.round(evt.loaded * 100 / evt.total);
    document.getElementById('divprogress').innerHTML = percentComplete.toString() + '%';
    document.getElementById('progress').value = percentComplete;
   }
  }, false);
  xhr.addEventListener("load", function(evt){
    document.write(evt.target.responseText);
```

```
    }, false);
    xhr.addEventListener("error", function(evt) {
      alert("上传过程中出现错误。");
    }, false);
    xhr.addEventListener("abort", function(evt) {
      alert("上传过程被取消。");
    }, false);
    xhr.open("POST", "upfile.php");
    xhr.send(fd);
  });
});
</script>
```

程序定义了一个 FormData 对象 fd 用于上传文件，传输数据由 XMLHttpRequest 对象 xhr 完成。程序为 XMLHttpRequest 对象 xhr 指定了与传送数据相关的事件处理函数，还指定了处理上传文件的服务器端脚本为 upfile.php。

程序对 XMLHttpRequest 对象的与传送数据相关的事件进行了处理，对象的描述如表 11-7 所示。

表 11-7　　　　　　　　　　XMLHttpRequest 对象的与传送数据相关的事件

事　　件	具体说明
progress	在传送数据的过程中会定期触发，用于返回传送数据的进度信息。在 progress 事件的处理函数中可以使用该事件的属性计算并显示传送数据的百分比。progress 事件的属性如下。 • lengthComputable：布尔值，表明是否可以计算传送数据的长度。如果 lengthComputable 等于 True，则可以计算传送数据的百分比；否则，就不用计算了。 • loaded：已经传送的数据量。 • total：需要传送的总数据量
load	传送数据成功完成
abort	传送数据被中断
error	传送过程中出现错误
loadstart	开始传送数据

在服务器端如何处理上传文件并不是本书要介绍的内容，因为这不是 jQuery 的任务，而是由服务器端脚本程序完成。不同的服务器端脚本语言处理上传文件的方法也不尽相同。为了保证实例的完整性，下面以 PHP 为例，介绍服务器端是如何处理上传文件的。

接收上传文件的工作一般由 Web 应用服务器完成，与 PHP 配合的 Web 应用服务器通常会选择 Apache，Apache 自动接收上传的文件，并将其保存在系统临时目录下（例如 C:\Windows\Temp），然后执行表单提交的处理脚本（PHP 文件）。在处理脚本中，可以使用全局变量$_FILES 来获取上传文件的信息。$FILES 是一个数组，它可以保存所有上传文件的信息。如果上传文件的文本框名称为 "fileToUpload"，则可以使用 $_FILES['fileToUpload'] 来访问此上传文件的信息。$_FILES['fileToUpload'] 也是一个数组，数组元素是上传文件的各种属性，具体说明如下。

• $_FILES['fileToUpload']['Name']：客户端上传文件的名称。

• $_FILES['fileToUpload']['type']：文件的 MIME 类型，需要浏览器提供对此类型的支持，例如 image\gif 等。

• $_FILES['fileToUpload']['size']：已上传文件的大小，单位是字节。

• $_FILES['fileToUpload']['tmp_name']：文件被上传后，在服务器端保存的临时文件名。

• $_FILES['fileToUpload']['error']：上传文件过程中出现的错误号，错误号是一个整数。

本例中处理上传文件的服务器端脚本 upfile.php 的代码如下：

```php
<?PHP
// 检查上传文件的目录
$upload_dir = getcwd() . "\\upload\\";
$newfile = $upload_dir . $_FILES['fileToUpload']['name'];
// 如果目录不存在，则创建
if(!is_dir($upload_dir))
    mkdir($upload_dir);
if(file_exists($_FILES['fileToUpload']['tmp_name'])) {
    move_uploaded_file($_FILES['fileToUpload']['tmp_name'], $newfile);
}
else
{
    echo("Failed...");
}
echo("newfile:" . $newfile . "<BR>");
echo("filename1:" .   $_FILES['fileToUpload']['name'] . "<BR>");
echo("filetype:" . $_FILES['fileToUpload']['type'] . "<BR>");
echo("filesize:" . $_FILES['fileToUpload']['size'] . "<BR>");
echo("tempfile:" . $_FILES['fileToUpload']['tmp_name'] . "<BR>");
?>
```

本实例指定保存上传文件的目录为 upload。getcwd()函数用于返回当前工作目录。程序使用 is_dir()函数判断保存上传文件的目录 upload 是否存在，如果不存在则使用 mkdir()创建之。

接下来，程序调用 file_exists()函数判断$_FILES['file1']['tmp_name']中保存的临时文件是否存在，如果存在则表示服务器已经成功接收到了上传的文件，并保存在临时目录下。然后调用 move_uploaded_file()函数将上传文件移动至\images 目录下。

file_exists()函数的语法如下：

```
bool file_exists( string $filename )
```

如果由 filename 指定的文件或目录存在则返回 True，否则返回 False。

move_uploaded_file()函数的语法如下：

```
bool move_uploaded_file( string $filename, string $destination )
```

函数检查并确保由 filename 指定的文件是合法的上传文件（即通过 PHP 的 HTTP POST 上传机制所上传的）。如果文件合法，则将其移动为由 destination 指定的文件。

如果 filename 不是合法的上传文件，不会出现任何操作，move_uploaded_file()将返回 False。

如果 filename 是合法的上传文件，但出于某些原因无法移动，不会出现任何操作，move_uploaded_file()将返回 False。

如果文件移动成功，则返回 True。

将 upload.html、upfile.php 和 jquery.js 上传至 Web 服务器上的 Apache 网站根目录下。然后在浏览器中访问 upload.html，选择要上传的文件，然后单击"上传文件"按钮，开始上传文件。上传文件的界面如图 11-5 所示。

上传成功后，请到 Web 服务器上的 Apache 网站根目录下 upload 目录下确认上传文件已经存在。

　　　　如果客户端和 Web 服务器之间的网速很快，则很难看到进度信息。为了体验上传过程中显示进度信息的情况，可以上传一个相对大的文件。但是使用 PHP 上传较大的文件时，则需要修改配置文件 php.ini。否则，在 upload 目录下可能找不到上传的文件。修改配置文件 php.ini 的具体方法请查阅相关资料，这里就不详细介绍了。

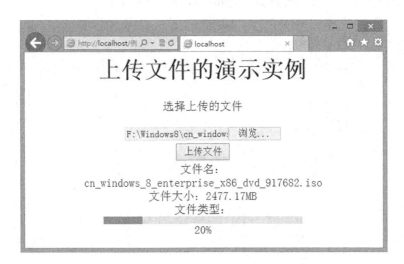

图 11-5　上传文件的界面

11.2.2　jQuery+HTMl5 localStorage 编程

localStorage 是 HTML5 新增的本地存储技术，它类似于 Cookie，用于持久化的本地存储。但 localStorage 没有有效期，除非主动删除数据，否则数据是永远不会过期的。localStorage 的存储能力也远大于 Cookie，可以存储多达 5MB 的数据。

首先了解一下 Cookie 的工作原理。localStorage 的工作原理与此类似，只是具有更强的存储能力。Cookie（小甜饼）有时也使用其复数形式 Cookies，指存储在用户本地上的少量数据，最经典的 Cookie 应用就是用来记录登录用户名和密码。这样下次访问时就不需要输入自己的用户名和密码了。

也有一些高级的 Cookie 应用，例如在网上商城查阅商品时，该商城应用程序就可以记录用户感兴趣的内容和浏览记录的 Cookies。在下次访问时，网站根据情况对显示的内容进行调整，将用户所感兴趣的内容放在前列。

每个 Web 站点都可以在用户的机器上存放 Cookie，并可以在需要时重新获取 Cookie 数据。通常 Web 站点都有一个 Cookie 文件。Cookie 的工作原理如图 11-6 所示。

用户每次访问站点 A 之前都会查找站点 A 的 Cookie 文件，如果存在则从中读取用户名和密码的"键值"对数据。如果找到用户名和密码的键值对数据，则将其与访问请求一起发送到站点 A。站点 A 在收到访问请求时如果也收到了用户名和密码的键值对数据，则使用用户名和密码数据登录，这样用户就不需要输入用户名和密码了。如果没有收到了用户名和密码的键值对数据，则说明该用户之前没有成功登录过，此时站点 A 返回登录页面给用户。

在 JavaScript 中可以使用 window.localStorage 属性检测浏览器对 localStorage 的支持情况。如果 window.localStorage 等于 True，则表明当前浏览器支持 localStorage；否则表明不支持。

1. LocalStorage 使用方法

（1）使用 localStorage 保存数据

localStorage 使用键值对保存数据，可以使用 setItem()方法设置 localstorage 数据，语法如下：

```
localStorage.setItem(<键名>, <值>)
```

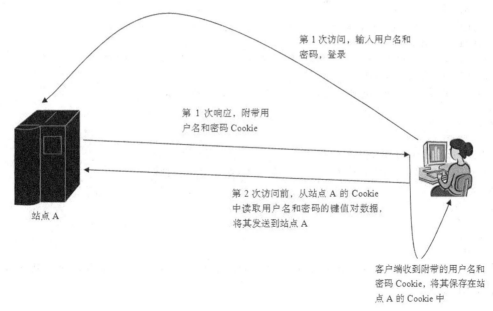

第 1 次访问，输入用户名和
密码，登录

第 1 次响应，附带用
户名和密码 Cookie

第 2 次访问前，从站点 A 的 Cookie
中读取用户名和密码的键值对数据，
将其发送到站点 A

客户端收到附带的用户名和
密码 Cookie，将其保存在站
点 A 的 Cookie 中

站点 A

图 11-6　Cookie 的工作原理

也可以通过 localStorage.<键名>和 localStorage[<键名>]的形式访问 localStorage 数据。例如，下面 3 条语句都可以在 localstorage 中存储键名为"key"、值为"value"的数据：

```
localStorage.setItem("key", "value");
localStorage.key = "value";
localStorage["key"] = "value";
```

（2）获取 localStorage 中的数据

可以使用 getItem()方法获取 localStorage 数据，语法如下：

```
<值> = localStorage.getItem(<键名>);
```

也可以通过 localStorage.<键名>和 localStorage[<键名>]的形式访问 localStorage 数据。例如，下面 3 条语句都可以获取 localStorage 中存储的键名为"key"的数据值到变量 value 中：

```
var value = localStorage.getItem("key");
var value = localStorage.key;
var value = localStorage["key"];
```

（3）删除 localStorage 中的数据

调用 localStorage.removeItem()方法可以删除 localStorage 中指定键的项，语法如下：

```
localStorage.removeItem(key)
```

key 为要删除的指定键。

如果要删除 localStorage 中所有的数据，则可以调用 localStorage.clear()方法。

【例 11-4】　jQuery HTML5 localStorage 编程的实例。使用 localStorage 暂存留言内容，以防意外关闭网页造成数据丢失。

首先定义一个用于录入留言的表单，代码如下：

```
<title>HTML5 本地存储示例</title>
</head>
<body>
<h1>HTML5 Local 本地存储示例</h1>
<form method="post">
```

```
<label>姓名</label>
<input type="text" name="name" id="name" value="" maxlength="50">
<label >E-mail</label>
<input type="text" name="email" id="email" value="" maxlength="150">
<br><label>留言</label>
<textarea name="message" id="message"></textarea>
</div>
</div>
</fieldset>
<div class="form-actions">
<input type="submit" name="submit" id="submit" value="提交">
</div>
</form>
</div>
</body>
</html>
```

网页中包含 3 个 type="text"的<input>元素，分别用于录入姓名、E-mail 和留言。浏览网页的界面，如图 11-7 所示。

图 11-7　【例 11-4】的界面

2.　jQuery 代码

（1）文本框内容变化时，将内容写入 localStorage

当文本框和文本区域的内容变化时会触发 change 事件，程序将文本区域的内容写入 localstorage，将文本框的内容写入 localStorage，代码如下：

```
$("input[type=text],textarea").change(function(){
$this = $(this);
localStorage[$this.attr("name")] = $this.val();
});
```

（2）加载页面

当加载页面时，程序会读取 localStorage 数据并显示在文本框和文本区域中，代码如下：

```
$(document).ready(function () {
/*
* 判断是否支持 localstorage
*/
if (localStorage) {
/*
* 读出 localstorage 中的值
*/
if (localStorage.name) {
$("#name").val(localStorage.name);
}
```

```
if (localStorage.email) {
$("#email").val(localStorage.email);
}
if (localStorage.message) {
$("#message").val(localStorage.message);
}
if (localStorage.subscribe=="checked") {
$("#subscribe").attr("checked", "checked");
}
}
```

（3）提交表单

当提交表单时，程序会清空 localStorage 数据，因为表单数据已提交到服务器，不需要存储在本地了，代码如下：

```
$("form").submit(function(){
localStorage.clear();
});
}
```

11.2.3　Canvas 绘图

HTML5 提供了 Canvas 元素，可以在网页中定义一个画布，然后使用 Canvas API 在画布中画图。定义 Canvas 元素的语法如下：

```
<canvas id="xxx" height=… width=…>…</canvas>
```

Canvas 元素的常用属性如下。

- id：Canvas 元素的标识 id。
- height：Canvas 画布的高度，单位为像素。
- width：Canvas 画布的宽度，单位为像素。

<canvas>和</canvas>之间的字符串指定当浏览器不支持 Canvas 时显示的字符串。

【例 11-5】　在 HTML 文件中定义一个 Canvas 画布，id 为 myCanvas，高和宽各为 100 像素，代码如下：

```
<canvas id="myCanvas" height=100 width=100>
您的浏览器不支持 canvas。
</canvas>
```

图 11-8　在 IE8 中浏览【例 11-5】

在 IE8 中浏览此网页的结果，如图 11-8 所示，说明 IE8 不支持 Canvas。

　　　　Internet Explorer 9 以上的版本、Firefox、Opera、Google Chrome 和 Safari 支持 Canvas 元素。Internet Explorer 8 及其之前版本不支持 Canvas 元素。

定义 Canvas 画布只是开始绘画的准备工作，真正绘画要在 JavaScript 程序中调用 Canvas API 完成。在 Canvas 画布中绘图前需要使用 JavaScript 获取网页中的 canvas 对象，然后使用该对象调用 Canvas API 完成绘图。在 JavaScript 中，可以使用 document.getElementById()方法获取网页中的对象，语法如下：

```
document.getElementById(Canvas 元素 id)
```

例如，获取【例 11-5】中定义的 myCanvas 对象的代码如下：

```
<script type="text/javascript">
var c=document.getElementById("myCanvas");
</script>
```

得到的对象 c 即为 myCanvas 对象。要在其中绘图还需要获得 myCanvas 对象的 2d 渲染上下文（CanvasRenderingContext2D）对象，代码如下：

```
var ctx=c.getContext("2d");
```

使用 CanvasRenderingContext2D 对象 ctx 即可调用 Canvas API 在 Canvas 画布中绘图。本节介绍的 jCanvas 插件封装了 Canvas API，使 Canvas 绘图变得更简单。

可以访问下面的网址下载和了解 jCanvas 插件：

```
http://calebevans.me/projects/jcanvas/
```

jCanvas 插件的脚本文件为 jcanvas.min.js，可以从上面的网址下载，也可以直接使用本书源代码中目录 11\11.2.3 下的 jcanvas.min.js。引用 jCanvas 插件的代码如下：

```
<script type="text/javascript" src="jquery.js"></script>
<script type="text/javascript" src="jcanvas.min.js"></script>
```

jCanvas 插件定义的主要绘图方法如表 11-8 所示。

表 11-8　　　　　　　　　　jCanvas 插件定义的主要绘图方法

绘图方法	具体说明
drawArc({　strokeStyle: 边框颜色，　strokeWidth: 边框宽度， 　x: 圆弧圆心的 X 坐标, y: 圆弧圆心的 Y 坐标，　radius: 圆弧的半径，　start: 圆弧的起始角度, end: 圆弧的结束角度});	绘制圆弧
drawEllipse({ fillStyle: 填充颜色，x: 圆心的 X 坐标, y: 圆心的 Y 坐标，　width: 宽度，height: 高度　});	绘制椭圆
drawRect({ fillStyle: 填充颜色, x: 矩形的左上角的 X 坐标, y: 矩形的左上角的 Y 坐标，width: 宽度, height: 高度, fromCenter: 是否从中心绘制　});	绘制矩形
drawLine({strokeStyle: 边框颜色，　strokeWidth: 边框宽度，　x1: 端点 1 的 X 坐标, y1: 端点 1 的 Y 坐标，　x2: 端点 2 的 X 坐标, y2: 端点 2 的 X 坐标，　x3: 端点 3 的 X 坐标，y3: 端点 3 的 Y 坐标，　x4: 端点 4 的 X 坐标, y4: 端点 4 的 Y 坐标});	绘制直线
drawQuad({ strokeStyle: 边框颜色, strokeWidth: 边框宽度，　x1: 起点的 X 坐标, y1: 起点的 Y 坐标，　cx1: 控制点的 X 坐标, cy1: 控制点的 Y 坐标，　x2: 终点的 X 坐标, y2: 终点的 Y 坐标　});	绘制 2 次贝塞尔曲线
drawBezier({ strokeStyle: 边框颜色, strokeWidth: 边框宽度， 　x1: 50, y1: 50, // 起点 　cx1: 200, cy1: 50, // 控制点 　cx2: 50, cy2: 150, // 控制点 　x2: 200, y2: 150, // 起点/终点 　cx3: 300, cy3: 150, // 控制点 　cx4: 150, cy4: 1, // 控制点 　x3: 350, y3: 50 // 起点/终点 });	绘制 3 次贝塞尔曲线
drawText({ fillStyle: 填充颜色, strokeStyle: 边框颜色, strokeWidth: 边框宽度, x: X 坐标, y: Y 坐标, font: 字体, text: 文本字符串　});	绘制文本
drawImage({source: 图片文件名, x: X 坐标, y: Y 坐标，　width: 宽度, height: 高度, scale: 缩放比例, fromCenter: 是否从中心绘制});	绘制图片

Canvas 采用 HTML 的颜色表示方法，可以使用下面 4 种方法表示。

（1）颜色关键字

可以使用一组颜色关键字字符串表示颜色，具体如表 11-9 所示。

表 11-9　　　　　　　　　　　　　　颜色关键字

颜色关键字	具体描述
maroon	酱紫色
red	红色
orange	橙色
yellow	黄色
olive	橄榄色
purple	紫色
gray	灰色
fuchsia	紫红色
lime	绿黄色
green	绿色
navy	藏青色
blue	蓝色
Silver	银色
aqua	浅绿色
white	白色
teal	蓝绿色
black	黑色

（2）16 进制字符串

可以使用一个 16 进制字符串表示颜色，格式为#RGB。其中，R 表示红色集合，G 表示绿色集合，B 表示蓝色集合。例如#F00 表示红色，#0F0 表示绿色，#00F 表示蓝色，#FFF 表示白色，#000 表示黑色。

（3）RGB 颜色值

可以使用 rgb(r,g,b)的格式表示颜色。其中 r 表示红色集合，g 表示绿色集合，b 表示蓝色集合。r、g、b 都是 10 进制数，取值范围为 0～255。常用颜色的 RGB 表示如表 11-10 所示。

表 11-10　　　　　　　　　　　　常用颜色的 RGB 表示

颜　　　色	红 色 值	绿 色 值	蓝 色 值	RGB()表示
黑色	0	0	0	RGB(0,0,0)
蓝色	0	0	255	RGB(0,0,255)
绿色	0	255	0	RGB(0,255,0)
青色	0	255	255	RGB(0,255,255)
红色	255	0	0	RGB(255,0,0)
洋红色	255	0	255	RGB(255,0,255)
黄色	255	255	0	RGB(255,255,0)
白色	255	255	255	RGB(255,255,255)

（4）RGBA 颜色值

在指定颜色时，可以使用 rgba() 方法定义透明颜色，格式如下：

```
rgba(r,g,b, alpha)
```

其中 r 表示红色集合，g 表示绿色集合，b 表示蓝色集合。r、g、b 都是 10 进制数，取值范围为 0～255。alpha 的取值范围为 0～1，用于指定透明度，0 表示完全透明，1 表示不透明。

【例 11-6】 使用 Canvas 绘制一个绿色的圆形，代码如下：

```
<!doctype html>
<html>
<head>
<meta charset="UTF-8">
<title>jCanvas 插件</title>
</head>
<body>
<script type="text/javascript" src="jquery.js"></script>
<script type="text/javascript" src="jcanvas.min.js"></script>
<script>
$(document).ready(function () {
$("canvas").drawArc({
  fillStyle: "green",
  x: 100, y: 100,
  radius: 50
});
});
</script>
<canvas width="500" height="250"></canvas>
</body>
</html>
```

图 11-9　浏览【例 11-6】的结果

浏览【例 11-6】的结果，如图 11-9 所示。

还可以对 Canvas 图形进行一系列操作，包括移动、旋转、缩放和变形等。通过这些操作可以使绘图的效果更加丰富。这里所说的移动、旋转、缩放和变形等操作并不是对已经绘制的图形进行的，而是作用于操作后面即将绘制的图形。

jCanvas 插件定义的主要操作 Canvas 图形的方法如表 11-11 所示。

表 11-11　　　　　　　　　jCanvas 插件定义的主要操作 Canvas 图形的方法

方　　法	具体说明
saveCanvas()	以堆（stack）的方式保存当前的绘图状态
translateCanvas({ translateX: X 轴平移量, translateY: Y 轴平移量, autosave: 是否自动保存当前的绘图状态});	执行平移操作
rotateCanvas({ x: 旋转中心的 X 坐标, y: 旋转中心的 Y 坐标, rotate: 旋转的角度, autosave: 是否自动保存当前的绘图状态});	执行旋转操作
restoreCanvas();	从堆中弹出之前保存的绘图状态

【例 11-7】 使用 jCanvas 插件绘制动画的实例，绘制一个小型太阳系模型，由地球、月球和太阳组成。在漆黑的夜空中，地球围着太阳转、月球围绕地球转，界面如图 11-10 所示。

要实现动画效果，除了绘图外，还需要解决下面两个问题。

（1）定期绘图，也就是每隔一段时间就调用绘图函数进行绘图。动画是通过多次绘图实现的，一次绘图只能实现静态图像。

可以使用 setInterval()方法设置一个定时器，语法如下：

```
setInterval(函数名,时间间隔)
```

时间间隔的单位是 ms，每经过指定的时间间隔系统都会自动调用指定的函数。

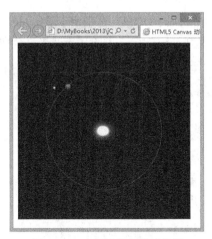

图 11-10　太阳系模型动画实例

（2）清除先前绘制的所有图形。物体已经移动开来，可原来的位置上还保留先前绘制的图形，这样当然不行。解决这个问题最简单的方法是使用 clearCanvas()方法清除画布中的内容。

在设计小型太阳系模型动画实例之前需要准备 3 个图片分别用于表现地球、月球和太阳。本例的画面比较小，因此这 3 个图片不需要很精美。这里使用 sun.png 表现太阳，使用 eartrh.png 表现地球，使用 moon.png 表现月球。图片保存在 images 目录下，如图 11-11 所示。

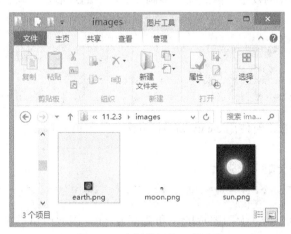

图 11-11　本例使用的 3 个图片

因为本例的背景是漆黑的夜空，因此这些图片的背景都是黑色的。下面介绍实例的设计过程。首先定义一个 Canvas 元素，画布的长和宽都是 300px，代码如下：

```html
<!DOCTYPE html>
<html>
  <head>
    <title>HTML5 Canvas 动画实例：小型太阳系模型</title>
 <script type="text/javascript" src="jquery.js"></script>
<script type="text/javascript" src="jcanvas.min.js"></script>
```

```
  </head>
  <body>
    <canvas id="canvasId" width="300" height="300"></canvas>
  </body>
</html>
```

在 JavaScript 代码中定义 3 个 Image 对象，分别用于显示 sun.png、eartrh.png 和 moon.png。然后定义一个 init()函数，初始化 Image 对象，并设置定时器，代码如下：

```
<script type="text/javascript">
    var sun = new Image();
    var moon = new Image();
    var earth = new Image();
     $(document).ready(function () {
         init();
     });
    function init(){
     sun.src = 'images/sun.png';
     moon.src = 'images/moon.png';
     earth.src = 'images/earth.png';
     setInterval(draw,100);
    }
......
//此处省略 draw()函数的代码
</script>
```

页面加载时调用 init()方法。在 init()函数中调用 setInterval()方法设置每 100ms 调用一次 draw()函数。draw()函数是本实例的主体，用于绘制小型太阳系模型。下面分步介绍 draw()函数的代码。

（1）绘制背景

本例的背景就是漆黑的夜空，因此简单地画一个黑色的矩形就可以了，代码如下：

```
function draw()
    {
    //  var ctx = document.getElementById('canvasId').getContext('2d');

    $("canvas").clearCanvas(0,0,300,300); // 清除 canvas
    $("canvas").drawRect( { fillStyle: "black", x: 0, y: 0, width: 300, height: 300,
fromCenter: false });
```

每次调用 draw()函数都要使用 clearCanvas()方法清除 canvas 画布。

（2）绘制太阳

在画布的中心绘制太阳，代码如下：

```
$("canvas").drawImage( {source:sun,  x: 125, y: 125, width: 50,  height: 50, fromCenter:
false });
```

画布的中心为(150,150)，太阳图片的长和宽都为 50，因此图像的左上角坐标为(125, 125)（125=150- 50/2）。

（3）绘制地球轨道

假定地球轨道是以太阳为中心的半径为 100 的圆，绘制地球轨道代码如下：

```
$("canvas").drawArc({ strokeStyle:"rgba(0,153,255,0.4)",  strokeWidth: 1, x: 150,
y: 150,  radius: 100});
```

（4）绘制地球

因为地球围绕着太阳转，所以在绘制地球之前，要进行下面几次平移和旋转操作。

（1）平移至画布的中心（即站在太阳的角度看地球）。

（2）根据当前的时间旋转一定的角度。

（3）平移至地球轨道。

绘制地球，代码如下：

```
$("canvas").saveCanvas();  //保存当前状态
   // 绘制地球
    $("canvas").translateCanvas({ translateX: 150, translateY: 150, autosave:
false});
    var time = new Date();   // 获取当前时间
   // 旋转一定的角度
    $("canvas").rotateCanvas({ x: 0, y:0, rotate: 360*(time.getSeconds()/60 +
time.getMilliseconds()/60000), autosave: false });
    $("canvas").translateCanvas({translateX: 105, translateY: 0, autosave: false });
     $("canvas").drawImage( {source:earth, x: -12, y: -12, width: 10, height: 10,
fromCenter: false});
```

每次绘制地球时程序都会根据当前的时间旋转一定的角度，这是动画的关键。使用 new Date() 可以获取当前的系统时间，使用 time.getSeconds()可以得到系统时间中的秒数，使用 time.getMilliseconds()可以得到系统时间中的毫秒数。这里约定地球 1 分钟（60 秒）绕太阳转一圈，因此当前地球在轨道上的位置应该是 360（一圈）除以 60 再乘以当前的秒数加上 360 除以 60000（1 分钟=60000 毫秒）再乘以当前的毫秒数。

地球轨道的半径为 100，考虑到 eartrh.png 的宽度，在平移至地球轨道时调用 ctx.translate(105,0)。

最后调用 ctx.drawImage()方法绘制地球图片，可以调整坐标使地球图片正好位于轨道上。

（5）绘制月球

经过前面的平移和旋转操作，旋转的坐标原点已经在地球的位置了，在此基础上绘制月球就很方便了。只需要经过一次旋转和一次平移就可以了。绘制月球的代码如下：

```
    $("canvas").rotateCanvas({ x: 0, y:0, rotate: 360*(time.getSeconds()/6 +
time.getMilliseconds()/6000), autosave: false });
    $("canvas").translateCanvas({ translateX: 0, translateY: 28.5, autosave: false});
    $("canvas").drawImage( {source:moon, x: -3.5, y: -3.5, width: 5, height: 5,
fromCenter: false });
```

这里假定月球每 6 秒钟绕地球转一圈，旋转的公式可以参照绘制地球的方法理解。这里假定月球的轨道半径为 28.5。

（6）恢复绘图状态

在绘制地球和绘制月球时都进行了平移和旋转操作。在绘制结束时需要两次恢复绘图状态，代码如下：

```
$("canvas").restoreCanvas();
$("canvas").restoreCanvas();
```

如果不恢复绘图状态，则下次调用 draw()函数时坐标的状态是不正确的，画面就会出现混乱。

11.2.4　基于 HTML5 播放声音的 jQuery 插件 audioPlay

在 HTML5 之前，要在网页中播放多媒体需要借助于 flash 插件。浏览器需要安装 flash 插件才能播放多媒体。使用 HTML5 提供的新标签<audio>和<video>可以很方便地在网页中播放音频和视频。HTML5 提供了在网页中播放音频的标准，支持<audio>标签的浏览器可以不依赖其他插件播放音频。本节介绍一个基于 HTML5 播放声音的 jQuery 插件 audioPlay，使用它可以很方便地在网页中自动播放音频。

audioPlay 插件的脚本文件为 jquery-audioPlay.js，可以从互联网上搜索最新版本下载，也可以直接使用本书源代码中目录 11\11.2.4 下的 jquery-audioPlay.js。引用 audioPlay 插件的代码如下：

```
<script type="text/javascript" src="jquery.js"></script>
<script type="text/javascript" src=" jquery-audioPlay.js"></script>
```

audioPlay 插件可以在鼠标经过一个 HTML 元素时，自动播放指定的音频文件。音频文件可以是.mp3 或.ogg。使用 audioPlay 插件的方法如下：

```
$("HTML 元素 ID").audioPlay({
    urlMp3:  .mp3 文件,
    urlOgg:  .ogg 文件,
});
```

【例 11-8】 使用 audioPlay 插件播放鼠标经过菜单时的背景音乐。定义菜单的代码如下：

```
<nav>
<ul id="nav" class="nav">
    <li>首页</li>
    <li>新闻</li>
    <li>产品展示</li>
    <li>企业文化</li>
    <li>联系我们</li>
</ul>
</nav>
```

定义菜单样式的代码如下：

```
<style>
.nav {
    list-style-type:none;
}
.nav li {
    width:180px;

    padding-left:2em;

    border-top:1px solid #A0B3D6;
    border-bottom:1px solid #BECEEB;

    background:#4C84B4;
    background:-moz-linear-gradient(top, #DEE5F1, #C9D6ED);
    background:-webkit-gradient(linear, 0 0, 0 bottom, from(#DEE5F1), to(#C9D6ED));
    background:-o-linear-gradient(top, #DEE5F1, #C9D6ED);
    filter:progid:DXImageTransform.Microsoft.gradient(startcolorstr=#DEE5F1,endcol
orstr=#C9D6ED,gradientType=0);

    font:bold 16px/30px '微软雅黑';

    text-shadow:1px 1px #f0f3f9;
}
.nav li:hover {
    background:#beceeb;
}
</style>
```

CSS 不是本节的重点，这里就不详细介绍了。

鼠标经过菜单时使用 audioPlay 插件播放背景音乐的代码如下：

```
<script type="text/javascript" src="jquery.js"></script>
<script type="text/javascript" src="jquery-audioPlay.js"></script>
<script>
$(function() {
    $("#nav li").audioPlay({
        urlMp3: "media/beep.mp3",
        urlOgg: "media/beep.ogg",
        clone: true
    });
    $("h1").audioPlay({
        urlMp3: "media/beep.mp3",
        urlOgg: "media/beep.ogg",
        clone: true
    });
});
</script>
```

浏览【例 11-8】的结果，如图 11-12 所示。可惜，从图片里听不到鼠标经过菜单的声音。

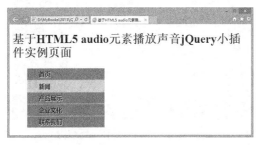

图 11-12　浏览【例 11-8】的结果

11.3　应 用 实 例

本节介绍了两个 jQuery+HTML5 开发 Web 应用程序的应用实例。借助 jQuery 编程，可以更充分地体现 HTML5 的新特性和优势。

11.3.1　jQuery+HTML5+CSS3 设计页面布局的实例

jQuery、HTML5 和 CSS3 是最新的、炙手可热的 Web 前端开发技术，被称为未来 Web 应用的三驾马车。本节就介绍一个使用 jQuery+HTML5+CSS3 设计页面布局的实例，使读者了解设计网页的完整过程。

1. 设计网页结构

11.1.2 小节已经介绍了 HTML5 的网页布局结构以及新增的实现这些网页结构的 HTML 标签。本实例设计的网页就是符合 HTML5 网页布局结构的，如图 11-13 所示。

定义网页布局结构的 HTML 代码如下：

```
<!doctype html>
<html>
<head>
<title>人民邮电出版社</title>
</head>
```

```
<body>
<div id="content">
<div id="main">
<section>
<header id="logo">
<h1>Logo comes here</h1>
</header>
<header id="banner">
<!--Banner-->
</header>
</section>
```

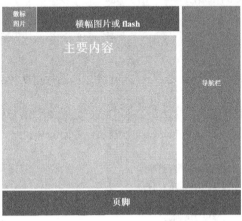

图 11-13　本例的网页布局结构

```
<section id="maincontent">
<article class="blog">
<header>
<h1>This is the Title of your Blog</h1>
</header>
<!--Content-->
</article>
</section>
</div>
<nav id="navigation">
<!-- Navigation -->
</nav>
</div>
<footer id="footer">
<!-- Footer -->
</footer>
</body>
</html>
```

这段代码定义了网页的基本布局结构和主要 HTML 标签的 CSS 类，但并不包含具体内容。下面要做的就是在相应的位置填上网页的内容，并设计网页的样式。

2. 设计页眉

本实例的页眉部分由徽标图片和横幅图片组成，定义代码如下：

```
<header id="logo">
<img src="img\logo.jpg">
</header>
<header id="banner">
```

```
</header>
```

可以看到，横幅部分并没有定义实际内容，稍后将在 CSS 中定义横幅图片。

3. 设计页面正文部分

本实例的正文部分使用 article 标签定义，用于显示人民邮电出版社的简介，代码如下：

```
<section id="maincontent">
<article class="blog">
<header>
<br/><br/>
<h1>出版社简介</h1>
</header>
<p>人民邮电出版社（以下简称"邮电社"）是工业和信息化部主管的大型专业出版社。成立于 1953 年 10 月 1
日，2003 年被中央确定为文化体制改革第一批试点单位，2010 年全面完成转企改革工作。 </p>
……
</article>
</section>
</section>
```

代码中省略了部分简介内容。

4. 设计导航菜单

本实例使用 nav 标签定义导航栏，在导航栏中使用 ul 标签和 li 标签，代码如下：

```
<nav id="navigation">
<ul class="sidemenu">
<li><a href="#">首页</a>
</li>
<li><a href="#">作者投稿</a>
</li>
<li><a href="#">网上书店</a>
</li>
<li><a href="#">图书馆专区</a>
</li>
<li><a href="#">本社期刊</a>
</li>
</ul>
</nav>
```

到目前为止，网页的内容已经都设计完了。浏览网页的结果，如图 11-14 所示。

图 11-14　没有设置样式的网页

因为没有设置网页的样式，所以页面显得很简朴。下面就介绍使用 CSS 设计网页样式和使用 jQuery 设计动画菜单的方法。

5. 设计网页的样式

本实例中设置 CSS 样式的代码如下：

```
<STYLE>
    {
margin: 0;
padding: 0;
}
header, footer, nav, article {
display: block;
}
body {
margin: 0 auto;
width: 1000px;
font: 13px/25px Helvetica, Arial, sans-serif;
background: #000;
}
#content
{
 display:table;
background: #BBB;
}
#main
{
 display:table-cell;
 width:850px;
}
#navigation
{
 display:table-cell;
 background-color:#FFF;
 width:150px;
 background-color:#6d7581;
 vertical-align:top;
}
ul.sidemenu {
 padding: 0;
 margin: 0;
 list-style: none;
 width: 150px;
 background-color: #EEEEDC;
}
ul.sidemenu li {
 text-align: left;
float:right;
clear:both;
 background-color: #EEEEDC;
 width:150px;
 height:30px;
}
ul.sidemenu li a {
 text-decoration: none;
 display: block;
```

```
  width: auto;
  color: #FFFFFF;
  font-weight: bold;
  padding: 2px 10px;
  background-color:#1e3355;
}
ul.sidemenu li a:hover {
  background-color: #1e3355;
  width:auto;
  color: #FFFFFF;
}

#logo
{
  float:left;
  background-color:#666;
  width:250px;
  height:50px;
}
#banner
{
  float:right;
  width:590px;
  background-image:url(img/banner.jpg);
  height:53px;
}
#footer
{
  clear:both;
  background-color:#4a5360;
  height:30px;
  padding:5px;
}
  </STYLE>
```

在第 8 章中已经介绍了 CSS 的基本情况，下面再结合本例的要点简单说明如下。

- margin：用于设置所有外边距属性。
- padding：用于设置所有内边距属性。
- display：用于规定元素应该生成的框的类型，本例中所使用的取值的说明如表 11-12 所示。

表 11-12　　　　　　　　　　　本例中使用的 display 值

取　　值	具体说明
block	此元素将显示为块级元素，此元素前后会带有换行符
table	此元素会作为块级表格来显示（类似 \<table>），表格前后带有换行
table-cell	此元素会作为一个表格单元格显示（类似 \<td> 和 \<th>）

应用 CSS 样式后的网页如图 11-15 所示。

6．使用 jQuery 设计动画菜单

到目前为止，本例中还没有见到本书的主角 jQuery，最后介绍一下在本例中使用 jQuery 设计动画菜单的方法。

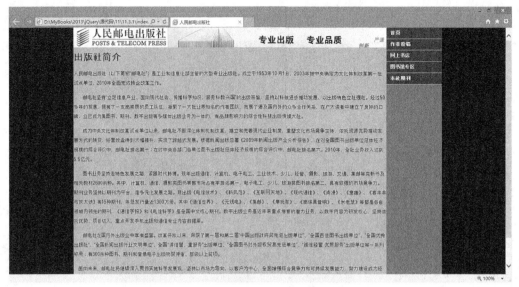

图 11-15 应用 CSS 样式后的网页

当鼠标经过菜单项时，会触发 mouseover 事件。在 jQuery 程序中定义 mouseover 事件的处理函数，代码如下：

```
$("li").mouseover(function(){
    $(this).stop().animate({width:'250px',height:'150px'},{queue:false,  duration:400,
easing: 'swing'})
    });
```

程序首先在鼠标经过的 li 元素调用 stop()方法停止正在运行的动画，然后调用 animate()方法滑出菜单项（宽 250px、高 150px）。

当鼠标离开菜单项时，会触发 mouseout 事件，在 jQuery 程序中定义 mouseout 事件的处理函数，代码如下：

```
$("li").mouseout(function(){
$(this).stop().animate({width:'150px',height:'30px'},{queue
:false, duration:600, easing: 'swing'})
    });
```

程序首先在鼠标经过的 li 元素调用 stop()方法停止正在运行的动画，然后调用 animate()方法滑出菜单项（宽 150px、高 30px，即恢复原状）。菜单项滑出的效果如图 11-16 所示。当鼠标快速划过一组菜单项时，菜单项们纷纷动起来，有的滑出、有的收回，动感十足。

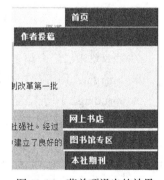

图 11-16 菜单项滑出的效果

11.3.2 jQuery+HTML5+CSS3 设计视频播放器的实例

HTML5 提供了在网页中播放视频的标准，支持 video 标签的浏览器可以不依赖其他插件播放视频。使用 video 标签定义一个视频播放器，语法如下：

```
<video src="视频文件">…</video>
```

src 属性用于指定视频文件的 url。video 标签支持的视频文件格式包括.Ogg、MPEG 4 和 WebM 等。< video>和</ video>之间的字符串指定当浏览器不支持 video 标签时显示的字符串。

video 标签的主要属性如表 11-13 所示。

表 11-13　　　　　　　　　　　　　　video 标签的主要属性

属　　性	值	具 体 描 述
autoplay	True 或 false	如果是 true，则视频在就绪后马上播放
controls	True 或 false	如果是 true，则向用户显示视频播放器控件，比如播放按钮
end	数值	定义播放器在视频流中的何处停止播放，默认会播放到结尾
height	数值	视频播放器的高度，单位为像素
loop	True 或 false	如果是 true，则视频会循环播放
loopend	数值	定义在视频流中循环播放停止的位置，默认为 end 属性的值
loopstart	数值	定义在视频流中循环播放的开始位置，默认为 start 属性的值
playcount	数值	定义视频片断播放多少次，默认为 1
poster	url	在视频播放之前所显示的图片的 URL
src	url	要播放的视频的 URL
start	数值	定义播放器在视频流中开始播放的位置。默认从开头播放
width	数值	视频播放器的宽度，单位为像素

本节介绍一个使用 jQuery+HTML5+CSS3 设计的视频播放器实例，如图 11-17 所示。

实例中使用 MediaElement.js 插件来播放视频，可以访问下面的网址了解和下载 MediaElement.js 插件：

http://mediaelementjs.com/

图 11-17　jQuery+HTML5+CSS3 设计视频播放器的界面

1.　实例包含的目录和文件

本实例保存在本书源代码的"11\11.3.2"目录下，实例包含的子目录如下所述。

- img：用于保存视频播放器的控制面板上的控制按钮图片。
- js：用于保存实例中使用的 JavaScript 脚本文件。
- css：用于保存实例中使用的样式表文件。

实例包含的文件如下。

- index.html：本实例的主页。
- css\styles.css：本实例使用的样式表。
- js\jquery.js：jQuery 脚本文件。

- js\ mediaelement-and-player.min.js：实例中使用的 MediaElement.js 插件文件。

2. 定义 video 元素

在 index.html 中定义 video 元素的代码如下：

```
<video width="640" height="267" poster="media/echo-hereweare.jpg">
    <source src="media/echo-hereweare.mp4" type="video/mp4">
</video>
```

请参照表 11-13 理解参数的含义。没有播放视频时，显示图片 media\echo-hereweare.jpg，如图 11-18 所示。

图 11-18　没有播放视频时的界面

3. 绑定到 MediaElement.js 插件

在加载 index.html 时，jQuery 程序会将 video 元素绑定到 MediaElement.js 插件，代码如下：

```
<script>
$(document).ready(function() {
    $('video').mediaelementplayer({
        alwaysShowControls: false,
        videoVolume: 'horizontal',
        features: ['playpause','progress','volume','fullscreen']
    });
});
</script>
```

4. 设置视频播放器的外观

在 css\style.css 中定义了视频播放器的 CSS 样式，其中很多 CSS 类别在 MediaElement.js 插件中定义。因此，读者只有修改 css\style.css 的相关样式即可设置视频播放器的外观。

MediaElement.js 插件中常用的与播放器的外观有关的 CSS 类别如表 11-14 所示。

表 11-14　　　　MediaElement.js 插件中常用的与播放器的外观有关的 CSS 类别

属　性	具体描述

.mejs-overlay-button	用于定义视频播放器画面上的播放按钮的样式，使用 background 属性可以指定播放按钮的图片。在 css\style.css 中 .mejs-overlay-button 的定义代码如下：
	``.mejs-inner .mejs-overlay-button {
	    position: absolute;
	    top: 50%;
	    left: 50%;
	    width: 50px;
	    height: 50px;
	    margin: -25px 0 0 -25px;
	    background: url(../img/play.png) no-repeat;
	}```

属　　性	具体描述

mejs-controls	用于定义视频播放器控制面板的样式，使用 background 属性可以指定控制面板的颜色。在 css\style.css 中.mejs-controls 的定义代码如下：
	
	`.mejs-container .mejs-controls {`
	`    position: absolute;`
	`    width: 100%;`
	`    height: 34px;`
	`    left: 0;`
	`    bottom: 0;`
	`    background: rgb(0,0,0); /* IE8- */`
	`    background: rgba(0,0,0, .7);`
	`}`

mejs-controls .mejs-button	用于定义视频播放器控制面板上按钮的样式，使用 background 属性可以指定控制面板按钮的图片。在 css\style.css 中.mejs-contrds .mejs-button 的定义代码如下：
	
	`.mejs-controls .mejs-button button {`
	`    display: block;`
	`    cursor: pointer;`
	`    width: 16px;`
	`    height: 16px;`
	`    background: transparent url(../img/controls.png);`
	`}`

mejs-controls div.mejs-playpause-button	用于定义播放/暂停按钮的样式。在 css\style.css 中.mejs-controls div.mejs-playpause-button 的定义代码如下：
	
	`.mejs-controls div.mejs-playpause-button {`
	`    position: absolute;`
	`    top: 12px;`
	`    left: 15px;`
	`}`

mejs-controls . mejs-mute/ mejs-controls .mejs-unmute button	用于定义静音/取消静音按钮的样式。在 css\style.css 中. mejs-controls. mejs-mute 和.mejs-controls .mejs-unmute button 的定义代码如下：
	
	`.mejs-controls .mejs-mute button,`
	`.mejs-controls .mejs-unmute button {`
	`    width: 14px;`
	`    height: 12px;`
	`    background-position: -12px 0;`
	`}`
	`.mejs-controls .mejs-unmute button { background-position: -12px -12px; }`

. mejs-controls.mejs-fullscreen-button/ .mejs-controls . mejs-unfullscreen	用于定义全屏/取消金全屏按钮的样式。在 css\style.css 中. mejs-controls.mejs-fullscreen-button/.mejs-controls . mejs-unfullscreen 的定义代码如下：
	
	`.mejs-controls .mejs-fullscreen-button button,`
	`.mejs-controls .mejs-unfullscreen button {`
	`    width: 27px;`
	`    height: 22px;`
	`    background-position: -26px 0;`
	`}`
	
	`.mejs-controls  .mejs-unfullscreen button { background-position: -26px -22px; }`
	
	`/* Volume Slider */`
	`.mejs-controls div.mejs-horizontal-volume-slider {`
	`    position: absolute;`
	`    cursor: pointer;`
	`    top: 15px;`
	`    left: 65px;`
	`}`

属　　性	具体描述

.mejs-controls .mejs-time-rail	用于定义进度条控制器和时间提示框的样式。在 css\style.css 中，.mejs-controls .mejs-time-rail 的定义代码如下：
	
	``css
	.mejs-controls.mejs-time-rail {
	    position: absolute;
	    width: 100%;
	    left: 0;
	    top: -10px;
	}
	
	.mejs-controls .mejs-time-rail span {
	    position: absolute;
	    display: block;
	    cursor: pointer;
	    width: 100%;
	    height: 10px;
	    top: 0;
	    left: 0;
	}
	
	.mejs-controls .mejs-time-rail .mejs-time-total {
	    background: rgb(152,152,152); /* IE8- */
	    background: rgba(152,152,152, .5);
	}
	……
	``

.mejs-controls .mejs-horizontal-volume-slider	用于定义音量滑动控制器的样式。在 css\style.css 中，.mejs-controls .mejs-horizontal-volume-slider 的定义代码如下：
	
	``css
	.mejs-controls.mejs-horizontal-volume-slider {
	    position: absolute;
	    cursor: pointer;
	    top: 15px;
	    left: 65px;
	}
	
	.mejs-controls .mejs-horizontal-volume-slider .mejs-horizontal-volume-total {
	    width: 60px;
	    background: #d6d6d6;
	}
	
	.mejs-controls .mejs-horizontal-volume-slider .mejs-horizontal-volume-current {
	    position: absolute;
	    width: 0;
	    top: 0;
	    left: 0;
	}
	
	.mejs-controls .mejs-horizontal-volume-slider .mejs-horizontal-volume-total,
	.mejs-controls .mejs-horizontal-volume-slider .mejs-horizontal-volume-current {
	    height: 4px;
	
	    -webkit-border-radius: 2px;
	    -moz-border-radius: 2px;
	    border-radius: 2px;
	}
	``

练 习 题

1．单项选择题

（1）标记 HTML 文档的开始和结束的 HTML 结构标记为（　　　）。

　　A．<HEAD>…</HEAD>　　　　　　　B．<TITLE>…</TITLE>

　　C．<HTML>…</HTML>　　　　　　　D．<BODY>…</BODY>

（2）HTML 文档中的注释标记为（　　　）。

　　A．<#...#>　　　　　　　　　　　B．<!--...-->

　　C．//　　　　　　　　　　　　　　D．/*...*/

2．填空题

（1）HTML 是＿＿＿＿＿＿＿＿（即超文本标记语言）的缩写，它是通过嵌入代码或标记来表明文本格式的国际标准。

（2）HTML5 对<!DOCTYPE>标签进行了简化，只支持＿＿＿＿＿一种文档类型。

（3）HTML5 新增了＿＿＿＿＿＿＿规范，可以通过浏览器获取用户的地理位置。

（4）FileList 对象代表着由本地系统里选中的单个的文件组成的数组，用于获取 file 类型的 input 元素所选择的文件。FileList 数组的元素是一个＿＿＿＿＿对象。

（5）在 XMLHttpRequest 中使用＿＿＿＿＿对象可以模拟表单向服务器发送数据。

（6）＿＿＿＿＿是 HTML5 新增的本地存储技术，它类似于 Cookie，用于持久化的本地存储。

3．简答题

（1）HTML5 的设计者们认为网页应该像 XML 文档和图书一样有结构。通常，网页中有导航、网页体内容、工具栏、页眉和页脚等结构。试列举 HTML5 中增加的实现这些网页结构的新标记。

（2）试列举在 HTML5 中的绘图方法。

4．练习题

（1）参照 11.1.3 小节测试目前国外厂商的主流浏览器对 HTML5 的支持情况，并填写表 11-15，可以测试其他你喜欢的国外厂商浏览器。

表 11-15　　　　　　　　国外厂商的主流浏览器对 HTML5 支持程度的测试结果

浏　览　器	版　　本	得　　分
Google Chrome		
Opera		
Firefox		
苹果浏览器 Safari for Windows		
Internet Explorer		

（2）参照 11.1.3 小节测试目前国内厂商的主流浏览器对 HTML5 的支持情况，并填写表 11-16，可以测试其他你喜欢的国内厂商浏览器。

表 11-16　　　　　　　国内厂商的主流浏览器对 HTML5 支持程度的测试结果

浏　览　器	版　本	得　分
360 极速浏览器		
QQ 浏览器		
搜狗高速浏览器		
猎豹浏览器		
360 安全浏览器		
傲游浏览器		
百度浏览器		

第12章
jQuery 特效应用实例

使用 jQuery 操作 HTML 元素、设置 CSS 样式、动画编程以及 HTML5 编程等技术可以实现特效，使得开发的 Web 应用程序更炫目、更具特色。本节介绍一些实用、经典的 jQuery 特效应用实例设计，力求提高读者的实战能力，将前面所学的技术直接应用到实际开发中。

12.1   提示条实例

有些网页上需要显示很多内容，为了节省空间、使界面更加简洁清晰，可以使用提示条显示明细信息或提示信息。本节介绍两个使用 jQuery 开发的提示条实例。

12.1.1   滑出式提示条

本节介绍一种滑出式提示条的实现方法。本实例界面如图 12-1 所示。

图 12-1   滑出式提示条实例主页

这是一个推荐人民邮电出版社精品图书的页面。页面中显示了 3 个提示条，分别显示了 3 本图书的名称。单击一个提示条，会以滑动动画的方式显示该图书的详细信息，如图 12-2 所示。

图 12-2　以滑动动画的方式显示该图书的详细信息

1. 实例包含的目录和文件

本实例保存在本书源代码的"12\12.1.1"目录下，实例包含的子目录如下所述。

- img：用于保存图书封面图片。
- script：用于保存实例中使用的 JavaScript 脚本文件。

实例包含的文件如下。

- demo.html：本实例的主页。
- styles.css：本实例使用的样式表。
- script\jquery.js：jQuery 脚本文件。
- script\script.js：实例中使用的 JavaScript 脚本文件，滑动动画等特效都在该脚本中实现。

2. 设计主页

在本实例的主页 demo.html 中，使用 3 个 p 元素表现 3 本推荐书籍的名录，定义代码如下：

```
<div class="main">
    <p title="Oracle 11g 数据库基础教程(第 2 版)"top:150px;left:120px;">
        <a href="http://www.ptpress.com.cn/Book.aspx?id=23350" target="_blank"><img
class="spaceBottom" src="img/01.png" title="查看详细信息"alt="Oracle 11g 数据库基础教程(第 2
版)" /></a><br>
        Oracle 11g 是目前最流行的数据库开发平台之一，拥有较大的市场占有率和众多的高端用户，是大型
数据库应用系统的首选后台数据库系统。Oracle 数据库管理和应用系统开发已经成为国内外高校计算机专业和许多非
计算机专业的必修或选修课程。
    </p>
    <p title="PHP 和 MySQL Web 应用开发" class="openTop openLeft blue" style="top:350px;
left:600px;">
        <a href="http://www.ptpress.com.cn/Book.aspx?id=24209" target="_blank"><img
src="img/02.png" title="PHP+MySQL" class="spaceTop" alt="PHP 和 MySQL Web 应用开发"/></a>
    <br>
        PHP+MySQL 是开发 Web 应用程序的经典组合，具有开放源代码、可以免费下载使用和支持多种操作系统
平台等特点，被国内外众多网站广泛采用，具有很强的实用性。本书首先系统介绍 PHP 程序设计和 MySQL 数据库管理
```

的基础知识，然后结合几个使用 PHP\MySQL 开发 Web 应用程序的实例，包括网络留言板、网络投票系统、网络流量统计系统、二手交易市场系统等，全面介绍了使用 PHP 和 MySQL 开发 Web 应用程序的方法和技巧。

　　本书既可以作为大学本、专科"Web 应用程序设计"课程的教材，也可作为高职高专院校相关专业的教材，或作为 Web 应用程序开发人员的参考用书。

```
    </p><br>
    <p title="SQL Server 2008 数据库应用教程(第 2 版)" class="openTop red" style="top:250px;
left:90px;">
        <a href="http://www.ptpress.com.cn/Book.aspx?id=23171" target="_blank"><img
src="img/03.png" class="spaceTop" alt="SQL Server 2008 数据库应用教程(第 2 版)" title="详细信
息" /></a><br>
        本书以介绍 SQL Server 2008 数据库管理系统为主，同时介绍一定的数据库基础知识和数据库应用程
序开发等方面的知识。全书共分 11 章，内容包括 SQL Server 2008 数据库系统简介、服务器与客户端配置、
Transact-SQL 基础、数据库管理、表和视图管理、存储过程和触发器管理、游标管理、维护数据库、SQL Server
安全管理、SQL Server 代理服务以及使用 Visual C#程序设计和开发数据库应用程序。
    </p>
</div>
```

　　可以看到，每个定义推荐书籍名录的 p 元素中都包含一个定义为超链接的封面图片和一段说明文字，这些是展开图书名录时显示的内容。

demo.html 中使用 styles.css 设计 CSS 样式，定义代码如下：

```
<link rel="stylesheet" type="text/css" href="styles.css" />
```

在 styles.css 中定义了页面的背景图片，定义代码如下：

```
body{
    /* Setting default text color, background and a font stack */
    color:#fff;
    background: url('img/bg.jpg') no-repeat center top #081219;
    font-family:Arial, Helvetica, sans-serif;
}
```

3. 显示图书名录

在 js 目录下的 script.js 中定义了显示图书名录的 jQuery 代码，具体如下：

```
    /* 替换所有的 class=main 的 div 元素中的 p 元素 */
    $('.main p').replaceWith(function(){

        /* 定义一个 div（滑出的 tip 框），使用 p 元素的 style、class 和 title 属性*/

        return '\
        <div class="slideOutTip '+$(this).attr('class')+'" style="'+$(this).attr
('style')+'">\
            \
            <div class="tipVisible">\
                <div class="tipIcon"><div class="plusIcon"></div></div>\
                <p class="tipTitle">'+$(this).attr('title')+'</p>\
            </div>\
            \
            <div class="slideOutContent">\
                <p>'+$(this).html()+'</p>\
            </div>\
        </div>';
    });
```

　　程序调用 replaceWith()方法将所有 class=main 的 div 元素中的 p 元素替换为一个 div 元素，此div 元素的 class 等于"slideOutTip"加上原来的 p 元素的 class，它包含了一个图书的所有信息（显

示部分和滑出部分), 具体说明如下。

- class="tipVisible"的 div 元素: 包含图书的显示部分。
- class="slideOutContent"的 div 元素: 包含图书的滑出部分。

lass="tipVisible"的 div 元素又由如下的 HTML 元素组成。

- class="tipIcon"的 div 元素: 用于定义提示条的图标, 其中包含一个 class="plusIcon"的 div 元素 (用于显示加号图标)。
- class="tipTitle"的 p 元素: 用于定义提示条的文字, 以及图书的书名。

程序中使用转义符 "\" 对一些特殊字符进行了转义处理。

在 styles.css 中定义了前面介绍的 HTML 元素的样式。例如, class="tipIcon"的 div 元素的样式定义如下:

```
.tipIcon{
    width:20px;
    height:20px;
    float:left;
    background-color:#61b035;
    border:1px solid #70c244;
    margin-right:8px;
    /* CSS3 Rounded corners */
    -moz-border-radius:1px;
    -webkit-border-radius:1px;
    border-radius:1px;
}
```

这段 CSS 代码定义了提示条图标的大小和背景色, 其中使用了 CSS3 的新属性 border-radius (-moz-border-radius 和-webkit-border-radius) 来定义圆角效果。具体情况可以参照第 8 章理解。

由于篇幅所限, 这里就不对其他 CSS 代码定义做详细介绍了, 读者可以参照源代码理解。

4. 滑出图书详细信息的处理

当单击包含图书显示部分的提示条 (即 class="tipVisible"的 div 元素) 时, 会滑出提示条的图书明细部分 (即 class="slideOutContent"的 div 元素), 在 script.js 中对应的代码如下:

```
$('.tipVisible').bind('click',function(){
    var tip = $(this).parent();

    /* If a open/close animation is in progress, exit the function */
    if(tip.is(':animated'))
        return false;

    if(tip.find('.slideOutContent').css('display') == 'none')
    {
        tip.trigger('slideOut');
    }
    else tip.trigger('slideIn');
});
```

如果图书明细部分被隐藏 (.css('display')=='none'), 则触发 slideOut 事件; 否则触发 slideIn 事件。

slideOut 事件的处理函数代码如下:

```
$('.slideOutTip').bind('slideOut',function(){

    var tip = $(this);
    var slideOut = tip.find('.slideOutContent');

    /* 关闭所有正在打开的提示条 */
    $('.slideOutTip.isOpened').trigger('slideIn');

    /* 只在第一次单击滑出提示条时执行 */
    if(!tip.data('dataIsSet'))
    {
        tip .data('origWidth',tip.width())
            .data('origHeight',tip.height())
            .data('dataIsSet',true); //执行过久标记一下

        if(tip.hasClass('openTop'))
        {
            /*
                如果提示条向上滑出（ class="openTop"），则计算与底部的距离，并滑出*/

            tip.css({
                bottom: tip.parent().height()-(tip.position().top+tip.outerHeight()),
                top      : 'auto'
            });

            /* 修改标题的位置在底部，以保证它不会被滑至顶部 */
            tip.find('.tipVisible').css({position:'absolute',bottom:3});

            /* 将图书内容移至标题的上面 */
            tip.find('.slideOutContent').remove().prependTo(tip);
        }

        if(tip.hasClass('openLeft'))
        {
            /*
                如果有 openLeft 类别，则向左侧滑出
            */
            tip.css({
                right: Math.abs(tip.parent().outerWidth()-(tip.position().
left+tip.outerWidth())),
                left : 'auto'
            });

            tip.find('.tipVisible').css({position:'absolute',right:3});
        }
    }

    /* 调整滑出部分的尺寸以适应内容,然后淡入显示 */

    tip.addClass('isOpened').animate({
        width    : Math.max(slideOut.outerWidth(),tip.data('origWidth')),
        height   : slideOut.outerHeight()+tip.data('origHeight')
    },function(){
        slideOut.fadeIn();
```

```
        ));
```

请参照注释理解。

slideIn 事件的处理函数代码如下：

```
.bind('slideIn',function(){
        var tip = $(this);

        /*隐藏图书详细内容，并恢复原来的尺寸 */

        tip.find('.slideOutContent').fadeOut('fast',function(){
            tip.animate({
                width    : tip.data('origWidth'),
                height   : tip.data('origHeight')
            },function(){
                tip.removeClass('isOpened');
            });
        });
    });
});
```

5. 旋转提示条图标

当滑出提示条时，提示条前面的图标旋转了 45 度，该功能在 styles.css 中定义，代码如下：

```
.slideOutTip.isOpened .plusIcon{
    /* Applying a CSS3 rotation to the opened slideouts*/
    -moz-transform:rotate(45deg);
    -webkit-transform:rotate(45deg);
    transform:rotate(45deg);
}
```

transform:rotate 是 CSS3 的新增属性，用于旋转 HTML 元素。-moz-transform:rotate 用于 FireFox，-webkit-transform:rotate 用于 webkit 内核浏览器（例如 Safari）。

12.1.2 智能提示条

本节介绍一种滑动出现的智能提示条的实现方法。本实例界面如图 12-3 所示。

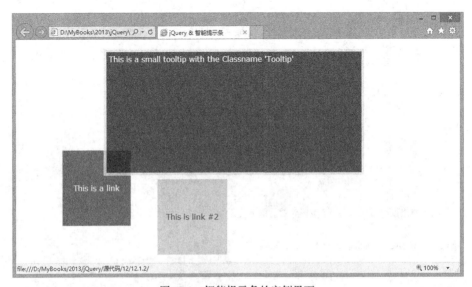

图 12-3 智能提示条的实例界面

1. 实例包含的目录和文件

本实例保存在本书源代码的"12\12.1.2"目录下，实例包含子目录如下。

- script：用于保存实例中使用的 JavaScript 脚本文件。

实例包含的文件如下。

- demo.html：本实例的主页。
- styles.css：本实例使用的样式表。
- script\jquery.js：jQuery 脚本文件。
- script\tooltip.js：实例中使用的 JavaScript 脚本文件，显示智能提示条的功能就是在该脚本中实现的。

2. 设计主页

在本实例的主页 demo.html 中，定义了两个 p 元素，每个 p 元素中都包含一个 a 元素，定义代码如下：

```
<p class="nr1"><a href="" class="Tooltip" title="This is a small tooltip with the
Classname 'Tooltip'">This is a link</a></p>
<p class="nr2"><a href="" class="Tooltip" title="This is a small tooltip with the
Classname 'Tooltip'">This is link #2</a></p>
```

demo.html 中使用 styles.css 设计 CSS 样式，定义代码如下：

```
<link rel="stylesheet" type="text/css" href="styles.css" />
```

在 styles.css 中定义了 a 元素的样式，定义代码如下：

```
.nr1 a{
color:#333;
width:150px;
line-height:150px;
background-color:#ccc;
display:block;
text-decoration:none;
position:absolute;
top:230px;
left:100px;
text-align:center;
padding:3px 0px;
}

.nr2 a{
color:#333;
width:150px;
line-height:150px;
background-color:#ccc;
display:block;
text-decoration:none;
position:absolute;
top:290px;
right:500px;
text-align:center;
padding:3px 0px;
}

a:hover{
color:#fff;
background-color:#666;
```

3. 显示智能提示条

在 js 目录下的 tooltip.js 中定义了显示智能提示条的 jQuery 代码，具体如下：

```
function simple_tooltip(target_items, name){ // item 是显示提示条的元素名称，name 为提示
条的 class 名称
    $(target_items).each(function(i){
        // 在网页中添加一个 class 名称为 name 的 div 元素，作为提示条的容器。其中包含一个 p 元素，用于
显示提示条的内容（内容为元素的 title 属性值）
        $("body").append("<div (class='"+name+"' id='"+name+i+"'><p>"+$(this).attr
('title')+"</p></div>");
        var my_tooltip = $("#"+name+i);
        //title 属性值不为空时显示提示条
        if($(this).attr("title") != "" && $(this).attr("title") != "undefined" ){

        $(this).removeAttr("title").mouseover(function(){
                my_tooltip.css({opacity:0.8,    display:"none"}).fadeIn(400);
//N 淡入显示提示条
        }).mousemove(function(kmouse){    //移动鼠标时设置提示条的位置和大小
                var border_top = $(window).scrollTop();
                var border_right = $(window).width();
                var left_pos;
                var top_pos;
                var offset = 20;
                if(border_right - (offset *2) >= my_tooltip.width() + kmouse.pageX){
                    left_pos = kmouse.pageX+offset;
                    } else{
                    left_pos = border_right-my_tooltip.width()-offset;
                    }

                if(border_top + (offset *2)>= kmouse.pageY - my_tooltip.height()){
                    top_pos = border_top +offset;
                    } else{
                    top_pos = kmouse.pageY-my_tooltip.height()-offset;
                    }

                my_tooltip.css({left:left_pos, top:top_pos});
        }).mouseout(function(){    // 鼠标移出时隐藏提示条
                my_tooltip.css({left:"-9999px"});
        });

        }

    });
}
```

请参照注释理解。在 demo.html 中通过下面的代码指定 a 元素显示提示条：

```
<script type="text/javascript" src="script/jquery.js"></script>
<script type="text/javascript" src="script/tooltip.js"></script>
<script type="text/javascript" >
$(document).ready(function(){
    simple_tooltip("a","tooltip");
    });
</script>
```

4．定义智能提示条的样式

在 styles.css 中定义了提示条（class="tooltip"）的样式，代码如下：

```
.tooltip{
position:absolute;
left:-2000px;
background-color:#dedede;
padding:5px;
border:1px solid #fff;
width:550px;
height:250px;
}
```

12.2　图 片 播 放

很多网站都需要使用图片展示产品或个人生活，本节介绍一组使用 jQuery 实现的用于展示和播放图片的实例。

12.2.1　实现幻灯片特效

本节介绍一个实现幻灯片特效的实例，如图 12-4 所示。

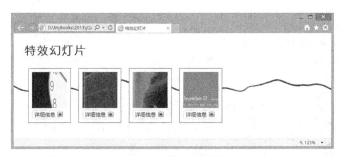

图 12-4　本节实例的效果

实例中定义了 4 个图片，图片包含在一个边框里面，下面有一个详细信息按钮。单击详细信息按钮会以动画效果滑出展示图片，如图 12-5 所示。

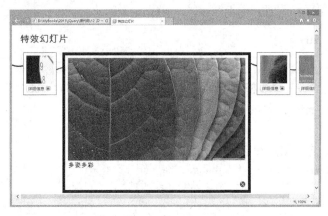

图 12-5　单击详细信息按钮会以动画效果滑出展示图片

1. 实例包含的目录和文件

本实例保存在本书源代码的"12\12.2.1"目录下，实例包含的子目录如下所述。

- images：用于保存本例中使用的图片。
- js：用于保存实例中使用的 JavaScript 脚本文件。

实例包含的文件如下。

- demo.html：本实例的主页。
- styles.css：本实例使用的样式表。
- js\jquery.js：jQuery 脚本文件。
- js\photorevealer.js：实例中用于处理幻灯片特效的 jQuery 程序。

2. 定义幻灯片

在 demo.html 中，定义幻灯片的代码如下：

```
<table><tr>
<td><div class="photo_slider">
    <img src="images/clock.jpg"/>
    <div class="info_area">
        <h3>时钟</h3>
    </div>
</div></td>


<td><div class="photo_slider">
    <img src="images/colorful.jpg"/>
    <div class="info_area">
        <h3>多姿多彩</h3>
    </div>
</div></td>
    <td><div class="photo_slider">
        <img src="images/girl.jpg"/>
        <div class="info_area">
            <h3>美女</h3>
        </div>
    </div></td>

    <td><div class="photo_slider">
        <img src="images/flower.jpg"/>
        <div class="info_area">
            <h3>小花</h3>
        </div>
    </div></td>
    </tr></table>
```

所有幻灯片都包含在一个表格中，幻灯片容器是一个 class="photo_slider"的 div 元素，说明文字容器是一个 class=" info_area"的 div 元素。

3. CSS 样式

在 styles.css 中，定义幻灯片容器样式的代码如下：

```
<div id="ca_banner1" class="ca_banner ca_banner1">
                <div class="ca_slide ca_bg1">
                    <div class="ca_zone ca_zone1"><!--Product-->
                        <div class="ca_wrap ca_wrap1">
                            <img src="images/product1.png" class="ca_shown" alt=""/>
```

```
                            <img src="images/product2.png" alt="" style="display:
none;"/>
                            <img src="images/product3.png" alt="" style="display:
none;"/>
                            <img src="images/product4.png" alt="" style="display:
none;"/>
                            <img src="images/product5.png" alt="" style="display:
none;"/>
                        </div>
                    </div>
                    <div class="ca_zone ca_zone2"><!--Line-->
                        <div class="ca_wrap ca_wrap2">
                            <img src="images/line1.png" class="ca_shown" alt=""/>
                            <img src="images/line2.png" alt="" style="display:none;"/>
                        </div>
                    </div>
                    <div class="ca_zone ca_zone3"><!--Title-->
                        <div class="ca_wrap ca_wrap3">
                            <img src="images/title1.png" class="ca_shown" alt="" />
                            <img src="images/title2.png" alt="" style="display:none;"/>
                            <img src="images/title3.png" alt="" style="display:none;"/>
                        </div>
                    </div>
                </div>
```

12.2.2　实现魔幻盒特效

本节介绍使用 FancyBox 插件实现在一个魔幻盒（FancyBox）中显示图片的实例，如图 12-6 所示。可以通过参数设置魔幻盒的样式和显示方式。

图 12-6　本节实例的效果

1．实例包含的目录和文件

本实例保存在本书源代码的"12\12.2.2\"目录下，实例包含的子目录如下所述。

● demo：用于保存本例中使用的图片和主页文件。

● lib：用于保存实例中使用的 JavaScript 脚本文件。

● source：用于保存 jquery.fancybox.js 插件的脚本文件、CSS 文件和一些功能按钮图片。

本实例需要引用的脚本文件和 CSS 文件如下：

```
<!-- jQuery 库 -->
<script type="text/javascript" src="../lib/jquery-1.9.0.min.js"></script>

<!-- 可选，用于实现鼠标滑轮切换图片的功能-->
<script type="text/javascript" src="../lib/jquery.mousewheel-3.0.6.pack.js"></script>

<!-- fancyBox 插件的主要 JS 和 CSS 文件 -->
<script type="text/javascript" src="../source/jquery.fancybox.js?v=2.1.4"></script>
<link rel="stylesheet" type="text/css" href="../source/jquery.fancybox.css?v=2.1.4"
media="screen" />

<!-- 可选，用于定义按钮功能 -->
<link rel="stylesheet" type="text/css" href="../source/helpers/jquery.fancybox-
buttons.css?v=1.0.5" />
<script type="text/javascript" src="../source/helpers/jquery.fancybox-buttons.js?v
=1.0.5"></script>

<!-- 可选，用于实现缩略图的功能-->
<link rel="stylesheet" type="text/css" href="../source/helpers/jquery.fancybox-
thumbs.css?v=1.0.7" />
<script type="text/javascript" src="../source/helpers/jquery.fancybox-thumbs.js?v=
1.0.7"></script>
```

请参照注释理解文件的功能。

2. 对魔幻盒应用缺省效果

在 demo.html 中，定义了 4 个 class="fancybox"的图片，代码如下：

```
<a class="fancybox" href="1_b.jpg" data-fancybox-group="gallery" title="Lorem ipsum
dolor sit amet"><img src="1_s.jpg" alt="" /></a>

<a class="fancybox" href="2_b.jpg" data-fancybox-group="gallery" title="Etiam quis mi
eu elit temp"><img src="2_s.jpg" alt="" /></a>

<a class="fancybox" href="3_b.jpg" data-fancybox-group="gallery" title="Cras neque mi,
semper leon"><img src="3_s.jpg" alt="" /></a>

<a class="fancybox" href="4_b.jpg" data-fancybox-group="gallery" title="Sed vel
sapien vel sem uno"><img src="4_s.jpg" alt="" /></a>
```

fancybox-group 属性被 FancyBox 插件理解为图片组。定义图片组后，在魔幻盒中会显示上一张和下一张按钮。title 属性被 FancyBox 插件理解为图片的说明文字。

将图片绑定到 FancyBox 插件的方法如下：

```
$('.fancybox').fancybox();
```

单击图片可以弹出如图 12-7 所示的魔幻盒。

3. 自定义魔幻盒标题和外围轮廓

将图片绑定到 FancyBox 插件时可以指定魔幻盒标题和外围轮廓，方法如下：

```
$(".fancybox-effects-a").fancybox({
                helpers: {
                    title : {
                        type : inside
                    },
                    overlay : {
                        css : {
```

```
                        'background' : 'rgba(238,238,238,0.85)'
        }
               }
    });
```

在 title 属性里用 type 属性可以定义图片标题的类型，可取值如下。

- outside：标题在魔幻盒的外面。
- over：标题在魔幻盒的图片上面。
- inside：标题在魔幻盒的里面（边框上）。

使用 overlay 属性可以定义魔幻盒的外围轮廓，这里设置外围轮廓的 CSS 样式（背景色）。上面代码设计的魔幻盒如图 12-8 所示。

图 12-7　对魔幻盒应用默认效果

图 12-8　自定义魔幻盒标题和外围轮廓

4. 自定义魔幻盒使用缩略图

将图片绑定到 FancyBox 插件时可以指定魔幻盒使用缩略图，方法如下：

```
$('.fancybox-thumbs').fancybox({
    ……

                helpers : {
                    thumbs : {
                        width  : 50,
                        height : 50
                    }
                }
            });
```

width 和 height 用于指定缩略图的宽度和高度。

魔幻盒的缩略图如图 12-9 所示。

图 12-9　使用缩略图的魔幻盒

还有一些 FancyBox 插件的使用方法，由于篇幅所限，这里就不详细介绍了。可以参照实例的源代码理解。

12.2.3 滚动展示图片

本节介绍使用 jQuery Tools 插件实现在一个滚动框中展示图片的实例，如图 12-10 所示。可以通过参数设置魔幻盒的样式和显示方式。

图 12-10　本节实例的效果

本实例保存在本书源代码的 "12\12.2.3\" 目录下，实例包含的子目录如下所述。

- js：用于保存实例中使用的 JavaScript 脚本文件。
- images：用于保存本例中使用的图片。
- styles：用于保存本实例使用的样式表和相关控制按钮图片。

本实例需要引用的脚本文件和 CSS 文件如下：

```
<script src="js/jquery.tools.min.js"></script>
  <!--scrollable-horizontal.css 用于定义水平滚动框的样式 -->
<link rel="stylesheet" type="text/css"
  href="styles/scrollable-horizontal.css" />
  <!--scrollable-buttons 用于定义控制按钮的样式 -->
<link rel="stylesheet" type="text/css"
  href="styles/scrollable-buttons.css" />
```

请参照注释理解文件的功能。在 scrollable-buttons.css 中定义了控制按钮的图片，代码如下：

```
a.browse {
    background:url(hori_large.png) no-repeat;
    display:block;
    width:30px;
    height:30px;
    float:left;
    margin:40px 10px;
    cursor:pointer;
    font-size:1px;
}
```

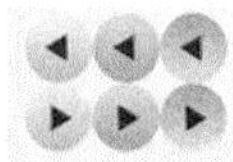

图 12-11　hori_large.png

hori_large.png 保存在 styles 目录，其中包含了左右箭头按钮的各种状态的图片，如图 12-11 所示。

在 demo.html 中，定义一个 class="scrollable"（id 也等于"scrollable"）的 div 元素作为滚动图片框容器，其中包含 12 个图片，代码如下：

```
<!-- 滚动图片框容器 -->
<div class="scrollable" id="scrollable">
```

```
<!--滚动图片框 -->
<div class="items">
  <!-- 1-4 -->
  <div>
    <img src="images/1.jpg" />
    <img src="images/2.jpg" />
    <img src="images/3.jpg" />
    <img src="images/4.jpg" />
  </div>
  <!-- 5-8 -->
  <div>
    <img src="images/5.jpg" />
    <img src="images/6.jpg" />
    <img src="images/7.jpg" />
    <img src="images/8.jpg" />
  </div>
  <!-- 9-12 -->
  <div>
    <img src="images/9.jpg" />
    <img src="images/10.jpg" />
    <img src="images/11.jpg" />
    <img src="images/12.jpg" />
  </div>
</div>
```

将滚动图片框容器绑定到 jQuery Tools 插件的方法如下：

```
<script>
$(function() {
  // initialize scrollable
  $(".scrollable").scrollable();
});
</script>
```

12.2.4　图片的翻转

本节介绍使用 jQuery flip 插件实现图片的翻转。实际上，jQuery flip 插件可以翻转一个 div 元素，如果 div 元素里包含图片就会实现图片的翻转。

本实例保存在本书源代码的"12\12.2.4\"目录下，实例包含一个子目录 js，用于保存实例中使用的 JavaScript 脚本文件。

本实例需要引用的脚本文件和 CSS 文件如下：

```
<link rel="stylesheet" type="text/css" href="styles.css"/>
<script src="js/jquery.js"></script>
<script src="js/jquery.flip.min.js"></script>
```

jquery.flip.min.js 是 jQuery flip 插件的脚本文件。

在本实例的主页 demo.html 中定义一个 div 元素作为翻转的对象，代码如下：

```
<div id="flipbox">Hello! I'm a flip-box! :)</div>
```

然后定义 5 个超链接，分别实现不同类型的翻转，代码如下：

```
<div id="flipPad">
    <a href="#" class="left" rel="rl" rev="#39AB3E" title="Change content as
<em>you</em> like!">left</a>
    <a href="#" class="top" rel="bt" rev="#B0EB17" title="Ohhh yeah!">top</a>
    <a href="#" class="bottom" rel="tb" rev="#82BD2E" title="Hey oh let's
go!">bottom</a>
```

```
            <a href="#" class="right" rel="lr" rev="#C8D97E" title="Waiting for css3...
">right</a>
            <a href="#" class="revert">revert!</a></div>
```

rel 属性用于指定翻转的类型，rev 属性用于指定翻转后 div 元素的背景色，title 属性用于指定翻转后 div 元素里面显示的内容。

除了 revert 超链接，其他 4 个超链接的处理方式都相同，都是根据超链接的 rel 属性和 rev 属性调用 flip()实现对 div 元素的翻转操作，代码如下：

```
$("#flipPad a:not(.revert)").bind("click",function(){
    var $this = $(this);
    $("#flipbox").flip({
        direction: $this.attr("rel"),   // 翻转方向
        color: $this.attr("rev"),       // 翻转后，div 元素的背景色
        content: $this.attr("title"),//翻转后，div 元素的内容，
        onBefore: function(){$(".revert").show()} //翻转前执行自定义函数，显示 revert 超链接
    })
    return false;
});
```

单击 revert 超链接的代码如下：

```
$(".revert").bind("click",function(){
    $("#flipbox").revertFlip();
    return false;
});
```

程序调用 revertFlip()方法回退上次的翻转操作。本实例的界面如图 12-12 所示。当然，要想体验翻转的效果还需要亲自上机实验。

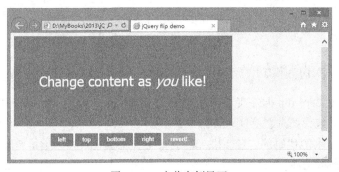

图 12-12　本节实例界面

12.2.5　幻灯片式画廊

本节介绍一个使用 jquery-ui.min.js 插件和 jquery.easing.1.3.js 插件设计幻灯片式画廊的实例，如图 12-13 所示。jquery-ui.min.js 插件可以设计一组用户控件，这里用于实现画廊下面的滑动条；jquery.easing.1.3.js 插件可以实现一些动画效果。

浏览网页时画廊里的图片会快速地滑动展示，也可以通过下面的滑动条滑动画廊。

1. 实例包含的目录和文件

本实例保存在本书源代码的"12\12.2.5"目录下，实例包含的子目录如下所述。

- css：用于保存本实例使用的样式表。
- images：用于保存本例中使用的图片。

- js：用于保存实例中使用的 JavaScript 脚本文件。

图 12-13　本节实例的效果

实例包含的文件如下。

- index.html：本实例的主页。
- js\jquery.js：jQuery 脚本文件。
- js\jquery-ui.min.js：实例中使用的 jquery-ui.min.js 插件脚本文件。
- js\jquery.easing.1.3.js：实例中使用的 jquery.easing.1.3.js 插件脚本文件。
- css\styles.css：本实例使用的样式表。
- css\jquery.ui.core.css：jquery-ui.min.js 插件使用的样式表。
- css\jquery.ui.slider.css：本实例中滑动条使用的样式表。

2. 设计画廊结构的 HTML 代码

在 index.html 中定义，方法如下：

```
<div id="fp_thumbContainer">
    <div id="fp_thumbScroller">
        <div class="container">
            <div class="content">
                <div><a        href="#"><img      src="images/album1/thumbs/1.jpg"
alt="images/album1/1.jpg" class="thumb" /></a></div>
            </div>
            ……
        </div>
    </div>
```

代码中省略了一部分定义图片的 HTML 代码。网页中使用一些 div 元素定义画廊结构，这些 div 元素的关系如图 12-14 所示。

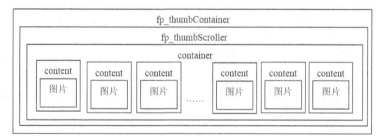

图 12-14　定义画廊结构的 div 元素的关系

3. 设计滑动条的 HTML 代码

设计滑动条的 HTML 代码如下：

```
<div id="fp_scrollWrapper" class="fp_scrollWrapper">
            <span id="fp_prev_thumb" class="fp_prev_thumb"></span>
            <div id="slider" class="slider"></div>
            <span id="fp_next_thumb" class="fp_next_thumb"></span>
        </div>
```

网页中使用一些 div 元素定义滑动条结构，这些 div 元素的关系如图 12-15 所示。

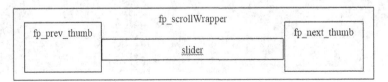

图 12-15　定义滑动条结构的 div 元素的关系

4. 设计查看预览图的 HTML 代码

本例中单击画廊中的一个缩略图会弹出一个窗口显示预览图，如图 12-16 所示。

图 12-16　查看预览图

预览图的 HTML 代码如下：

```
<div id="fp_overlay" class="fp_overlay"></div>
<div id="fp_loading" class="fp_loading"></div>
<div id="fp_next" class="fp_next"></div>
<div id="fp_prev" class="fp_prev"></div>
<div id="fp_close" class="fp_close">关闭预览</div>
```

网页中使用一些 div 元素定义预览图的结构，这些 div 元素的关系如图 12-17 所示。

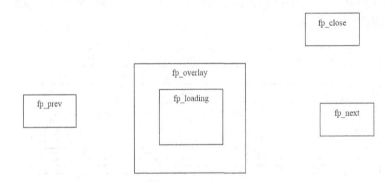

图 12-17　定义预览图结构的 div 元素的关系

5. 选择 HTML 元素

为了在 jQuery 程序中对画廊 HTML 元素进行操作，首先需要使用选择器选择 HTML 元素，代码如下：

```
$(function() {
    //caching
    // 画廊的主 div 元素容器
    var $fp_gallery          = $('#fp_gallery')
    //弹出的显示大图的 div 元素容器
    var $fp_overlay          = $('#fp_overlay');
    // 显示加载图片的 div 元素容器
    var $fp_loading          = $('#fp_loading');
    // 前移和后移按钮
    var $fp_next         = $('#fp_next');
    var $fp_prev         = $('#fp_prev');
    //关闭按钮
    var $fp_close        = $('#fp_close');
    //缩略图 div 元素容器
    var $fp_thumbContainer    = $('#fp_thumbContainer');
    //缩略图下方的滑动控制条 div 元素容器
    var $fp_scrollWrapper = $('#fp_scrollWrapper');
    //图片数量
    var nmb_images=0;
    //选择画廊的索引
    var gallery_idx=-1;
    //画廊的滚动条 div 元素容器
    var $fp_thumbScroller = $('#fp_thumbScroller');
    //缩略图下方的滑动控制条
    var $slider          = $('#slider');
    // 选择画廊（城市）的链接
    var $fp_galleries    = $('#fp_galleryList > li');
    // 当前 查看的图片
    var current          = 0;
    //防止过快单击前移和后移按钮
    var photo_nav        = true;
    ......
```

6. 选择不同的城市和画廊

在网页的上方定义了两个城市（画廊）超链接，定义代码如下：

```
<ul id="fp_galleryList" class="fp_galleryList">
    <li>巴黎</li>
    <li>纽约</li>
</ul>
```

单击城市超链接的处理代码如下：

```
// 选择画廊（城市）的链接
var $fp_galleries = $('#fp_galleryList > li');
$fp_galleries.bind('click',function(){
    $fp_galleries.removeClass('current');    //将之前选择的城市/画廊链接移除'current'类
    var $gallery = $(this);
    $gallery.addClass('current');                //将单击的城市/画廊链接添加'current'类
```

```
        var gallery_index = $gallery.index(); //记录画廊索引
        if(gallery_idx == gallery_index) return;
        gallery_idx = gallery_index;
        // 如果画廊已经打开
        if($fp_thumbContainer.data('opened')==true){
            $fp_scrollWrapper.fadeOut(); //原画廊滑动区域淡出
            $fp_thumbContainer.stop()  //停止缩略图动画，然后滚动显示缩略图
                .animate({'height':'0px'},200,function(){
                    openGallery($gallery); // 打开画廊
                });
        }
        else// 如果画廊没有打开，则直接打开
            openGallery($gallery);
    });
```

OpenGallery()方法用于打开指定的画廊，代码如下：

```
                function openGallery($gallery){
                    //重置 current 变量
                    current = 0;
                    //找到选择城市/画廊对应的 div 元素
                    var $fp_content_wrapper = $fp_thumbContainer.find('.container:
nth-child('+parseInt(gallery_idx+1)+')');
                    //隐藏所有其他的画廊容器 div 元素
        $fp_thumbContainer.find('.container').not($fp_content_wrapper).hide();
                    //显示选择城市/画廊对应的 div 元素
                    $fp_content_wrapper.show();
                    //图片数量
                    nmb_images = $fp_content_wrapper.children('div'). length;
                    //计算 div 元素的宽度和左右边距
                    var w_width  = 0;
                    var padding_l= 0;
                    var padding_r= 0;
                    //屏幕中心
                    var center = $(window).width()/2;
                    var one_divs_w  = 0;

                    // 处理画廊里所有子 div 元素
                    $fp_content_wrapper.children('div').each(function(i){
                        var $div = $(this);
                        var div_width= $div.width();
                        w_width +=div_width;
                        // t 左边距=屏幕中心-画廊里第 1 个子 div 元素的一半
                        if(i==0)
                            padding_l = center - (div_width/2);
                        //右边距=屏幕中心-画廊里最后 1 个子 div 元素的一半
                        if(i==(nmb_images-1)){
                            padding_r = center - (div_width/2);
                            one_divs_w= div_width;
                        }
                    }).end().css({
                        'width'                 : w_width + 'px',
```

```
                                    'padding-left'          : padding_l + 'px',
                                    'padding-right'   : padding_r + 'px'
                            });

                            //s 所有图 向左滚动;
                            $fp_thumbScroller.scrollLeft(w_width);

                            //初始化滑动条
                            $slider.slider('destroy').slider({
                                    orientation    : 'horizontal', //水平
                                    max              : w_width -one_divs_w,// 最大宽度=图片宽度之和-
一个子 div 元素的宽度

                                    min              : 0,
                                    value            : 0,   // 初始位置
                                    slide            : function(event, ui) {
                                            $fp_thumbScroller.scrollLeft(ui.value); // 滑动时向左滑动
                                    },
                                    stop: function(event, ui) {
                                            //停止滑动时，需要离中心最近的图片移动到中心
                                            checkClosest();
                                    }
                            });
                            // 打开画廊，并显示滑动块
$fp_thumbContainer.animate({'height':'240px'},200,function(){
                                    $(this).data('opened',true);
                                    $fp_scrollWrapper.fadeIn();
                            });

                            //向右滚动
                            $fp_thumbScroller.stop()
                                    .animate({'scrollLeft':'0px'},2000,'easeInOutExpo');
                    ......
        }
```

7.　单击缩略图的处理

单击画廊中的缩略图时，会将其滑动到屏幕的中间并弹出一个窗口显示预览图，代码如下：

```
//单击 content div (图片)的处理
                    $fp_content_wrapper.find('.content')
                                            .bind('click',function(e){
                            var $current = $(this);
                            //获得索引
                            current = $current.index();
                            //图像居中
                            //第 2 个参数为 true，表示将单击的图片居中后，显示图片
                            centerImage($current,true,600);
                            e.preventDefault();
                    });
```

centerImage()方法用于将图片滑动到屏幕的中间，代码如下：

```
//将图片居中，如果 open=true，则打开图片
function centerImage($obj,open,speed){
```

```
//图片的偏移量
var obj_left          = $obj.offset().left;
// 计算图片中心，等于左偏移量+图片宽度的一半
var obj_center              = obj_left + ($obj.width()/2);
//计算窗口的中心
var center             = $(window).width()/2;
    // 计算原画廊滚动条位置
var currentScrollLeft       = parseFloat($fp_thumbScroller.scrollLeft(),10);
// 为了将图片居中，新的画廊滚动条位置= 图片中心-窗口中心+原画廊滚动条位置
var move               = currentScrollLeft + (obj_center - center);
if(move != $fp_thumbScroller.scrollLeft()) //try 'easeInOutExpo'
    $fp_thumbScroller.stop()
                        .animate({scrollLeft: move}, speed,function(){
        if(open)
            enlarge($obj);
    });
else if(open)
    enlarge($obj);
                }
```

enlarge()方法用于弹出一个窗口显示预览图，代码如下：

```
function enlarge($obj){
    //定位缩略图中的图片
    var $thumb = $obj.find('img');
    //显示加载中图片
    $fp_loading.show();
    //加载大图
    $('<img id="fp_preview" />').load(function(){
        var $large_img   = $(this);
        //如果预览框已经存在，则移除
        $('#fp_preview').remove();
        $large_img.addClass('fp_preview');
        //将大图显示在缩略图的顶部
        //然后添加到 fp_gallery div 元素中
        var obj_offset   = $obj.offset();
        $large_img.css({
            'width'  : $thumb.width() + 'px',
            'height' : $thumb.height() + 'px',
            'top'    : obj_offset.top + 'px',
            'left'   : obj_offset.left + 5 + 'px'// 边框宽度 5px
        }).appendTo($fp_gallery);
        //getFinalValues()根据窗口大小计算可能的最大宽度和高度
        // 使用 jQuery.data()方法将这些数据保存在元素中
        getFinalValues($large_img);
        var largeW   = $large_img.data('width');
        var largeH   = $large_img.data('height');
        var $window = $(window);
        var windowW = $window.width();
        var windowH = $window.height();
        var windowS = $window.scrollTop();
        //隐藏加载中图片
        $fp_loading.hide();
```

```
// 显示轮廓
$fp_overlay.show();
//动画处理大图
$large_img.stop().animate({
    'top'    : windowH/2 -largeH/2 + windowS + 'px',
    'left'   : windowW/2 -largeW/2 + 'px',
    'width'  : largeW + 'px',
    'height' : largeH + 'px',
    'opacity'    : 1
},800,function(){
    //动画后显示前一个和后一个按钮
    showPreviewFunctions();
});
}).attr('src',$thumb.attr('alt'));
}
```

由于篇幅所限，本节没有介绍设计 CSS 样式的代码和全部 jQuery 代码。有兴趣的读者可以参照源代码理解。

12.2.6　Blockster 过渡特效

本节介绍使用 Blockster 插件实现图片过渡特效（一个图片一块一块地过渡到另一个图片）的实例，图 12-18 是过渡过程中的一个状态。

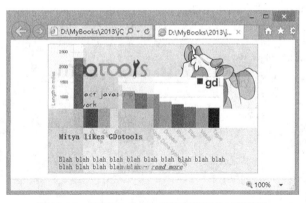

图 12-18　使用 Blockster 插件实现图片过渡特效

1．实例包含的文件

本实例保存在本书源代码的 "12\12.2.6\" 目录下，实例包含的文件如下所述。

- demo.html：本实例的主页。
- demo_CSS.css：本实例使用的样式表。
- jquery.js：jQuery 脚本文件。
- blockster.js：实例中用于实现图片过渡特效的 Blockster 插件文件。

本实例需要引用的脚本文件和 CSS 文件如下：

```
<script type="text/javascript" src="jquery.js"></script>
<script src='blockster.js'></script>
```

2．定义用于装载过渡图片的 div 元素

在 demo.html 中，定义一个用于装载过渡图片的 div 元素，代码如下：

```
<div id='slidesHolder'>
```

```
    <div class='fr_slide1'>
        <div>
            <h5>Mitya likes jQuery</h5>
            <p>Blah blah blah blah blah blah blah blah blah blah blah blah blah blah
blah - <a href='#'>read more</a></p>
        </div>
    </div>
    <div class='fr_slide2'>
        <div>
            <h5>Mitya likes GD</h5>
            <p>Blah blah blah blah blah blah blah blah blah blah blah blah blah blah
blah - <a href='#'>read more</a></p>
        </div>
    </div>
    <div class='fr_slide3'>
        <div>
            <h5>Mitya likes Mootools</h5>
            <p>Blah blah blah blah blah blah blah blah blah blah - <a href='#'>read
more</a></p>
        </div>
    </div>
</div>
```

其中包含 3 个子元素，用于定义 3 个用于过渡的图片。

3. 定义图片过渡特效

将图片绑定到 Blockster 插件的代码如下：

```
<script>
        $(function() {
            new Blockster({
                holder: '#slidesHolder',    // 指定容器 id
                rows: 4,                     // 行数
                cols: 6,                     // 列数
                random: true                 // 是否随机切换
            });
        });
        </script>
```

4. 定义图片样式

在 demo_CSS.css 中定义了 div 元素的样式和使用的图片，相关代码如下：

```
#slidesHolder { width: 400px; height: 240px; position: relative; border: solid 1px #aaa;
margin: 0 auto; }
    #slidesHolder div { position: absolute; width: 400px; height: 240px; background
-repeat: no-repeat; }
    .fr_slide1 { background: url('http://www.mitya.co.uk/imgs/scriptDemos/blockster/
slide1.jpg'); }
    .fr_slide2 { background: url('http://www.mitya.co.uk/imgs/scriptDemos/blockster/
slide2.jpg'); }
    .fr_slide3 { background: url('http://www.mitya.co.uk/imgs/scriptDemos/blockster/
slide3.jpg'); }
        #slidesHolder div div { height: 84px; bottom: 0; }
            #slidesHolder div div a { font-weight: bold; font-style: italic; font-size:
13px; color: #2085bd; }
                #slidesHolder div div h5 { color: #333; margin-top: 8px !important;
text-indent: 20px; }
                #slidesHolder div div p { color: #333; margin-top: 5px; font-size: 13px;
margin-left: 20px; width: 80%; }
```

```
.fr_slide1 div h5, .fr_slide1 div p { color: #fff !important; }
.fr_slide3 div p { width: 60% !important; }
```

12.2.7　自动滑动播放图片

本节介绍使用 SlidesJS 插件实现自动滑动播放图片的实例，如图 12-19 所示。

图 12-19　使用 SlidesJS 插件实现自动滑动播放图片

本实例包含 4 个图片，右下角的 4 个圆圈表示播放图的位置，左下角包含前一个、下一个和播放等控制按钮。每隔 4 秒钟图片会自动向左滑动，并切换到下一幅图片，也可以通过控制按钮来切换图片。

1. 实例包含的文件

本实例保存在本书源代码的 "12\12.2.7\" 目录下，实例包含的子目录如下所述。

- img：用于保存本例中使用的图片。
- js：用于保存实例中使用的 JavaScript 脚本文件。
- css：用于保存本实例使用的样式表文件。

实例包含的文件如下。

- demo.html：本实例的主页。
- css\example.css：本实例使用的样式表。
- js\jquery.js：jQuery 脚本文件。
- js\jquery.slides.min.js：实例中用于实现自动滑动播放图片的 SlidesJS 插件文件。

本实例需要引用的脚本文件和 CSS 文件如下：

```
<script src="js/jquery.js"></script>
<script src="js/jquery.slides.min.js"></script>
  <link rel="stylesheet" href="css/example.css">
```

2. 定义用于装载图片的 div 元素和图片元素

在 demo.html 中，定义用于装载图片的 div 元素和图片元素的代码如下：

```
<div class="container">
   <div id="slides">
      <img src="img/example-slide-1.jpg" alt="Photo by: Missy S Link: http://www.
flickr.com/photos/listenmissy/5087404401/">
      <img src="img/example-slide-2.jpg" alt="Photo by: Daniel Parks Link: http://www.
flickr.com/photos/parksdh/5227623068/">
      <img src="img/example-slide-3.jpg" alt="Photo by: Mike Ranweiler Link: http://www.
```

```
flickr.com/photos/27874907@N04/4833059991/">
        <img src="img/example-slide-4.jpg" alt="Photo by: Stuart SeegerLink: http://www.
flickr.com/photos/stuseeger/97577796/">
    </div>
  </div>
```

3. 定义图片自动滑动播放

将图片绑定到 SlidesJS 插件的代码如下：

```
<script>
  $(function() {
  $('#slides').slidesjs({
    width: 940,              //宽度
    height: 528,             //高度
    play: {                  // 播放属性
      active: true,          //播放按钮是否有效
      auto: true,            //是否自动播放
      interval: 4000,        // 自动播放的时间间隔为 4s
      swap: true             //是否循环播放
    }
  });
  });
</script>
```

由于篇幅所限，本节没有介绍设计 CSS 样式的代码，有兴趣的读者可以参照源代码理解。

12.3 菜单和选项卡

菜单和选项卡是对网页内容进行分类的重要方式，本节介绍一些使用 jQuery 设计菜单和选项卡特效的实例。

12.3.1 jQuery+CSS 设计选项卡和侧边栏菜单

本节介绍一个使用 jQuery+CSS（CSS 用于设计样式，jQusery 用于切换样式和实现动画效果）设计自定义动画选项卡和侧边栏菜单的实例，如图 12-20 所示。

图 12-20 本节实例的效果

实例中定义了包含 5 个选项的选项卡，选项卡的内容是一组菜单。

1. 实例包含的目录和文件

本实例保存在本书源代码的 "12\12.3.1" 目录下，实例包含的子目录如下所述。

- images：用于保存本例中使用的图片。
- js：用于保存实例中使用的 JavaScript 脚本文件。

实例包含的文件如下。

- demo.html：本实例的主页。
- js\jquery.js：jQuery 脚本文件。

2. 设计选项卡按钮的 HTML 代码

在 demo.html 中定义 5 个选项卡按钮的代码如下：

```
<div class="box">
<ul id="tabMenu">
<li class="posts selected"></li>
<li class="comments"></li>
<li class="category"></li>
<li class="famous"></li>
<li class="random"></li>
</ul>
```

class="box"的 div 元素用于定义整个选项卡，id="tabMenu"的无序列表 ul 用于定义选项卡按钮，其中包含的 5 个 li 元素分别定义 5 个选项卡按钮。

3. 设计选项卡按钮样式的 CSS 代码

在 demo.html 中定义项卡按钮样式的 CSS 代码如下：

```
#tabMenu{margin:0;padding:0 0 0 15px;list-style:none;}
#tabMenu li{float:left;height:32px;width:39px;cursor:pointer;cursor:hand}
li.comments{background:url(images/tabComment.png) no-repeat 0 -32px;}
li.posts{background:url(images/tabStar.png) no-repeat 0 -32px;}li.category
{background:url(images/tabFolder.png) no-repeat 0 -32px;}
li.famous{background:url(images/tabHeart.png) no-repeat 0 -32px;}
li.random{background:url(images/tabRandom.png) no-repeat 0 -32px;}
li.mouseover{background-position:0
0;}li.mouseout{background-position:0 -32px;}
li.selected{background-position:0 0;}
.box{width:227px}
```

代码中定义了选项卡的大小、选项卡按钮的图片。选项卡按钮图片包含了 2 个图片，分别表示未选中和选中时的状态，例如 tabHeart.png，如图 12-21 所示。

图 12-21　tabHeart.png

在定义 CSS 样式时，通过 background-position 属性设置背景图像的起始位置。

4. 使用 jQuery 设计单击选项卡按钮和鼠标经过选项卡按钮

单击选项卡按钮和鼠标经过选项卡按钮的代码如下：

```
$('#tabMenu li').click(function(){

    //只有没有被选中时才处理
    if (!$(this).hasClass('selected')) {

        //从所有 li 元素中删除'selected'类，即取消选中状态
        $('#tabMenu li').removeClass('selected');
```

```
        //选中单击的 li 元素（选项卡）
        $(this).addClass('selected');

        //隐藏所有 .boxBody（选项卡体）中的 DIV 元素
        $('.boxBody div.parent').slideUp('1500');

        //找到 .boxBody（选项卡体）中与单击的选项卡索引对应的 div 元素，然后滑动显示它
        $('.boxBody    div.parent:eq('    +    $('#tabMenu    >    li').index(this)    +
')').slideDown('1500');

    }
    // 选项卡鼠标移动处理函数
}).mouseover(function() {

    //增加 mouseover 类，删除 mouseout 类
    $(this).addClass('mouseover');
    $(this).removeClass('mouseout');

}).mouseout(function() {//增加 mouseover 类，删除 mouseout 类

    //增加 mouseout 类，删除 mouseover 类
    $(this).addClass('mouseout');
    $(this).removeClass('mouseover');
});
```

请参照注释理解。

5. 设计选项卡内容的 HTML 代码

在 demo.html 中定义选项卡内容的代码如下：

```
<div class="boxTop"></div>
<div class="boxBody">
<div id="posts" class="show parent">
<ul>
<li>Create a Simple CSS + Javascript Tooltip with jQuery.</li>
    ……
</ul>
</div>
<div id="comments" class="parent">
<ul>
<li><a>jQuery Tabbed Navigation Menu. <span> - kevin</span></a></li>
…….
</ul>
</div>
<div id="category" class="parent">
<ul>
<li><a href="http://www.queness.com/tag/ajax">ajax</a></li>
……
</ul>
</div>
<div id="famous" class="parent">
<ul>
……
</ul>
</div>
<div id="random" class="parent">
```

```
<ul>
……
</ul>
</div>
```

代码中省略了一些菜单项的定义。

6. 设计菜单样式的 CSS 代码

在 demo.html 中定义菜单样式的 CSS 代码如下：

```
.boxBody div.parent{display:none;}
.boxBody div.show{display:block;}
.boxBody div ul{margin:0 10px 0 25px;padding:0;width:190px;list-style-image:url
(images/arrow.gif)}
.boxBody div li{border-bottom:1px dotted #8e8e8e;padding:4px 0;cursor:hand;cursor:pointer}
.boxBody div ul li.last{border-bottom:none}
.boxBody div li span{font-size:8px;font-style:italic;color:#888;}
```

7. 使用 jQuery 设计单击和鼠标经过选项卡中菜单列表时的效果

单击和鼠标经过选项卡中菜单列表时的 jQuery 代码如下：

```
$('.boxBody li').click(function(){
   window.location = $(this).children().attr('href');
}).mouseover(function() {
  $(this).css('backgroundColor','#888');
}).mouseout(function() {
  $(this).css('backgroundColor','');
});
```

当鼠标经过菜单列表时将背景色设置为灰色（'#888'），鼠标移出时删除背景色。

8. 处理单击和鼠标经过 Category 选项卡中菜单列表时的动画效果

单击和鼠标经过 Category 选项卡中菜单列表时的 jQuery 代码如下：

```
$('.boxBody #category li').click(function(){

  //Get the Anchor tag href under the LI
  window.location = $(this).children().attr('href');
}).mouseover(function() {

  $(this).css('backgroundColor','#888');   //设置背景色
   //向右移动 20px
  $(this).children().animate({paddingLeft:"20px"}, {queue:false, duration:300});
}).mouseout(function() {                      //鼠标移出处理函数

  $(this).css('backgroundColor','');           //恢复背景色
   ////恢复 paddingLeft 属性，即相当于向左移动 20px
  $(this).children().animate({paddingLeft:"0"}, {queue:false, duration:300});
});
```

与其他选项卡不同的是，鼠标经过 Category 选项卡中菜单列表时会以动画效果将其向右移动 20px（设置 paddingLeft:"20px"），鼠标移出时再恢复（设置 paddingLeft:"0"）。

12.3.2　动画菜单

本节介绍一个使用 jQuery 设计动画菜单的实例。浏览本实例，如图 12-22 所示。单击"导航菜单"按钮会自动下拉菜单，如图 12-23 所示。再单击"导航菜单"按钮会自动收回菜单。

图 12-22　浏览本节实例的初始界面

图 12-23　单击"导航菜单"按钮会自动下拉菜单

1. 实例包含的目录和文件

本实例保存在本书源代码的"12\12.3.2"目录下，实例包含的子目录如下所述。

- images：用于保存本例中使用的图片。
- js：用于保存实例中使用的 JavaScript 脚本文件。

实例包含的文件如下。

- demo.html：本实例的主页。
- styles.css：本实例使用的样式表。
- js\jquery.js：jQuery 脚本文件。

2. 设计菜单的 HTML 代码

在 demo.html 中定义菜单按钮的代码如下：

```
<img src="images/navigate.png" width="184" height="32" class="menu_head" />
```

定义下拉菜单的代码如下：

```
<ul class="menu_body">
  <li><a href="#">首页</a></li>
  <li><a href="#">新闻</a></li>

  <li><a href="#">产品展示</a></li>
  <li><a href="#">经典案例</a></li>
  <li><a href="#">诚招英才</a></li>

  <li><a href="#">企业文化</a></li>
  <li><a href="#">联系我们</a></li>
</ul>
```

class=" menu_body "的 ul 元素用于定义下拉菜单，class=" menu_head"的 img 用于定义菜单按钮。

3. 设计 CSS 代码

在 styles.css 中定义的 CSS 代码如下：

```
body{background:#534741;font-family:Arial, Helvetica, sans-serif; font-size:12px;}
ul, li{margin:0; padding:0; list-style:none;}

.menu_head{border:1px solid #998675;}
.menu_body  {width:184px;border-right:1px  solid  #998675;border-bottom:1px  solid
#998675;border-left:1px solid #998675;}
```

```
.menu_body li{background:#534741;}
.menu_body li a{color:#FFFFFF; text-decoration:none; padding:10px; display:block;}
.menu_body li.alt{background:#793f28;}
.menu_body {display:none; width:184px;border-right:1px solid #998675;border-bottom:
1px solid #998675;border-left:1px solid #998675;}
```

代码中定义了网页背景和字体、菜单按钮的边框以及菜单项的背景色等样式。

4. jQuery 代码

单击菜单按钮的代码如下：

```
<script type="text/javascript">
$(document).ready(function () {
    $("ul.menu_body li:even").addClass("alt");  // 设置间隔菜单项的交替背景色
    $('img.menu_head').click(function () {  //单击菜单按钮下拉和收回菜单的功能
        $('ul.menu_body').slideToggle('medium');
    });
});
</script>
```

请参照注释理解。

12.3.3 动画文本和图标菜单

本节介绍一种由文本和图标组成的菜单。浏览本实例，如图 12-24 所示。

图 12-24 浏览本节实例的初始界面

当鼠标经过时，菜单首先变成一个黑色矩形，然后从上方降落下来菜单的文本和图片，如图 12-25 所示；鼠标移开后，文本和图片又会向上移出。

图 12-25 当鼠标经过时，菜单首先变成一个黑色矩形，然后从上方降落下来菜单的文本和图片

1. 实例包含的目录和文件

本实例保存在本书源代码的"12\12.3.3"目录下，实例包含的子目录如下所述。

- images：用于保存本例中使用的图片。
- js：用于保存实例中使用的 JavaScript 脚本文件。
- css：用于保存实例中使用的样式表文件。

实例包含的文件如下。

- demo.html：本实例的主页。
- css\reset.css：本实例使用的设置网页主要元素样式的 css 文件。
- css\stimenu.css：本实例使用的设置菜单样式的 css 文件。
- js\jquery.easing.1.3.js：用于实现动画效果的脚本文件。
- js\jquery.iconmenu.js：用于实现带图标的菜单的脚本文件。

2. 设计菜单的 HTML 代码

在 demo.html 中定义菜单的代码如下：

```html
<div class="container">
    <h1>动画文本和图标菜单</span></h1>
    <ul id="sti-menu" class="sti-menu">
        <li data-hovercolor="#37c5e9">
            <a href="#">
            <h2 data-type="mText" class="sti-item">高级护理</h2>
            <h3 data-type="sText" class="sti-item">定制服务</h3>
            <span data-type="icon" class="sti-icon sti-icon-care sti-item"></span>
        </a></li>
        <li data-hovercolor="#ff395e">
            <a href="#">
            <h2 data-type="mText" class="sti-item">替代疗法</h2>
            <h3 data-type="sText" class="sti-item">整体解决方案</h3>
            <span data-type="icon" class="sti-icon sti-icon-alternative sti-item">
</span>
            </a></li>
    <li data-hovercolor="#57e676">
        <a href="#">
        <h2 data-type="mText" class="sti-item">现代化信息中心</h2>
        <h3 data-type="sText" class="sti-item">接受教育</h3>
        <span data-type="icon" class="sti-icon sti-icon-info sti-item"></span>
        </a></li>
    <li data-hovercolor="#d869b2">
        <a href="#">
        <h2 data-type="mText" class="sti-item">未来家庭计划</h2>
        <h3 data-type="sText" class="sti-item">为了健康的未来</h3>
        <span data-type="icon" class="sti-icon sti-icon-family sti-item"></span>
        </a></li>
    <li data-hovercolor="#ffdd3f">
        <a href="#">
        <h2 data-type="mText" class="sti-item">先进的技术</h2>
        <h3 data-type="sText" class="sti-item">来自最新科研成果</h3>
        <span data-type="icon" class="sti-icon sti-icon-technology sti-item"></span>
        </a></li>
    </ul>
```

```
    </div>
```

id=" sti-menu "的 ul 元素用于定义下拉菜单，一组 li 元素用于定义菜单按钮。

3．绑定到 iconmenu 插件

将 ul 元素绑定到 iconmenu 插件的代码如下：

```
<script type="text/javascript">
    $(function() {
    $('#sti-menu').iconmenu({ // 绑定到 iconmenu 插件
        animMouseenter    : {   // 鼠标移入时的效果
            'mText' : {speed : 400, easing : 'easeOutExpo', delay : 140, dir : 1},
// 大字用 400ms 从上方降落下来
            'sText' : {speed : 400, easing : 'easeOutExpo', delay : 0, dir : 1}, //
小字用 400ms 从上方降落下来
            'icon'  : {speed : 800, easing : 'easeOutBounce', delay : 280, dir : 1}
// 图标用 800ms 弹跳进入
        },
        animMouseleave    : {
            'mText' : {speed : 400, easing : 'easeInExpo', delay : 140, dir : 1},//
大字用 400ms 向上移出
            'sText' : {speed : 400, easing : 'easeInExpo', delay : 280, dir : 1},//
小字用 400ms 向上移出
            'icon'  : {speed : 400, easing : 'easeInExpo', delay : 0, dir : 1}// 图
标用 400ms 向上移出
        }
    });
    });
</script>
```

请参照注释理解。由于篇幅所限，本节没有介绍设计 CSS 样式的代码，有兴趣的读者可以参照源代码理解。

12.3.4　悬停切换的栏目

通常，网站都可以分成若干个栏目。本节介绍一种可以悬停切换的栏目，当鼠标经过栏目头时，会滑动拉下栏目的内容，如图 12-26 所示。当鼠标离开栏目头时，又会滑动收回栏目的内容。

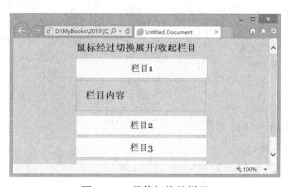

图 12-26　悬停切换的栏目

1．实例包含的目录和文件

本实例保存在本书源代码的"12\12.3.4"目录下，js 目录用于保存实例中使用的 JavaScript 脚本文件。

实例包含的文件如下。

- demo.html：本实例的主页。
- style.css：本实例使用的设置网页样式的 css 文件。
- js\vtip.js：用于保存本实例中 jQuery 程序的脚本文件。

2. 设计菜单的 HTML 代码

在 demo.html 中定义栏目的代码如下：

```html
<div id="wrapper">
<h1>鼠标经过切换展开/收起栏目</h1>
<h2>栏目 1</a></h2>
<div class="togglebox">
    <div class="block">
        <h3>栏目内容</h3>
        <!--Content-->
    </div>
</div>

<h2>栏目 2</a></h2>
<div class="togglebox">
    <div class="block">
        <h3>栏目内容</h3>
        <!--Content-->
    </div>
</div>

<h2>栏目 3</a></h2>
<div class="togglebox">
    <div class="block">
        <h3>栏目内容</h3>
        <!--Content-->
    </div>
</div>

<h2>栏目 4</a></h2>
<div class="togglebox">
    <div class="block">
        <h3>栏目内容</h3>
        <!--Content-->
    </div>
</div>
</div>
```

使用 class ="togglebox"的 div 元素用于定义栏目内容。

3. 实现栏目的悬停切换

本例使用 js\vtip.js 实现栏目的悬停切换，代码如下：

```javascript
$(document).ready(function(){
//加载页面时，隐藏栏目内容
$(".togglebox").hide();
// 鼠标经过和离开栏目头时切换拉下和收起栏目内容
$("h2").hover(function(){
$(this).next(".togglebox").slideToggle("slow");
```

```
return true;
});
});
```

请参照注释理解。由于篇幅所限，本节没有介绍设计 CSS 样式的代码，有兴趣的读者可以参照源代码理解。

12.3.5　悬停下拉菜单

本节介绍一种鼠标悬停即可下拉的菜单。浏览本实例，如图 12-27 所示。鼠标离开后菜单又会自动收回。

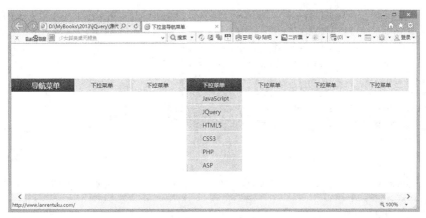

图 12-27　浏览本节实例的初始界面

1. 实例包含的目录和文件

本实例保存在本书源代码的"12\12.3.5"目录下，实例包含的子目录如下所述。

- images：用于保存本例中使用的图片。
- js：用于保存实例中使用的 JavaScript 脚本文件。
- css：用于保存实例中使用的样式表文件。

实例包含的文件如下。

- demo.html：本实例的主页。
- css\style.css：本实例使用的设置网页样式的 css 文件。
- js\jquery.easing.1.3.js：用于实现动画效果的脚本文件。
- slide.js：用于实现带图标的菜单的脚本文件。

2. 设计菜单的 HTML 代码

在 demo.html 中定义菜单的代码如下：

```
<div id="menu">
<ul id="nav">

    <li class="jquery_out">
    <div class="jquery_inner">
    <div class="jquery">
    <span class="text">导航菜单</span>
    </div>
    </div>
    </li>
```

289

```
<li class="mainlevel" id="mainlevel_01"><a href="#" target="_blank">下拉菜单</a>
<ul id="sub_01">
<li><a href="#" target="_blank">JavaScript</a></li>
<li><a href="#" target="_blank">jQuery</a></li>
<li><a href="#" target="_blank">HTML5</a></li>
<li><a href="#" target="_blank">CSS3</a></li>
<li><a href="#" target="_blank">PHP</a></li>
<li><a href="#" target="_blank">ASP</a></li>
</ul>
</li>

<li class="mainlevel" id="mainlevel_02"><a href="#" target="_blank">下拉菜单</a>
<ul id="sub_02">
<li><a href="#" target="_blank">JavaScript</a></li>
<li><a href="#" target="_blank">jQuery</a></li>
<li><a href="#" target="_blank">HTML5</a></li>
<li><a href="#" target="_blank">CSS3</a></li>
<li><a href="#" target="_blank">PHP</a></li>
<li><a href="#" target="_blank">ASP</a></li>
</ul>
</li>

<li class="mainlevel" id="mainlevel_03"><a href="http://www.lanrentuku.com/"
target="_blank">下拉菜单</a>
<ul id="sub_03">
<li><a href="#" target="_blank">JavaScript</a></li>
<li><a href="#" target="_blank">jQuery</a></li>
<li><a href="#" target="_blank">HTML5</a></li>
<li><a href="#" target="_blank">CSS3</a></li>
<li><a href="#" target="_blank">PHP</a></li>
<li><a href="#" target="_blank">ASP</a></li>
</ul>
</li>

<li class="mainlevel" id="mainlevel_04"><a href="http://www.lanrentuku.com/"
target="_blank">下拉菜单</a>
<ul id="sub_04">
<li><a href="#" target="_blank">JavaScript</a></li>
<li><a href="#" target="_blank">jQuery</a></li>
<li><a href="#" target="_blank">HTML5</a></li>
<li><a href="#" target="_blank">CSS3</a></li>
<li><a href="#" target="_blank">PHP</a></li>
<li><a href="#" target="_blank">ASP</a></li>
</ul>
</li>

<li class="mainlevel" id="mainlevel_05"><a href="http://www.lanrentuku.com/"
target="_blank">下拉菜单</a>
<ul id="sub_05">
<li><a href="#" target="_blank">JavaScript</a></li>
<li><a href="#" target="_blank">jQuery</a></li>
<li><a href="#" target="_blank">HTML5</a></li>
<li><a href="#" target="_blank">CSS3</a></li>
<li><a href="#" target="_blank">PHP</a></li>
```

```
     <li><a href="#" target="_blank">ASP</a></li>
     </ul>
     </li>

     <li  class="mainlevel"  id="mainlevel_06"><a  href="http://www.lanrentuku.com/"
target="_blank">下拉菜单</a>
     <ul id="sub_06">
     <li><a href="#" target="_blank">JavaScript</a></li>
     <li><a href="#" target="_blank">jQuery</a></li>
     <li><a href="#" target="_blank">HTML5</a></li>
     <li><a href="#" target="_blank">CSS3</a></li>
     <li><a href="#" target="_blank">PHP</a></li>
     <li><a href="#" target="_blank">ASP</a></li>
     </ul>
     </li>
     <div class="clear"></div>

   </ul>
   </div>
```

id=" nav "的 ul 元素用于定义整个菜单，一组 li 元素用于定义菜单按钮，每个菜单按钮里又使用 ul 元素定义子菜单。

3. 实现菜单动画

在 slide.js 中定义了下拉菜单和收回菜单的动画功能，代码如下：

```
$(document).ready(function(){

  $('li.mainlevel').mousemove(function(){
  $(this).find('ul').slideDown();//you can give it a speed
  });
  $('li.mainlevel').mouseleave(function(){
  $(this).find('ul').slideUp("fast");
  });

});>
```

4. 设计下拉菜单超链接的样式

在 style.css 中定义了下拉菜单超链接的样式,包括颜色、背景图片字体及宽度、鼠标悬停的样式，代码如下：

```
#nav .mainlevel a {color:#000; text-decoration:none;font:14px/20px "微软雅黑";
line-height:32px; display:block; padding:0 40px; width:60px;}
   #nav .mainlevel a:hover {color:#fff; text-decoration:none;  background:#062723
url(../images/slide-panel_03.png) 0 0 repeat-x;}
```

12.3.6　动态导航菜单

本节介绍一种动态导航菜单。浏览本实例，如图 12-28 所示。本实例定义了两种菜单，第 1 种选中的菜单使用蓝色的背景图片标识，第 2 种选中的菜单使用不同的背景色标识。

1. 实例包含的目录和文件

本实例保存在本书源代码的"12\12.3.6"目录下，实例包含的文件如下。

- index.html：本实例的主页。
- style.css：本实例使用的设置网页样式的 css 文件。
- jquery.js：jQuery 脚本文件。

- bg_over.gif：第 1 个菜单的选中背景图片。

图 12-28　浏览本节实例的初始界面

2. 设计菜单的 HTML 代码

在 index.html 中定义菜单的代码如下：

```
<div id="content">
    <h1>动画菜单</h1>
    <div id="menu" class="menu">
        <ul>
            <li><a href="javascript:;">主页</a></li>
            <li><a href="javascript:;">新闻</a></li>
            <li><a href="javascript:;">产品展示</a></li>
            <li><a href="javascript:;">技术支持</a></li>
            <li><a href="javascript:;">联系我们</a></li>
        </ul>
    </div>
    <br>
    <div id="menu2" class="menu">
        <ul>
            <li><a href="javascript:;">主页</a></li>
            <li><a href="javascript:;">新闻</a></li>
            <li><a href="javascript:;">产品展示</a></li>
            <li><a href="javascript:;">技术支持</a></li>
            <li><a href="javascript:;">联系我们</a></li>
        </ul>
    </div>
</div>
```

id=" menu"的 div 元素用于定义第 1 个菜单，id=" menu2"的 div 元素用于定义第 2 个菜单。一组 li 元素用于定义菜单按钮，每个菜单按钮里又使用 a 元素定义子菜单项。

3. 在每个菜单按钮里定义 3 个层

为了实现动画效果，在第 1 个菜单的每个菜单按钮里使用 span 元素定义了 3 个层，具体如下。

- class="out"的 span 元素：鼠标移出菜单项时显示的层。
- class="over"的 span 元素：鼠标移入菜单项时显示的层。
- class="bg"的 span 元素：鼠标移入菜单项时显示的背景层。

第 2 个菜单里没有使用背景层。

当加载页面时，程序会在菜单项中创建这 3 个层，代码如下：

```
$(document).ready(function() {
    /*第1个菜单*/
        $("#menu li a").wrapInner( '<span class="out"></span>' ).append( '<span
class="bg"></span>' );
        // 每个a元素后追加class="over"的span元素
        $("#menu li a").each(function() {
            $( '<span class="over">' + $(this).text() + '</span>' ).appendTo( this );
        });
        ......
    /*第2个菜单*/
    $("#menu2 li a").wrapInner( '<span class="out"></span>' );
    $("#menu2 li a").each(function() {
        $( '<span class="over">' + $(this).text() + '</span>' ).appendTo( this );
    });
```

wrapInner() 方法使用指定的 HTML 内容或元素，来包裹每个被选元素中的所有内容 (inner HTML)。这里给每个菜单项包裹一个 class="out"的 span 元素。然后调用 appendTo()方法，在每个菜单项后面追加一个 class="over"的 span 元素。

4. 实现鼠标移入移出菜单时的动画效果

鼠标移入移出菜单 1 时的代码如下：

```
$("#menu li a").hover(function() {
    // 当鼠标移入时调用此函数
    $(".out",    this).stop().animate({'top':    '45px'}, 250); //out 层动画下移至 45px
（隐藏）
    $(".over",   this).stop().animate({'top':    '0px'},      250); // over 层动画下移
至 0px（显示）
    $(".bg", this).stop().animate({'top':    '0px'},       120); // 背景层动画下移至 0px
（显示）
}, function() {
    // 当鼠标移出时调用此函数
    $(".out",    this).stop().animate({'top':    '0px'},       250); // out 层动画上移至
0px（显示）
    $(".over",   this).stop().animate({'top':    '-45px'},     250); //over 层动画上移至
-45px（隐藏）
    $(".bg", this).stop().animate({'top':    '-45px'},     120); //背景层动画上移至-45px
（隐藏）
});
```

当鼠标移入时，out 层动画移出，over 层和背景层动画移入；当鼠标移出时，out 层动画移入，over 层和背景层动画移出。

鼠标移入移出菜单 2 时的代码如下：

```
$("#menu2 li a").hover(function() {
    $(".out",    this).stop().animate({'top':    '45px'}, 200); // out 层动画下移至 45Px
（隐藏）
    $(".over",   this).stop().animate({'top':    '0px'},       200); // over 层动画下移
至 0Px（显示）
}, function() {
    $(".out",     this).stop().animate({'top':    '0px'},       200); // out 层动画上移至
```

```
0Px（显示）
        $(".over",  this).stop().animate({'top':  '-45px'},    200); // 背景层动画上移至
-45Px（隐藏）
    });
```

请参照注释理解。与菜单 1 相比，菜单 2 没有背景层。

12.4　广　告　特　效

广告是很多网站的主要收入来源，静态的图片广告已经过时了，只有动画特效的广告才能吸引人们的注意。本节介绍两个实现广告特效的实例。

12.4.1　自定义动画广告条

本节介绍一个使用 jquery.banner.js 插件设计自定义动画广告条的实例，如图 12-29 所示。

图 12-29　本节实例的效果

实例中定义了两个广告条，一个位于网页的上方正中、另一个位于侧边条，这也是网页中放置广告的经典位置。

1．实例包含的目录和文件

本实例保存在本书源代码的"12\12.4.1"目录下，实例包含的子目录如下所述。

- css：用于保存本实例使用的样式表。
- img：用于保存本例中使用的图片。
- script：用于保存实例中使用的 JavaScript 脚本文件。

实例包含的文件如下。

- index.html：本实例的主页。

- css\styles.css：本实例使用的样式表。
- js\jquery.js：jQuery 脚本文件。
- js\jquery.banner.js：实例中使用的 jquery.banner.js 插件脚本文件，动画广告的特效都在该脚本中实现。
- js\jquery.transform-0.8.0.min.js：实例中用来实现广告图片的旋转等特效的插件脚本文件。

2. 使用 jquery.banner.js 插件

jquery.banner.js 插件可以实现自定义动画效果的广告条，方法如下：

```
广告条容器 div 元素对应的 jQuery 对象.banner({
                        steps : steps:[step1,step2,...,stepN],
    total_steps   : 步骤的数量,
    speed : 每个步骤中动画转换的时间, 单位为 ms
});
```

参数 steps 用于定义动画转换的步骤，广告条可以分为若干个区域，在每个动画转换步骤中可以分别指定每个区域显示的图片和应用的动画转换。下面以网页上方正中的广告条为例进行说明，该广告条分为 3 个区域，即 ca_zone1、ca_zone2 和 ca_zone3，定义如下：

```
<div id="ca_banner1" class="ca_banner ca_banner1">
                    <div class="ca_slide ca_bg1">
                        <div class="ca_zone ca_zone1"><!--Product-->
                            <div class="ca_wrap ca_wrap1">
                                <img src="images/product1.png" class="ca_shown" alt=""/>
                                <img src="images/product2.png" alt="" style="display:
none;"/>
                                <img src="images/product3.png" alt="" style="display:
none;"/>
                                <img src="images/product4.png" alt="" style="display:
none;"/>
                                <img src="images/product5.png" alt="" style="display:
none;"/>
                            </div>
                        </div>
                        <div class="ca_zone ca_zone2"><!--Line-->
                            <div class="ca_wrap ca_wrap2">
                                <img src="images/line1.png" class="ca_shown" alt=""/>
                                <img src="images/line2.png" alt="" style="display:
none;"/>
                            </div>
                        </div>
                        <div class="ca_zone ca_zone3"><!--Title-->
                            <div class="ca_wrap ca_wrap3">
                                <img src="images/title1.png" class="ca_shown" alt="" />
                                <img src="images/title2.png" alt="" style="display:
none;"/>
                                <img src="images/title3.png" alt="" style="display:
none;"/>
                            </div>
                        </div>
                    </div>
                </div>
```

这 3 个区域在广告条中的位置如图 12-30 所示。

动画转换步骤的格式如下：

```
[{"to" : 显示的图片序号字符串}, {"effect": 动画转换效果字符串}], // 出现在 steps 属性中的顺序
```

决定了对应的区域

图 12-30　3 个区域在广告条中的位置

本例中定义广告条 ca_banner1 动画特效的代码如下：

```
$('#ca_banner1').banner({
    steps : [
    [
    //1 step:
        [{"to" : "2"}, {"effect": "zoomOutRotated-zoomInRotated"}],
        [{"to" : "1"}, {}],
        [{"to" : "2"}, {"effect": "slideOutRight-slideInRight"}]
    ],
    [
        //2 step:
        [{"to" : "3"}, {"effect":"slideOutTop-slideInTop"}],
        [{"to" : "1"}, {}],
        [{"to" : "2"}, {}]
    ],
    [
        //3 step:
        [{"to" : "4"}, {"effect": "zoomOut-zoomIn"}],
        [{"to" : "2"}, {"effect": "slideOutRight-slideInRight"}],
        [{"to" : "2"}, {}]
    ],
    [
        //4 step
        [{"to" : "5"}, {"effect": "slideOutBottom-slideInTop"}],
        [{"to" : "2"}, {}],
        [{"to" : "3"}, {"effect": "zoomOut-zoomIn"}]
    ],
        [
            //5 step
            [{"to" : "1"}, {"effect": "slideOutLeft-slideInLeft"}],
            [{"to" : "1"}, {"effect": "zoomOut-zoomIn"}],
            [{"to" : "1"}, {"effect": "slideOutRight-slideInRight"}]
        ]
    ],
    total_steps  : 5,
    speed : 3000
});
```

在每个动画转换步骤中，第 1 行指定第 1 个区域（ca_wrap1）显示的图片和应用的动画转换，第 2 行指定第 2 个区域（ca_wrap2）显示的图片和应用的动画转换，第 3 行指定第 3 个区域

（ca_wrap3）显示的图片和应用的动画转换。动画转换字符串在 jquery.banner.js 插件中定义和实现，可以从表面字义理解动画转换字符串的具体效果，例如，"zoomOutRotated-zoomInRotated"的效果为旋转缩小、然后旋转放大。旋转的效果在 jquery.transform-0.8.0.min.js 插件中定义，只需在网页中引用该脚本即可。

由于篇幅所限，这里就不介绍另一个广告条的设计过程了。有兴趣的读者可以参照源代码理解。

12.4.2　弹性伸缩广告

本节介绍一个设计弹性伸缩广告的实例，浏览实例页面时会显示一个广告大图，如图 12-31 所示。随后，广告大图会收起来，并滑出如图 12-32 所示的广告条幅。一些门户网站的首页就使用这种形式的广告。

图 12-31　本节实例的效果

图 12-32　随后滑出的广告条幅

1. 实例包含的目录和文件

本实例保存在本书源代码的"12\12.4.2"目录下，实例包含的子目录如下所述。

- images：用于保存本例中使用的图片。
- js：用于保存实例中使用的 JavaScript 脚本文件。

实例包含的文件如下。

- index.html：本实例的主页。
- js\jquery.js：jQuery 脚本文件。
- js\topad.js：实例中实现动画效果的 jQuery 程序。
- js\jquery.transform-0.8.0.min.js：实例中用来实现广告图片的旋转等特效的插件脚本文件。

2. 设计 MakeAd()函数

在 topad.js 中定义了一个 MakeAd()函数，用于生成广告大图和广告条幅的 HTML 代码，代码如下：

```
function MakeAd()
{//定义大图内容
    var strAd="<div id=adimage style=\"width:980px\">"+
                "<div id=adBig><a href=\"http://www.yourwebsite.com/\" " +
                "target=_blank><img title=建屋乐活家园 "+
                "src=\"images/big.jpg\" " +
                "border=0></A></div>"+
    //定义小图片内容
                "<div id=adSmall style=\"display: none\">" +
                  "<div><a href=\"http://www.yourwebsite.com/\" target=_blank><img
src=\"images/banner.gif\" /></a></div>" +
                "</div></div>"+
                    "<div    style=\"height:7px;    clear:both;overflow:hidden\">
</div>";
    return strAd;
}
```

3. 显示广告图片并设计动画效果

在 topad.js 中显示广告图片并设计动画效果的代码如下：

```
document.write(MakeAd());
$(function(){
    //过两秒显示 showImage(); 内容
    setTimeout("showImage();",2000);
    //alert(location);
});
function showImage()
{
    $("#adBig").slideUp(1000,function(){$("#adSmall").slideDown(1000);});
}
```

程序首先调用 MakeAd()函数在网页中生成广告大图和广告条幅的 HTML 代码，2 秒后调用 slideUp()方法滑动收起广告大图（id 为#adBig），然后调用 slideDown()方法滑下广告条幅（id 为 #adSmall）。

第13章
jQuery Mobile

jQuery Mobile 是基于 jQuery 的针对触屏智能手机与平板电脑的 Web 开发框架，是兼容所有主流移动设备平台的、支持 HTML5 的用户界面设计系统。jQuery Mobile 并不是 jQuery 的一部分，为了扩展读者的知识面，本章介绍使用 jQuery Mobile 开发移动 Web 应用程序的基本方法。

13.1 jQuery Mobile 概述

首先概要地介绍一下 jQuery Mobile 的基本情况和特性。

13.1.1 初识 jQuery Mobile

前面已经提到，jQuery Mobile 是一个基于 jQuery，可以为前端开发人员提供一个兼容所有主流移动设备平台的统一 UI（User Interface，用户界面）接口系统。本节介绍 jQuery Mobile 的一些常用 UI 组件。

1. 页面和对话框

页面是 jQuery Mobile 中最主要的交互单元，页面中可以包含任何有效的 HTML 标签，但是 jQuery Mobile 的典型页面由类型（使用 data-role 属性定义）为 "header"、"content" 和 "footer" 的 div 直接组成。

页面也可以显示为如图 13-1 所示样式的对话框。

图 13-1 jQuery Mobile 的对话框样式

2. Ajax 导航和转换

jQuery Mobile 包含一个 Ajax 导航系统，支持大量的动画页面集合。可以自动拦截标准链接和表单的提交操作，并将其转换为 Ajax 请求。只要单击链接或提交表单，Ajax 导航系统就会检测到该事件，然后提出一个基于链接或表单动作的 Ajax 请求，这样就不用刷新页面了。当框架等待 Ajax 响应时，会显示一个加载页面。

当加载请求的页面时，jQuery Mobile 会将文档解析为具有 data-role="page"属性的元素，并将该代码插入到原页面的 DOM 中。然后，对页面中的控件应用样式和行为。页面的其他内容将会被丢弃，包括脚本、样式表或其他信息。框架会突出显示页面的标题，当新的页面被转换到视区中时会更新标题。

这样，请求的页面就被加载到了 DOM 中，并且以动画形式转换进入视区。缺省情况下，框架使用淡出转换。也可以在链接中使用 data-transition 属性指定自定义转换效果。

3. 内容和控件

jQuery Mobile 可以在页面中添加任何标准 HTML 元素，例如标题、列表、段落等，也可以在 jQuery Mobile 的样式表后面添加自定义样式表。

jQuery Mobile 还包含大量的非常好用的触屏 UI 控件，包括按钮、表单元素、折叠控件、弹出控件、对话框、表格等。可以使用 jQuery Mobile Download Builder 来选择需要的组件。

4. 按钮

在 jQuery Mobile 中，有几种方法定义按钮。这里介绍其中的一种方法，让读者体会一下 jQuery Mobile 的便捷。只需要在链接中添加 data-role="button"属性，就可以将链接转换为按钮，从而使其更易于点击；也可以使用 data-icon 属性为按钮定义一个图标。

例如，下面的代码可以定义一个如图 13-2 所示的按钮。

```
<a href="#" data-role="button" data-icon="star">Star button</a>
```

⚙	Star button

图 13-2　jQuery Mobile 的按钮

5. 列表（Listview）

在 HTML 中，可以使用<ul>标签定义无序（没有序号）列表，使用<li>标签定义列表项目。

jQuery Mobile 可以在<ul>标签中使用 data-role="listview"属性定义 Listview 列表。例如，下面的代码可以定义一个如图 13-3 所示的 Listview 列表。

```
<ul data-role="listview" data-inset="true" data-filter="true">
    <li><a href="#">Acura</a></li>
    <li><a href="#">Audi</a></li>
    <li><a href="#">BMW</a></li>
    <li><a href="#">Cadillac</a></li>
    <li><a href="#">Ferrari</a></li>
</ul>
```

图 13-3　jQuery Mobile 的 Listview 列表

6. 表单元素

jQuery Mobile 框架中包含大量可以自动转换为触屏风格控件的表单元素，这里仅举一例。通过 HTML5 的类型为 range 的 input 元素实现滑块（slider）。例如，下面的代码可以定义一个如图 13-4 所示的滑块。

```
<input name="slider-s" id="slider-s" type="range" min="0" max="100" value="25"
data-highlight="true">
```

图 13-4　jQuery Mobile 的滑块

7. 自适应设计

jQuery Mobile 一直遵循自适应网页设计（Responsive Web Design）的原则。

随着 3G 的普及，越来越多的人使用移动终端上网。但是移动终端是千差万别的，网页设计师不得不面对一个难题：如何才能在不同大小的设备上呈现同样的网页？

自适应网页设计的概念于 2010 年提出，是指可以自动识别屏幕宽度并做出相应调整的网页设计。下面的网页就是自适应网页设计的一个示例。

```
http://alistapart.com/d/responsive-web-design/ex/ex-site-flexible.html
```

页面里是《福尔摩斯历险记》中六个主人公的头像。如果屏幕宽度足够宽，则 6 张图片并排显示在一行，如图 13-5 所示。

图 13-5　自适应网页设计示例的宽屏效果

在不同的设备上浏览该页面，也可能会看到如图 13-6 和图 13-7 所示的效果。

jQuery Mobile 的文档和表单中包含一些自适应元素，所有的控件都可以 100%适应选择的系统的宽度。jQuery Mobile 的库中也包含一些自适应控件。

8. 主题

jQuery Mobile 包含一个功能强大的主题框架，支持多达 26 套工具栏、内容和按钮颜色。只需要在页面中的任意控件上添加 data-theme="e"属性，该控件就会变成黄色（主题 e 的效果）。可以使用字母 a~e 来匹配不同的默认主题，例如下面的代码可以演示 a~e 的默认主题在按钮上的效果，如图 13-8 所示。

```
<a href="#" data-role="button" data-icon="star" data-theme="a">data-theme="a"</a>
<a href="#" data-role="button" data-icon="star" data-theme="b">data-theme="b"</a>
<a href="#" data-role="button" data-icon="star" data-theme="c">data-theme="c"</a>
```

```
<a href="#" data-role="button" data-icon="star" data-theme="d">data-theme="d"</a>
<a href="#" data-role="button" data-icon="star" data-theme="e">data-theme="e"</a>
```

图 13-6　自适应网页设计示例的等屏效果

图 13-7　自适应网页设计示例的窄屏效果

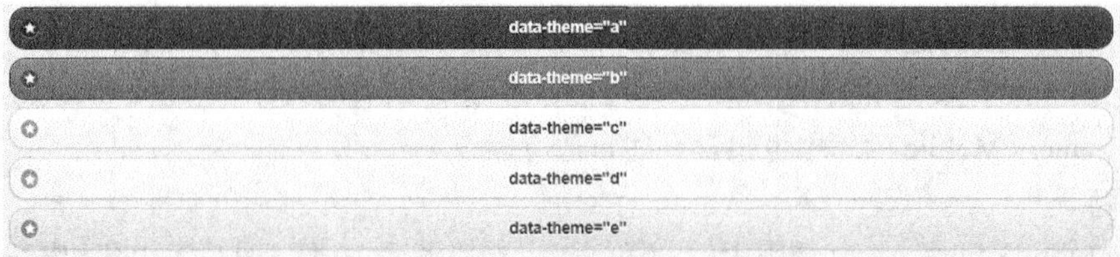

图 13-8　不同主题的按钮

13.1.2　引用 jQuery Mobile 开发包

要开发 jQuery Mobile 应用程序，就需要在程序中引用 jQuery Mobile 开发包。jQuery Mobile 开发包包括 js 文件和 CSS 文件。与 jQuery 一样，可以使用下面两种方法引用 jQuery Mobile 脚本

（和 CSS 文件）。

1. 引用 jQuery Mobile 官网的在线脚本

可以从 jQuery Mobile 官网引用在线的 jQuery Mobile 脚本和 CSS 文件。引用在线 jQuery Mobile 脚本的方法如下：

```
<script src="http://code.jquery.com/mobile/1.2.1/jquery.mobile-1.2.1.js">
</script>
```

引用官网 jQuery 在线 CSS 文件的方法如下：

```
<link rel="stylesheet" href="http://code.jquery.com/mobile/1.2.1/ jquery.mobile-
1.2.1.min.css" />
```

用户可以根据实际情况修改版本信息。

2. 引用本地的 jQuery Mobile 脚本

要引用本地 jQuery Mobile 脚本，首先就要访问下面的网址，下载 jQuery Mobile 开发包：

```
http://www.jqmapi.com/download.html
```

建议下载稳定版 jQuery Mobile 开发包。在编写本书时稳定版是 1.0，单击“jquery.mobile-1.0.zip”超链接开始下载。jquery.mobile-1.0.zip 中包含 js 文件、CSS 文件和一些图片文件。

引用本地 jQuery Mobile 脚本的方法与引用在线 jQuery Mobile 脚本的方法相似，只需要指定 src 属性为本地的 jQuery Mobile 脚本。同理，引用本地 jQuery Mobile CSS 文件的方法就是将 href 属性指定为本地的 jQuery Mobile CSS 文件。

在引用 jQuery Mobile 脚本之前还需要引用 jQuery 脚本，例如：

```
<script src="http://code.jquery.com/jquery-latest.js"></script>
```

引用 jQuery Mobile 脚本和 CSS 文件的代码一般放在网页头部分，即 <head> 和 </head> 之间。例如，下面是完整的引用 jQuery Mobile 脚本和 CSS 文件的代码：

```
<head>
    <link rel="stylesheet" href="http://code.jquery.com/mobile/1.2.1/jquery.mobile-
1.2.1.min.css" />
    <script src="http://code.jquery.com/jquery-latest.js"></script>
    <script
src="http://code.jquery.com/mobile/1.2.1/jquery.mobile-1.2.1.min.js"></script>
    </head>
```

【例 13-1】　通过一个简单实例理解 jQuery Mobile 编程的基本要点，代码如下：

```
<!DOCTYPE html>
<html>
<head>
    <title>jQuery 例子</title>
    <meta name="viewport" content="width=device-width, initial-scale=1">
    <link rel="stylesheet" href="http://code.jquery.com/mobile/1.2.1/jquery.mobile-
1.2.1.min.css" />
    <script src="http://code.jquery.com/jquery-1.8.3.min.js"></script>
    <script src="http://code.jquery.com/mobile/1.2.1/jquery.mobile-1.2.1.min.js"></script>
</head>
<body>

<div data-role="page">
    <div data-role="header">
        <h1>Hello world</h1>
    </div><!-- /页头 -->
    <div data-role="content">
        <p>I am jQuery.</p>
```

```
    </div><!-- /内容 -->
<div data-role="footer"><p>页脚信息.</p></div><!-- /页脚 -->
</div><!-- /page -->
</body>
</html>
```

data-role 属性用来设置 div 元素的功能。data-role 属性的取值如表 13-1 所示。

表 13-1　　　　　　　　　　　　data-role 属性的取值

取　　值	说　　明
page	页面
header	页头
content	内容
footer	页脚

<!DOCTYPE html>是 HTML5 文档声明。为了适用 HTML5 的特性，jQuery Mobile 页面必须使用<!DOCTYPE html>开始。

浏览【例 13-1】的结果，如图 13-9 所示。

图 13-9　浏览【例 13-1】的结果

可以直接在 PC 机中使用浏览器浏览 jQuery Mobile 网页，效果与使用手机浏览差不多。如果希望查看在手机中显示的效果，则需要搭建手机网站，然后将 jQuery Mobile 网页上传至网站，然后通过手机访问。为了方便学习，建议直接在 PC 机中使用浏览器浏览 jQuery Mobile 网页，如果担心与手机查看的效果不一样，也可以安装和使用 Opera Mobile 模拟器查看 jQuery Mobile 网页。

13.2　jQuery Mobile 组件

jQuery Mobile 提供一组用于设计移动终端用户界面的组件，包括页面、对话框、工具栏、按钮和列表等。

13.2.1　页面设计

【例 13-1】中已经介绍了定义页面的基本方法，本节将介绍更多的页面属性和效果。

1. 多页

【例 13-1】是一个定义单页的实例，也可以同时定义多个页面，在页面中使用超链接跳转到其他页面。例如，单击下面的超链接可以跳转到 id 等于 two 的页面。

```
<a href="#two" data-role="button">跳转到页面 2</a>
```

【例 13-2】　定义多个页面的例子，代码如下：

```
<!DOCTYPE html>
<html>
<head>
    <title>多页的例子</title>
    <meta name="viewport" content="width=device-width, initial-scale=1">
    <link rel="stylesheet" href="http://code.jquery.com/mobile/1.2.1/jquery.mobile-
1.2.1.min.css" />
    <script src="http://code.jquery.com/jquery-1.8.3.min.js"></script>
    <script  src="http://code.jquery.com/mobile/1.2.1/jquery.mobile-1.2.1.min.js">
</script>
</head>
<body>

<div id="one" data-role="page">

    <div data-role="header">
        <h1>页面 1</h1>
    </div><!-- /页头 -->

    <div data-role="content">
        <p>页面 1 的内容.</p>
        <p><a href="#two" data-role="button">跳转到页面 2</a></p>
    </div><!-- /内容 -->
<div data-role="footer"><p>页面 1 的页脚信息.</p></div><!-- /页脚 -->
</div><!-- /page -->
<div id="two" data-role="page">

    <div data-role="header">
        <h1>页面 2</h1>
    </div><!-- /页头 -->

    <div data-role="content">
        <p>页面 2 的内容.</p>
    </div><!-- /内容 -->
        <p><a href="#one" data-role="button">返回页面 1</a></p>
<div data-role="footer"><p>页面 2 的页脚信息.</p></div><!-- /页脚 -->
</div><!-- /page -->

</body>
</html>
```

代码中使用<div>元素定义了两个页面，id 分别为 one 和 two，并使用超链接在页面间跳转。

浏览【例 13-2】的结果，如图 13-10 所示，单击"跳转到页面 2"超链接（按钮），会打开页面 2，如图 13-11 所示。单击页面 2 中的"返回页面 1"超链接（按钮），会打开页面 1。

2. 页面的标题

正如前面介绍，一个 HTML 页面可以包含多个 jQuery Mobile 页面。在标准 HTML 语言中可以使用 title 标签为 HTML 页面设置标题。jQuery Mobile 也允许为每个 jQuery Mobile 页面设置标题，当刚加载页面时标题栏中会显示 HTML 页面的标题，以后切换 jQuery Mobile 页面时会显示 jQuery Mobile 页面的标题。

图 13-10　浏览【例 13-2】中的页面 1

图 13-11　浏览【例 13-2】中的页面 2

在使用 div 标签定义 jQuery Mobile 页面时，可以使用 data-title 属性指定页面的标题，例如：

```
<div id="one" data-role="page"  data-title="页面1">
```

3．页面加载组件

浏览器在加载比较复杂的网页时会耗费很长时间，出现假死现象。jQuery Mobile 提供了一种页面加载组件，可以很方便地显示一个提示加载网页的对话框，从而使用户界面更友好。

使用$.mobile.loading()方法显示或隐藏页面加载组件，语法如下：

```
$.mobile.loading( 动作, {
    text: 显示的文本,
    textVisible: 是否显示文本,
    theme: 主题,
    html: HTML 格式
});
```

参数说明如下。

● 动作：指定如何操作页面加载组件的字符串。使用 show 表示显示提示加载网页的对话框，使用 hide 表示隐藏提示加载网页的对话框。

● text：指定在提示加载网页的对话框中显示的字符串。

● textVisible：如果为 true，则在提示加载网页的对话框中的螺旋动画下面显示说明文字。

● theme：指定提示加载网页的对话框的主题。主题在 jquery.mobile-xxx.css 中定义，可以使用一个字母字符串表示，例如 "a"。

● html：指定提示加载网页的对话框的内部 HTML 格式。例如，html:"<span class="ui-icon ui-icon-loading"><img src="jquery-logo.png" /><h2>is loading for you ...</h2></span>"。通常使用它来设计自定义的提示加载网页的对话框。

【例 13-3】　显示和隐藏加载网页的对话框的例子，代码如下：

```
<!DOCTYPE html>
<html>
<head>
    <title>页面加载组件的例子</title>
```

```
        <meta name="viewport" content="width=device-width, initial-scale=1">
        <link rel="stylesheet" href="http://code.jquery.com/mobile/1.2.1/jquery.mobile-
1.2.1.min.css" />
        <script src="http://code.jquery.com/jquery-1.8.3.min.js"></script>
        <script  src="http://code.jquery.com/mobile/1.2.1/jquery.mobile-1.2.1.min.js">
</script>
        <script>
            $(document).on("click", ".show-page-loading-msg", function() {
                $.mobile.loading( 'show', {
                        text: '正在加载页面',
                        textVisible: true,
                        theme: "a",
                        textonly: false,
                        html: ""
                });
            });
            $(document).on("click", ".hide-page-loading-msg", function() {
                $.mobile.loading( 'hide');
        });
        </script>
</head>
<body>
<button class="show-page-loading-msg" data-theme="a">显示加载网页的对话框</button>
<button class="hide-page-loading-msg" data-theme="a">隐藏加载网页的对话框</button>
</body>
</html>
```

$(document).on()用于定义文档中指定元素的事件处理函数。本例页面中定义了两个按钮，即"显示加载网页的对话框"按钮（class="show-page-loading-msg"）和"隐藏加载网页的对话框"按钮（ class="hide-page-loading-msg"）。单击"显示加载网页的对话框"按钮时调用$.mobile.loading('show',...)方法显示加载网页的对话框，如图 13-12 所示；单击"隐藏加载网页的对话框"按钮时调用$.mobile.loading('hide')方法隐藏加载网页的对话框。

图 13-12　显示加载网页的对话框

13.2.2　对话框设计

任何 jQuery Mobile 页面都可以很方便地以模式对话框（指用户在应用程序的对话框中，想要对对话框以外的应用程序进行操作时，必须首先对该对话框进行响应）的形式显示，只要在打开该页面的超链接中使用 data-rcl="dialog"属性即可。例如：

```
<a href="dialog.html" data-role="button" data-inline="true" data-rel="dialog"
data-transition="pop">打开对话框</a>
```

data-transition 属性用于指定打开对话框的转换方式，可以选择使用下面 3 种方式。

- pop：弹出对话框。
- slidedown：以淡入（即从隐藏逐渐到可见）滑动方式显示对话框。
- flip：以快速翻转方式显示对话框。

【例 13-4】 显示 jQuery Mobile 对话框的例子。

首先定义一个 jQuery Mobile 页面 dialog.html，代码如下：

```
<!DOCTYPE html>
<html>
    <head>
    <meta charset="gb2321">
    <meta name="viewport" content="width=device-width, initial-scale=1">
    <title>jQuery Mobile Framework - Dialog Example</title>
    <link rel="stylesheet" href="http://code.jquery.com/mobile/1.2.1/jquery.mobile-
1.2.1.min.css" />
    <script src="http://code.jquery.com/jquery-1.8.3.min.js"></script>
    <script src="http://code.jquery.com/mobile/1.2.1/jquery.mobile-1.2.1.min.js">
</script>


    </head>
    <body>

<div data-role="page">

        <div data-role="header" data-theme="d">
            <h1>Dialog</h1>

        </div>

        <div data-role="content" data-theme="c">
            <h1>Close Dialog?</h1>
            <p>This is a regular page, styled as a dialog. To create a dialog, just
link to a normal page and include a transition and <code>data-rel="dialog"</code>
attribute.</p>
            <a href="13-4.html" data-role="button" data-rel="back" data-theme="c">
Close</a>

        </div>
    </div>
```

打开对话框的页面为 13-4.html，代码如下：

```
<!DOCTYPE html>
<html>
    <head>
    <meta charset="gb2321">
    <meta name="viewport" content="width=device-width, initial-scale=1">
    <title>jQuery Mobile 对话框</title>
    <link rel="stylesheet" href="http://code.jquery.com/mobile/1.2.1/jquery.mobile-
1.2.1.min.css" />
    <script src="http://code.jquery.com/jquery-1.8.3.min.js"></script>
```

```
        <script  src="http://code.jquery.com/mobile/1.2.1/jquery.mobile-1.2.1.min.js">
</script>

    </head>
    <body>

    <div data-role="page" class="type-interior">
    <div data-role="header" data-theme="f">
            <h1>演示打开对话框</h1>
        </div><!-- /header -->
    <div data-role="content" >
                <a href="dialog.html" data-role="button" data-inline="true" data-rel=
"dialog" data-transition="pop">打开对话框</a>
    </div>
    </body>
    </html>
```

需要将上面两个文件上传至 Web 服务器后，浏览的才能够正确打开对话框（本地双击打开就会提示 "Error Loading Page"）。浏览 13-4.html 的界面，如图 13-13 所示。单击 "打开对话框" 按钮，就可以打开如图 13-14 所示的对话框。

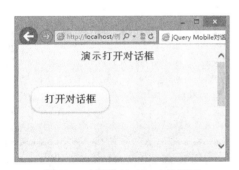

图 13-13　浏览 13-4.html 的界面　　　　　　　图 13-14　jQuery Mobile 对话框

单击对话框中的 "dose" 链接（按钮）会关闭该对话框，然后返回主页面。

13.2.3　弹出框

弹出框（Popup）是 jQuery Mobile 的新组件，可以用于实现一个弹出的提示框、菜单、表单、对话框、图片、甚至可以是视频或地图。

可以在 div 元素中使用 data-role="popup" 属性定义弹出框，例如：

```
<div data-role="popup" id="popupBasic">
    <p>This is a completely basic popup, no options set.<p>
</div>
```

可以使用超链接打开一个弹出框。首先将 href 属性设置为弹出框的 id，然后将 data-rel 属性设置为 "popup"。

【例 13-5】　显示 jQuery Mobile 弹出框的例子，代码如下：

```
<!DOCTYPE html>
<html>
    <head>
```

```
        <meta charset="gb2321">
        <meta name="viewport" content="width=device-width, initial-scale=1">
        <title>jQuery Mobile 对话框</title>
        <link rel="stylesheet" href="http://code.jquery.com/mobile/1.2.1/jquery.mobile-
1.2.1.min.css"/>
        <script src="http://code.jquery.com/jquery-1.8.3.min.js"></script>
        <script src="http://code.jquery.com/mobile/1.2.1/jquery.mobile-1.2.1.min.js"></script>
</head>
<body>
<div data-role="page" class="type-interior">
<div data-role="header" data-theme="f">
        <h1>演示打开弹出框</h1>
</div><!-- /header -->
<div data-role="popup" id="popupBasic">
    <p>这是一个简单的弹出框，用于显示提示信息。<p>
</div>
<a href="#popupBasic" data-role="button" data-rel="popup">单击打开弹出框</a>
</div>
</body>
</html>
```

网页中定义了一个按钮，如图 13-15 所示。单击此按钮会打开一个弹出框，如图 13-16 所示。单击网页的空白区域，即可关闭弹出框。

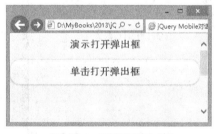

图 13-15　浏览【例 13-5】

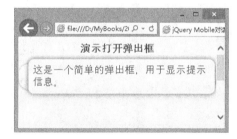

图 13-16　jQuery Mobile 弹出框

也可以在 div 元素中使用 data-theme 属性设置弹出框的主题，使用 style 属性设置弹出框的样式。

【例 13-6】　将【例 13-5】中 div 元素的定义代码修改如下：

```
<div data-role="popup" id="popupBasic" data-theme="e" style="max-width:350px;">
    <p>这是一个简单的弹出框，用于显示提示信息。<p>
</div>
```

【例 13-6】定义的 jQuery Mobile 弹出框如图 13-17 所示。

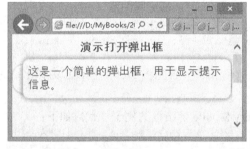

图 13-17　【例 13-6】定义的 jQuery Mobile 弹出框

下面介绍使用 jQuery Mobile 弹出框定义菜单、表单、对话框、图片、视频和显示地图的方法。

1. 使用 jQuery Mobile 弹出框定义菜单

在弹出框里可以使用 ul 元素定义菜单，其中的 li 元素为菜单项。

【例 13-7】 将【例 13-5】中 div 元素的定义代码修改如下：

```
<div data-role="popup" id="popupMenu" data-theme="a">
        <ul    data-role="listview"    data-inset="true"    style="min-width:210px;"
data-theme="b">
            <li data-role="divider" data-theme="a">Popup API</li>
            <li><a href="options.html">Options</a></li>
            <li><a href="methods.html">Methods</a></li>
            <li><a href="events.html">Events</a></li>
        </ul>
</div>
```

定义按钮的代码如下：

```
<a href="#popupMenu" data-rel="popup" data-role="button" data-inline="true">Menu</a></div>
```

单击按钮会弹出如图 13-18 所示的菜单。

图 13-18　【例 13-7】定义的 jQuery Mobile 弹出菜单

可以在定义菜单项里使用 div 元素（里面包含 ul 元素）定义子菜单，从而实现嵌套菜单。

【例 13-8】 将【例 13-7】中 div 元素的定义代码修改如下：

```
<div data-role="popup" id="popupNested" data-theme="none">
        <div   data-role="collapsible-set"   data-theme="b"   data-content-theme="c"
data-collapsed-icon="arrow-r" data-expanded-icon="arrow-d" style="margin:0; width:250px;">
            <div data-role="collapsible" data-inset="false">
            <h2>Farm animals</h2>
            <ul data-role="listview">
                <li><a  href="../dialog.html"  data-rel="dialog">Chicken
</a></li>
                <li><a href="../dialog.html" data-rel="dialog">Cow</a></li>
                <li><a href="../dialog.html" data-rel="dialog">Duck</a></li>
                <li><a href="../dialog.html" data-rel="dialog">Sheep</a></li>
            </ul>
            </div><!-- /collapsible -->
            <div data-role="collapsible" data-inset="false">
            <h2>Pets</h2>
            <ul data-role="listview">
                <li><a href="../dialog.html" data-rel="dialog">Cat</a></li>
                <li><a href="../dialog.html" data-rel="dialog">Dog</a></li>
                <li><a href="../dialog.html" data-rel="dialog">Iguana</a>
</li>
                <li><a href="../dialog.html" data-rel="dialog">Mouse</a></li>
```

```
                </ul>
            </div><!-- /collapsible -->
            <div data-role="collapsible" data-inset="false">
                <h2>Ocean Creatures</h2>
                <ul data-role="listview">
                    <li><a href="../dialog.html" data-rel="dialog">Fish</a></li>
                    <li><a  href="../dialog.html"  data-rel="dialog">Octopus
</a></li>
                    <li><a href="../dialog.html" data-rel="dialog">Shark</a></li>
                    <li><a  href="../dialog.html"  data-rel="dialog">Starfish
</a></li>
                </ul>
            </div><!-- /collapsible -->
            <div data-role="collapsible" data-inset="false">
                <h2>Wild Animals</h2>
                <ul data-role="listview">
                    <li><a href="../dialog.html" data-rel="dialog">Lion</a></li>
                    <li><a href="../dialog.html" data-rel="dialog">Monkey</a>
</li>
                    <li><a href="../dialog.html" data-rel="dialog">Tiger</a></li>
                    <li><a href="../dialog.html" data-rel="dialog">Zebra</a></li>
                </ul>
            </div><!-- /collapsible -->
        </div><!-- /collapsible set -->
    </div><!-- /popup -->
```

定义按钮的代码如下：

```
<a href="#popupNested" data-rel="popup" data-role="button" data-inline="true">Nested
menu</a>
```

单击按钮会弹出如图 13-19 所示的菜单，单击菜单项可以展开子菜单。

图 13-19 【例 13-8】定义的 jQuery Mobile 弹出框

2. 使用 jQuery Mobile 弹出框定义对话框

可以在 div 元素中定义文本提示按钮，将弹出框定义为对话框。

【例 13-9】 将【例 13-5】中 div 元素的定义代码修改如下：

```
<div   data-role="popup"   id="popupDialog"   data-overlay-theme="a"   data-theme="c"
style="max-width:400px;" class="ui-corner-all">
```

```
            <div data-role="header" data-theme="a" class="ui-corner-top">
                <h1>删除?</h1>
            </div>
            <div data-role="content" data-theme="d" class="ui-corner-bottom ui-content">
                <h3 class="ui-title">是否确认删除?</h3>
                <p>此操作将无法恢复。</p>
                <a href="#" data-role="button" data-inline="true" data-rel="back"
data-theme="c">取消</a>
                <a href="#" data-role="button" data-inline="true" data-rel="back"
data-transition="flow" data-theme="b">删除</a>
            </div>
        </div>
```
定义按钮的代码如下：

```
<a href="#popupDialog" data-rel="popup" data-role="button" data-inline="true">对话框</a>
```
单击按钮会弹出如图 13-20 所示的对话框。

图 13-20　【例 13-9】定义的 jQuery Mobile 对话框

3. 使用 jQuery Mobile 弹出框定义表单

可以在 div 元素中定义表单，将弹出框表现为表单。

【例 13-10】　将【例 13-5】中 div 元素的定义代码修改如下：

```
<div data-role="popup" id="popupLogin" data-theme="a" class="ui-corner-all">
    <form>
        <div style="padding:10px 20px;">
          <h3>请登入</h3>
        <label for="un" class="ui-hidden-accessible">用户名:</label>
        <input type="text" name="user" id="un" value="" placeholder="用户名"
data-theme="a" />
        <label for="pw" class="ui-hidden-accessible">密码:</label>
        <input type="password" name="pass" id="pw" value="" placeholder="密码"
data-theme="a" />
        <button type="submit" data-theme="b">登录</button>
        </div>
    </form>
</div>
```
定义按钮的代码如下：

```
<a href="#popupLogin" data-rel="popup" data-role="button" data-inline="true">表单
</a></div>
```

313

单击按钮会弹出如图 13-21 所示的表单。

图 13-21　【例 13-10】定义的 jQuery Mobile 表单

13.2.4　工具栏设计

jQuery Mobile 的页头和页脚都是一种简单的工具栏，前面已经介绍了页头（Header）和页脚（Footer）的定义方法和样式，可以使用默认样式的工具栏，也可自定义工具栏的外观和样式。jQuery Mobile 还提供一种导航条组件（Navbar），可以实现更复杂的工具栏。

1. 页头工具栏

页头是页面顶端的工具栏，通常包含页面的标题，也可以增加自定义的按钮。前面已经介绍了定义页头工具栏的方法，例如：

```
<div data-role="header">
    <h1>Page Title</h1>
</div>
```

在页头工具栏中，可以使用 a 元素定义按钮。

【例 13-11】　在页头工具栏中定义按钮的示例，代码如下：

```
<!DOCTYPE html>
<html>
<head>
    <title>在页头工具栏中定义按钮</title>
    <meta name="viewport" content="width=device-width, initial-scale=1">
    <link rel="stylesheet" href="http://code.jquery.com/mobile/1.2.1/jquery.mobile-1.2.1.min.css" />
    <script src="http://code.jquery.com/jquery-1.8.3.min.js"></script>
    <script src="http://code.jquery.com/mobile/1.2.1/jquery.mobile-1.2.1.min.js"></script>
</head>
<body>

<div data-role="page">
    <div data-role="header">
        <a href="edit.html" data-icon="delete">取消</a>
        <h1>编辑联系人</h1>
<a href="save.html" data-icon="check" data-theme="b">保存</a>
    </div><!-- /页头 -->
```

```
    </div>
  </body>
</html>
```

浏览【例 13-11】的界面，如图 13-22 所示。

图 13-22　在页头工具栏中定义按钮

2. 页脚工具栏

页脚是页面底端的工具栏，前面已经介绍了定义页脚工具栏的方法，例如：

```
<div data-role="footer">
    <h4>Footer content</h4>
</div>
```

在页脚工具栏中，也可以使用 a 元素定义按钮。

【例 13-12】　在页脚工具栏中定义按钮的示例，代码如下：

```
<!DOCTYPE html>
<html>
<head>
    <title>在页脚工具栏中定义按钮</title>
    <meta name="viewport" content="width=device-width, initial-scale=1">
    <link rel="stylesheet" href="http://code.jquery.com/mobile/1.2.1/jquery.mobile-
1.2.1.min.css" />
    <script src="http://code.jquery.com/jquery-1.8.3.min.js"></script>
    <script  src="http://code.jquery.com/mobile/1.2.1/jquery.mobile-1.2.1.min.js">
</script>
</head>
<body>

<div data-role="page">
    <div data-role="header">
        <a href="edit.html" data-icon="delete">取消</a>
        <h1>编辑联系人</h1>
<a href="save.html" data-icon="check" data-theme="b">保存</a>
    </div><!-- /页头 -->
    <div data-role="content">
        <p>页面的内容.</p> <br/></br>
    </div><!-- /内容 -->
<div data-role="footer" class="ui-bar">
    <a href=" Add.html" data-role="button" data-icon="plus">添加</a>
    <a href="up.html" data-role="button" data-icon="arrow-u">向上</a>
    <a href="down.html" data-role="button" data-icon="arrow-d">向下</a>
</div><!-- /页脚 -->
</div>
</body>
</html>
```

浏览【例 13-12】的界面，如图 13-23 所示。

3. 导航条工具栏

jQuery Mobile 提供了一个导航条组件，其中可以包含最多 5 个带有图标的按钮。可以使用 <div data-role="navbar"></div> 定义导航条，在其中可以使用无序列表 ul 元素定义按钮列表。

【例 13-13】　在导航条工具栏中定义按钮的示例。

图 13-23　在页脚工具栏中定义按钮

```html
<!DOCTYPE html>
<html>
<head>
    <title>在页脚工具栏中定义按钮</title>
    <meta  name="viewport"  content="width=device-width, initial-scale=1">
    <link rel="stylesheet" href="http://code.jquery.com/mobile/1.2.1/jquery.mobile-1.2.1.min.css" />
    <script src="http://code.jquery.com/jquery-1.8.3.min.js"></script>
    <script  src="http://code.jquery.com/mobile/1.2.1/jquery.mobile-1.2.1.min.js"></script>
</head>
<body>
<div data-role="page">
<div data-role="navbar">
    <ul>
        <li><a href="a.html">One</a></li>
        <li><a href="b.html">Two</a></li>
    </ul>
</div><!-- /navbar -->
</div>
</body>
</html>
```

浏览【例 13-13】的界面，如图 13-24 所示。jQuery Mobile 会自动平均分配导航条中按钮的宽度。

图 13-24　在导航条工具栏中定义按钮

如果需要默认选择一个按钮，则可以将该按钮应用 ui-btn-active 类。

【例 13-14】　在【例 13-13】中定义第一个按钮为默认按钮的示例。

```html
<div data-role="navbar">
    <ul>
        <li><a href="a.html" class="ui-btn-active">One</a></li>
        <li><a href="b.html">Two</a></li>
    </ul>
</div><!-- /navbar -->
</div>
```

浏览【例 13-14】的界面，如图 13-25 所示。

图 13-25　浏览【例 13-14】的界面

【例 13-15】　在导航条工具栏中定义超过 5 个按钮的示例。

```
<div data-role="navbar">
    <ul>
        <li><a href="a.html">One</a></li>
        <li><a href="b.html">Two</a></li>
        <li><a href="c.html">Three</a></li>
        <li><a href="d.html">Four</a></li>
        <li><a href="e.html">Five</a></li>
        <li><a href="d.html">Six</a></li>
    </ul>
</div><!-- /navbar -->
</div>
```

【例 13-16】　在页头和页脚中定义导航条工具栏。

```
<!DOCTYPE html>
<html>
<head>
    <title>在页头和页脚工具栏中定义按钮</title>
    <meta name="viewport" content="width=device-width, initial-scale=1">
    <link rel="stylesheet" href="http://code.jquery.com/mobile/1.2.1/jquery.mobile-
1.2.1.min.css" />
    <script src="http://code.jquery.com/jquery-1.8.3.min.js"></script>
    <script  src="http://code.jquery.com/mobile/1.2.1/jquery.mobile-1.2.1.min.js">
</script>
</head>
<body>

<div data-role="page">
    <div data-role="header">
        <a href="edit.html" data-icon="delete">取消</a>
        <h1>编辑联系人</h1>
<a href="save.html" data-icon="check" data-theme="b">保存</a>
<div data-role="navbar">
    <ul>
        <li><a href="a.html">One</a></li>
        <li><a href="b.html">Two</a></li>
        <li><a href="c.html">Three</a></li>
    </ul>
</div><!-- /navbar -->
    </div><!-- /页头 -->
    <div data-role="content">
        <p>页面的内容.</p> <br/></br>
    </div><!-- /内容 -->
<div data-role="footer" class="ui-bar">
<div data-role="navbar">
    <ul>
```

```
            <li><a href="a.html">One</a></li>
            <li><a href="b.html">Two</a></li>
            <li><a href="c.html">Three</a></li>
    </ul>
    </div><!-- /navbar -->
        <a href=" Add.html" data-role="button" data-icon="plus">添加</a>
        <a href="up.html" data-role="button" data-icon="arrow-u">向上</a>
        <a href="down.html" data-role="button" data-icon="arrow-d">向下</a>
    </div><!-- /页脚 -->
    </div>
    </body>
    </html>
```

浏览【例 13-16】的界面，如图 13-26 所示。

图 13-26　在页头和页脚工具栏中定义按钮

13.2.5　按钮设计

前面已经介绍了使用超链接 a 元素定义按钮的方法，还可以使用 data-icon 属性定义按钮中显示的图标。例如，下面的代码定义的按钮中包含一个删除图标：

```
    <a href="index.html" data-role="button" data-icon="delete">Delete</a>
```

也可以使用 button 元素定义按钮。

【例 13-17】　在按钮中显示各种图标的例子。

```
    <!DOCTYPE html>
    <html>
    <head>
        <title>在按钮中显示各种图标</title>
        <meta name="viewport" content="width=device-width, initial-scale=1">
        <link rel="stylesheet" href="http://code.jquery.com/mobile/1.2.1/jquery.mobile-
1.2.1.min.css" />
        <script src="http://code.jquery.com/jquery-1.8.3.min.js"></script>
        <script  src="http://code.jquery.com/mobile/1.2.1/jquery.mobile-1.2.1.min.js">
</script>
    </head>
    <body>
    <div data-role="page">
        <a href="index.html" data-role="button"  data-icon="delete"> data-icon="delete"</a>
        <a href="index.html" data-role="button" data-icon="arrow-l"> data-icon="arrow-l"</a>
```

```
        <a href="index.html" data-role="button" data-icon="arrow-r"> data-icon="arrow-r"</a>
        <a href="index.html" data-role="button" data-icon="arrow-u"> data-icon="arrow-u"</a>
        <a href="index.html" data-role="button" data-icon="arrow-d"> data-icon="arrow-d"</a>
        <a href="index.html" data-role="button" data-icon="delete"> data-icon="delete"</a>
        <a href="index.html" data-role="button" data-icon="plus"> data-icon="plus"</a>
        <a href="index.html" data-role="button" data-icon="minus"> data-icon="minus"</a>
        <a href="index.html" data-role="button" data-icon="check"> data-icon="check"</a>
        <a href="index.html" data-role="button" data-icon="gear"> data-icon="gear"</a>
        <a href="index.html" data-role="button" data-icon="refresh"> data-icon="refresh"</a>
        <a href="index.html" data-role="button" data-icon="forward"> data-icon="forward"</a>
        <a href="index.html" data-role="button" data-icon="back"> data-icon="back"</a>
        <a href="index.html" data-role="button" data-icon="grid"> data-icon="grid"</a>
        <a href="index.html" data-role="button" data-icon="star"> data-icon="star"</a>
        <a href="index.html" data-role="button" data-icon="alert"> data-icon="alert"</a>
        <a href="index.html" data-role="button" data-icon="info"> data-icon="info"</a>
        <a href="index.html" data-role="button" data-icon="home"> data-icon="home"</a>
        <a href="index.html" data-role="button" data-icon="search"> data-icon="search"</a>
    </div>
</body>
</html>
```

浏览【例 13-17】的界面，如图 13-27 所示。

图 13-27　在页头工具栏中定义按钮

1．内联按钮

默认情况下，网页中的按钮都是块级元素，按钮可以填充屏幕的宽度。可以在定义按钮时使用 data-inline="true"属性将按钮指定为内联按钮。内联按钮的宽度等于其内部的文本和图标的宽度之和。

【例 13-18】 定义内联按钮的例子。

```
<!DOCTYPE html>
<html>
<head>
    <title>定义内联按钮</title>
    <meta name="viewport" content="width=device-width, initial-scale=1">
    <link rel="stylesheet" href="http://code.jquery.com/mobile/1.2.1/jquery.mobile-
1.2.1.min.css" />
    <script src="http://code.jquery.com/jquery-1.8.3.min.js"></script>
    <script  src="http://code.jquery.com/mobile/1.2.1/jquery.mobile-1.2.1.min.js">
</script>
    </head>
    <body>
    <div data-role="page">
        <a href="index.html" data-role="button" data-icon="delete" data-inline="true"
data-mini="true">Cancel</a>
                <a href="index.html" data-role="button" data-icon="check" data-theme=
"b" data-inline="true" data-mini="true">Save</a>
    </div>
    </body>
    </html>
```

浏览【例 13-18】的界面，如图 13-28 所示。

2. 分组按钮

有时可能会需要把几个按钮组合在一起，从而定义分组按钮。可以在 div 元素中使用 data-role="controlgroup"属性定义分组按钮。

图 13-28 定义内联按钮

【例 13-19】 定义分组按钮的例子。

```
<!DOCTYPE html>
<html>
<head>
    <title>定义分组按钮</title>
    <meta name="viewport" content="width=device-width, initial-scale=1">
    <link rel="stylesheet" href="http://code.jquery.com/mobile/1.2.1/jquery.mobile-
1.2.1.min.css" />
    <script src="http://code.jquery.com/jquery-1.8.3.min.js"></script>
    <script  src="http://code.jquery.com/mobile/1.2.1/jquery.mobile-1.2.1.min.js">
</script>
    </head>
    <body>
    <div data-role="page">
    <div data-role="controlgroup">
    <a href="index.html" data-role="button">Yes</a>
    <a href="index.html" data-role="button">No</a>
    <a href="index.html" data-role="button">Maybe</a>
    </div>
    </div>
    </body>
    </html>
```

浏览【例 13-19】的界面，如图 13-29 所示。

默认情况下，分组按钮按垂直排列，可以使用 data-type="horizontal"属性定义分组按钮按水平排列。

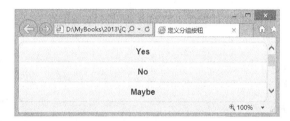

图 13-29　浏览【例 13-19】的界面

13.2.6　列表设计

在 jQuery Mobile 中可在 ul 元素中使用 data-role="listview"属性来定义列表。

【例 13-20】　定义列表的例子。

```
<!DOCTYPE html>
<html>
<head>
    <title>定义列表</title>
    <meta name="viewport" content="width=device-width, initial-scale=1">
    <link rel="stylesheet" href="http://code.jquery.com/mobile/1.2.1/jquery.mobile-
1.2.1.min.css" />
    <script src="http://code.jquery.com/jquery-1.8.3.min.js"></script>
    <script  src="http://code.jquery.com/mobile/1.2.1/jquery.mobile-1.2.1.min.js">
</script>
</head>
<body>
<div data-role="page">
<ul data-role="listview">
            <li>收件箱 <span class="ui-li-count">12</span></li>
                <li>发件箱<span class="ui-li-count">0</span></li>
                <li>草稿箱<span class="ui-li-count">4</span></li>
                <li>已发送<span class="ui-li-count">328</span></li>
                <li>回收站 <span class="ui-li-count">62</span></li>
        </ul>
</div>
</body>
</html>
```

浏览【例 13-20】的界面，如图 13-30 所示。class="ui-li-count"的 span 元素用于显示统计数据。

图 13-30　浏览【例 13-20】的界面

在列表中的 li 元素中可以使用 img 元素在列表项前面显示图片。

【例 13-21】 定义带图片的列表。

```
<!DOCTYPE html>
<html>
<head>
    <title>带图片的列表</title>
    <meta name="viewport" content="width=device-width, initial-scale=1">
    <link rel="stylesheet" href="http://code.jquery.com/mobile/1.2.1/jquery.mobile-
1.2.1.min.css" />
    <script src="http://code.jquery.com/jquery-1.8.3.min.js"></script>
    <script src="http://code.jquery.com/mobile/1.2.1/jquery.mobile-1.2.1.min.js">
</script>
</head>
<body>
<div data-role="page">
ul data-role="listview">
            <li><img src="images/gf.png" alt="France" class="ui-li-icon">法国 <span
class="ui-li-count">4</span></li>
            <li><img src="images/de.png" alt="Germany" class="ui-li-icon">德 国
<span class="ui-li-count">4</span></li>
            <li><img src="images/gb.png" alt="Great Britain" class="ui-li-icon">英
格兰<span class="ui-li-count">0</span></li>
            <li><img src="images/fi.png" alt="Finland" class="ui-li-icon">芬 兰
<span class="ui-li-count">12</span></li>
            <li><img src="images/sj.png" alt="Norway" class="ui-li-icon">挪威 <span
class="ui-li-count">328</span></li>
            <li><img src="images/us.png" alt="United States" class="ui-li-icon">美
国<span class="ui-li-count">62</span></li>
        </ul>
    </div>
    </body>
    </html>
```

浏览【例 13-21】的界面如图 13-31 所示。class="ui-li-count"的 span 元素用于显示统计
数据。

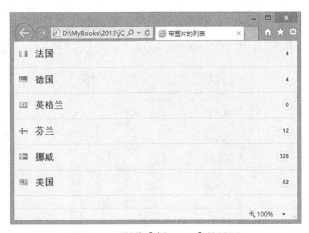

图 13-31　浏览【例 13-21】的界面

练 习 题

1. 单项选择题

（1）在使用 div 标签定义 jQuery Mobile 页面时，可以使用（　　）属性指定页面的标题。

    A．data-title
               B．title

    C．header
               D．data- header

（2）任何 jQuery Mobile 页面都可以很方便地以模式对话框（指用户在应用程序的对话框中，想要对对话框以外的应用程序进行操作时，必须首先对该对话框进行响应）的形式显示，只要在打开该页面的超链接中使用（　　）属性即可。

    A．data-role="dialog"
        B．dialog

    C．data-rel="dialog"
         D．dialog ="modal"

（3）可以在 div 元素中使用 data-role=（　　）属性定义弹出框。

    A．"dialog"
              B．"popup"

    C．"pop"
                D．"tooltip"

（4）可以使用（　　）属性定义按钮中显示的图标。

    A．data-icon
            B．icon

    C．image
                D．button-icon

（5）可以在 div 元素中使用 data-role=（　　）属性定义分组按钮。

    A．"group"
             B．"buttongroup"

    C．"controlgroup"
        D．"buttons"

2. 填空题

（1）jQuery Mobile 开发包包括_____文件和_____文件。

（2）使用_____方法显示或隐藏页面加载组件。

（3）可以使用<div data-role="_____"></div>定义导航条。

（4）在 jQuery Mobile 中可在 ul 元素中使用 data-role="_____"属性来定义列表。

4. 简答题

（1）试述什么是 jQuery Mobile。

（2）试述什么是内联按钮。

实验 1 初识 jQuery

1. 目的和要求

（1）了解什么是 jQuery。

（2）了解 jQuery 的优势。

（3）学习下载 jQuery 脚本文件和配置 jQuery 环境。

（4）学习编写简单的 jQuery 程序。

（5）了解 jQuery 对象和 DOM 对象的概念。

（6）了解和使用 jQuery 开发工具。

2. 实验准备

要了解 jQuery 属于 Java 家族，它是一种快捷、小巧、功能丰富的 JavaScript 库。jQuery 提供很多支持各种浏览器平台的 API，使用这些 API 可以使 Web 前端开发变得更加轻松。

jQuery 的语法很简单，它的核心理念是"write less，do more!"。相比而言，jQuery 在实现同样的功能时需要编写的代码更少（据估算，5 行 jQuery 就可以实现 30 行标准 JavaScript 代码的功能），这无疑减少了程序员的工作量；jQuery 提供更多的 API，而且涵盖的功能面更广，大大扩充了标准 JavaScript 的功能。jQuery 是开放源代码的项目，用户可以阅读某个 jQuery API 的源代码，了解它的实现过程，做到知其所以然。

使用 jQuery 的动画功能可以设计出相当于 flash 特效网页的效果，而使用 jQuery 比使用 flash 制作的网页要小很多，因此更易于加载。

3. 实验内容

本实验主要包含以下内容。

• 练习下载 jQuery 脚本文件。

• 练习编写简单的 jQuery 程序。

• 练习使用 Dreamweaver 编辑 jQuery 程序。

（1）下载 jQuery 脚本文件

按以下步骤练习下载 jQuery 脚本文件。

① 访问下面的 url 下载页面。

`http:// www.jquery.com/download`

② 拉动滚动条至 "Past Releases"，确认可以看到曾经发布的版本。

③ 单击最新版本后面的 Minified 超链接，下载得到 jquery-x.x.x.min.js。x.x.x 代表版本号。

④ 将下载得到的 jquery-x.x.x.min.js 重命名为 jquery.js，并复制到 Web 服务器的根目录下。

（2）编写简单的 jQuery 程序

参照如下步骤练习编写简单的 jQuery 程序。

① 准备一个用来做网页背景的图片文件，假定文件名为 01.jpg。

② 创建一个 HTML 文档，保存为 jquery.html，参照【例 1-1】编写其内容。

③ 将网页文件和 jQuery 脚本库文件 jquery.js 放置在相同目录下。

④ 双击浏览 jquery.html，单击网页中的文字，确认该文字会隐藏。

（3）使用 Dreamweaver 编辑 jQuery 程序

参照如下步骤练习使用 Dreamweaver 编辑 jQuery 程序。

① 安装 Dreamweaver CS5。

② 准备好 jQuery_API.mxp 插件。

③ 运行 Dreamweaver CS5，在菜单中依次选择 "命令" → "扩展管理" 命令，打开扩展管理对话框。单击 "安装" 按钮，打开 "选取要安装的扩展" 对话框，选择 jQuery_api_for_dw_cs5.mxp，然后单击 "打开" 按钮。

④ 重新启动 Dreamweaver 后，在新建或编辑网页时引用 jQuery.js，确认可以自动提示 jQuery 语法。

实验 2　JavaScript 编程

1.　目的和要求

（1）了解在 HTML 文件中使用 JavaScript 语言的方法。

（2）了解 JavaScript 的基本语法。

（3）学习使用 JavaScript 的常用语句。

（4）学习使用 JavaScript 的函数。

（5）学习使用 JavaScript 的内置对象。

（6）学习 JavaScript 的事件处理。

（7）学习 JavaScript 编辑和调试工具。

2.　实验准备

（1）了解 JavaScript 简称 js，是一种可以嵌入到 HTML 页面中的脚本语言。

（2）了解在 HTML 文件中使用 JavaScript 脚本时，JavaScript 代码需要出现在<Script Language="JavaScript">和</Script>之间。

（3）了解在 JavaScript 中，可以使用 var 关键字声明变量，声明变量时不要求指明变量的数据类型。

（4）了解使用循环语句的方法。

（5）了解创建自定义函数的方法。

（6）了解调用函数的方法。

（7）了解局部变量和全局变量的概念和作用域。

（8）了解使用 JavaScript 内置类的方法。

（9）了解 JavaScript 事件处理的方法。

3. 实验内容

本实验主要包含以下内容。

- 练习在 HTML 中使用 JavaScript 语言。
- 练习使用变量和注释。
- 练习使用条件分支语句。
- 练习使用循环语句。
- 练习使用函数。
- 练习使用 JavaScript 内置类。
- 练习使用 HTML DOM 浏览器对象。
- 练习 JavaScript 事件处理编程。
- 练习编辑和调试 JavaScript。

（1）在 HTML 中使用 JavaScript 语言

参照下面的步骤练习在 HTML 中使用 JavaScript 语言。

① 参照【例 2-1】练习在 HTML 文件中使用 JavaScript 脚本。

② 参照【例 2-2】练习在 HTML 文件中引用 js 文件。

（2）使用变量和注释

参照下面的步骤练习使用变量和注释。

① 参照【例 2-3】练习定义变量，并使用 typeof 运算符返回变量类型。

② 参照【例 2-4】练习向代码中添加注释，修改注释内容后浏览网页，确认注释内容不影响网页的显示。

（3）使用条件分支语句

参照下面的步骤练习使用条件分支语句。

① 参照【例 2-5】练习使用 if 语句。

② 参照【例 2-6】练习使用嵌套 if 语句。

③ 参照【例 2-7】练习使用 if...else...语句。

④ 参照【例 2-8】练习使用 if 语句、else if 语句和 else 语句。

⑤ 参照【例 2-9】练习使用 switch 语句。

（4）使用循环语句

参照下面的步骤练习使用循环语句。

① 参照【例 2-10】练习使用 while 语句。

② 参照【例 2-11】练习使用 do...while 语句。

③ 参照【例 2-12】练习使用 for 语句。

④　参照【例 2-13】练习使用 continue 语句。

⑤　参照【例 2-14】练习使用 break 语句。

（5）使用函数

参照下面的步骤练习使用函数。

①　参照【例 2-15】、【例 2-16】和【例 2-17】练习创建自定义函数。

②　参照【例 2-18】、【例 2-19】和【例 2-20】练习创建调用函数。注意函数参数的使用。

③　参照【例 2-21】练习、理解局部变量和全局变量的概念和作用域。

④　参照【例 2-22】练习使用函数的返回值。

（6）使用 JavaScript 内置类

参照下面的步骤练习使用 JavaScript 内置类。

①　参照【例 2-23】练习使用 Date 对象。

②　参照【例 2-24】练习使用 String 对象。

（7）使用 HTML DOM 浏览器对象

参照下面的步骤练习使用 HTML DOM 浏览器对象。

①　参照【例 2-25】练习使用 alert 方法弹出一个警告对话框。

②　参照【例 2-27】练习使用 document 对象。

（8）JavaScript 事件处理编程

参照下面的步骤练习 JavaScript 事件处理编程。

①　参照【例 2-28】练习使用 Event 对象处理鼠标单击事件。

②　参照【例 2-29】练习使用 addEventListener()函数侦听事件并对事件进行处理。

③　参照【例 2-30】练习使用 Event 对象在窗口的状态栏中显示鼠标的坐标。

（9）编辑和调试 JavaScript

参照下面的步骤练习编辑和调试 JavaScript。

①　参照 2.7.1 小节练习使用 Dreamweaver 编辑 JavaScript 程序。

②　参照 2.7.2 小节练习使用 IE 的开发人员工具定位 JavaScript 程序中的错误。

③　参照 2.7.2 小节练习使用 Chrome 的开发者工具定位 JavaScript 程序中的错误。

④　参照 2.7.2 小节练习使用 Firefox 的开发者工具定位 JavaScript 程序中的错误。

实验 3　jQuery 选择器

1. 目的和要求

（1）了解表 jQuery 选择器和过滤器的概念和作用。

（2）练习使用基础选择器。

（3）练习使用层次选择器。

（4）练习使用 jQuery 过滤器。

2. 实验准备

（1）了解使用 jQuery 选择器（selector）就可以选择要管理和操作的 HTML 元素。

（2）了解在 jQuery 中可以使用过滤器对选取的数据进行过滤，从而选择更明确的元素。

3. 实验内容

本实验主要包含以下内容。

- 练习使用基础选择器。
- 练习使用层次选择器。
- 练习使用 jQuery 过滤器。

（1）使用基础选择器

参照下面的步骤练习使用基础选择器。

① 参照【例 3-1】练习使用 Id 选择器选取 HTML 元素。

② 参照【例 3-2】练习使用标签名选择器。

③ 参照【例 3-3】练习根据元素的 css 类选择 HTML 元素。

④ 参照【例 3-4】练习选择所有的 HTML 元素。

⑤ 参照【例 3-5】练习同时选择多个 HTML 元素。

（2）使用层次选择器

参照下面的步骤练习使用层次选择器。

① 参照【例 3-6】练习使用 ancestor descendant 选择器。

② 参照【例 3-7】练习使用 parent > child 选择器。

③ 参照【例 3-8】练习使用 prev + next 选择器。

④ 参照【例 3-9】练习使用 prev ～ siblings 选择器。

（3）使用 jQuery 过滤器

参照下面的步骤练习使用 jQuery 过滤器。

① 参照【例 3-10】练习使用:first 过滤器。

② 参照【例 3-11】练习使用: header 过滤器。

③ 参照【例 3-12】练习使用:contains()过滤器。

④ 参照【例 3-13】练习使用:empty()过滤器。

⑤ 参照【例 3-14】练习使用: parent()过滤器。

⑥ 参照【例 3-15】练习使用: hidden 过滤器。

⑦ 参照【例 3-16】练习使用$([属性名])过滤器。

⑧ 参照【例 3-17】练习使用$([属性名=值])过滤器。

⑨ 参照【例 3-18】练习使用:nth-child lidex/even/odd/equation 过滤器。

实验 4　操作 HTML 元素

1. 目的和要求

（1）了解 DOM 对象的概念。

（2）学习访问 HTML 元素的属性和内容的方法。

（3）学习管理 HTML 元素的方法。

2.　实验准备

了解每个 HTML 元素都可以转换为一个 DOM 对象，而每个 DOM 对象都有一组属性，通过这些属性可以设置 HTML 元素的外观和特性。jQuery 可以很方便地获取和设置 HTML 元素的属性。

3.　实验内容

本实验主要包含以下内容。

- 练习获取 HTML 元素对应的 jQuery 对象。
- 练习获取和设置 HTML 元素的内容。
- 练习获取和设置 HTML 元素的属性。
- 练习在网页中添加追加内容。
- 练习管理 HTML 元素。

（1）获取 HTML 元素对应的 jQuery 对象

参照下面的步骤练习获取 HTML 元素对应的 jQuery 对象。

① 参照【例 4-1】练习在标准 JavaScript 中获取 HTML 元素对应的 DOM 对象。

② 参照【例 4-2】练习使用 get()方法获取 HTML 元素对应的 jQuery 对象。

③ 参照【例 4-3】练习使用 each()方法遍历 DOM 对象。

（2）获取和设置 HTML 元素的内容

参照下面的步骤练习使用 CSS3。

① 参照【例 4-4】练习调用 html()方法设置 HTML 元素内容。

② 参照【例 4-5】练习调用 val ()方法设置 HTML 元素内容。

（3）获取和设置 HTML 元素的属性

参照下面的步骤练习管理 HTML 元素的属性。

① 参照【例 4-6】练习使用 attr()方法访问 HTML 元素属性。

② 参照【例 4-7】练习使用 attr()方法设置 HTML 元素属性。

③ 参照【例 4-8】练习使用 removeAttr()方法删除 HTML 元素属性。

（4）练习在网页中添加追加内容

参照下面的步骤练习练习在网页中添加追加内容。

① 参照【例 4-9】练习使用 append()方法向 HTML 元素追加内容。

② 参照【例 4-10】练习使用 before()方法和 after()方法向 HTML 元素追加内容。

（5）管理 HTML 元素

参照下面的步骤练习管理 HTML 元素。

① 参照【例 4-11】练习使用 find()方法遍历 HTML 元素。

② 参照【例 4-12】练习使用 has ()方法。

③ 参照【例 4-13】练习使用 empty()方法删除 HTML 元素的内容和所有子元素。

④ 参照【例 4-14】练习使用 remove()方法删除 HTML 元素。

⑤ 参照【例 4-15】练习使用 insertafter ()方法插入 HTML 标签或已有的元素。

⑥ 参照【例 4-16】练习使用 after ()方法在被选元素之后插入指定内容。

⑦ 参照【例 4-17】练习使用 Clone ()方法复制 HTML 元素。

⑧ 参照【例 4-18】练习使用 replaceWith()方法替换 HTML 元素。

⑨ 参照【例 4-19】练习使用 replaceAll ()方法替换 HTML 元素。

实验 5　jQuery 插件

1.　目的和要求

（1）了解 jQuery 的插件机制。
（2）了解 jQuery 插件的 3 种类型。
（3）学习开发封装 jQuery 对象方法的插件。
（4）学习使用各种 jQuery 插件的方法。
（5）了解和学习一些经典 jQuery 插件的使用方法。

2.　实验准备

首先要了解 jQuery 插件是基于 jQuery 开发的 js 脚本库，是对 jQuery 的有效扩展。
jQuery 插件可以分为下面 3 种类型。
（1）封装 jQuery 对象方法：把一些常用功能定义为函数，绑定到 jQuery 对象上，从而扩展了 jQuery 对象。
（2）全局函数：把自定义函数附加到 jQuery 命名的空间下，从而作为一个公共的全局函数使用。
（3）自定义选择器：编写一个自定义函数，返回满足指定条件的 HTML 元素对应的 jQuery 对象。

3.　实验内容

本实验主要包含以下内容。
- 练习开发 jQuery 插件。
- 练习使用 jQuery 插件。
- 练习使用滚动插件。
- 练习使用图表插件。
- 练习使用布局插件。
- 练习使用文字处理插件。
- 练习使用 UI 插件。

（1）开发 jQuery 插件
参照下面的步骤练习开发 jQuery 插件。
① 参照【例 5-1】和【例 5-2】练习开发封装 jQuery 对象方法的插件。
② 参照【例 5-3】练习开发定义全局函数的插件。
③ 参照【例 5-4】练习开发自定义选择器的插件。
（2）使用 jQuery 插件
参照下面的步骤练习使用 jQuery 插件。
① 参照【例 5-5】和【例 5-6】练习使用封装 jQuery 对象方法的插件。

② 参照【例 5-7】练习使用定义全局函数的插件。

③ 参照【例 5-8】练习使用自定义选择器的插件。

（3）使用滚动插件

参照下面的步骤练习使用滚动插件。

① 参照【例 5-9】练习使用捕获滚动事件的插件 Waypoints。

② 参照【例 5-10】练习使用滚动特效插件 scrollTo。

（4）使用图表插件

参照下面的步骤练习使用图表插件。

① 参照【例 5-11】和【例 5-12】练习使用 Excel 样式的表格插件 Handsontable。

② 参照【例 5-13】练习使用 HTML 表格插件 DataTables。

③ 参照【例 5-14】练习使用图表效果插件 Sparklines。

（5）使用布局插件

参照下面的步骤练习使用布局插件。

① 参照【例 5-15】练习使用布局插件 Masonry。

② 参照【例 5-16】练习使用动态布局插件 Freetile.js。

③ 参照【例 5-17】练习使用瀑布流的网页布局插件 Wookmark。

（6）使用文字处理插件

参照下面的步骤练习使用文字处理插件。

① 参照【例 5-18】练习使用自动调整文本大小的 FitText.js 插件。

② 参照【例 5-19】练习使用就地编辑插件 jeditable。

（7）使用 UI 插件

参照下面的步骤练习使用 UI 插件。

① 参照【例 5-20】练习使用旋钮插件 knob。

② 参照【例 5-21】练习使用显示模态弹窗的插件 Avgrund。

③ 参照【例 5-22】练习使用滑动导航插件 SlideDeck。

实验 6　表 单 编 程

1. 目的和要求

（1）了解表单的基本概念和功能。

（2）了解定义表单的基本方法。

（3）学习常用表单控件的功能和定义方法。

（4）学习使用表单选择器和过滤器。

（5）学习表单事件处理方法。

（6）学习操作表单元素的基本方法。

（7）学习使用几个比较实用的表单插件。

2. 实验准备

首先要了解表单（Form）是很常用的 HTML 元素，是用户向 Web 服务器提交数据的最常用方式。除了可以使用表单传送用户输入的数据，还可以用于上传文件。

了解表单中可以包括标签（静态文本）、单行文本框、滚动文本框、复选框、单选按钮、下拉菜单（组合框）和按钮等元素。

了解 jQuery 可以提供表单选择器和过滤器，用于选取表单中的元素。还可以提供一组表单 API，使用它们可以对表单事件进行处理。

3. 实验内容

本实验主要包含以下内容。

- 练习设计 HTML 表单。
- 练习使用表单选择器和过滤器。
- 练习表单事件处理。
- 练习使用表单插件。

（1）设计 HTML 表单

参照下面的步骤练习设计 HTML 表单。

① 参照【例 6-1】练习定义表单。

② 参照【例 6-2】练习定义表单中的文本框。

③ 参照【例 6-3】练习定义表单中的文本区域。

④ 参照【例 6-4】练习定义表单中的单选按钮。

⑤ 参照【例 6-5】练习定义表单中的复选框。

⑥ 参照【例 6-6】练习定义表单中的组合框。

⑦ 参照【例 6-7】和【例 6-8】练习定义表单中的按钮。

（2）使用表单选择器和过滤器

参照下面的步骤练习使用表单选择器和过滤器。

① 参照【例 6-9】练习使用:input 选择器。

② 参照【例 6-10】练习使用:enabled 过滤器。

③ 参照【例 6-11】练习使用: checked 过滤器。

（3）表单事件处理

参照下面的步骤练习表单事件处理。

① 参照【例 6-12】和【例 6-13】练习使用 blur()方法和 focus()方法。

② 参照【例 6-14】练习使用 change()方法。

③ 参照【例 6-15】练习使用 select()方法。

④ 参照【例 6-16】练习使用 submit()方法。

（4）使用表单插件

参照下面的步骤练习使用表单插件。

① 参照【例 6-17】练习使用 a-tools 插件。

② 参照【例 6-18】练习使用 DoubleSelection 插件。

③ 参照【例 6-19】练习使用 validate 插件对表单进行验证。

实验 7　事 件 处 理

1. 目的和要求

（1）学习指定事件处理函数的方法。

（2）了解 Event 对象的基本情况和作用。

（3）学习使用 jQuery 事件方法。

2. 实验准备

首先要了解 jQuery 支持的事件包括键盘事件、鼠标事件、表单事件、文档加载事件和浏览器事件等。

了解 jQuery 的事件系统支持 Event 对象。每个事件处理函数都包含一个 Event 对象作为参数。

了解 jQuery 提供了一组事件方法，用于处理各种 HTML 事件。

3. 实验内容

本实验主要包含以下内容。

- 练习使用事件处理函数。
- 练习使用 Event 对象。
- 练习使用 jQuery 事件方法。

（1）使用事件处理函数

参照下面的步骤练习使用事件处理函数。

① 参照【例 7-1】练习使用 bind()方法绑定事件处理函数。

② 参照【例 7-2】练习使用 bind()方法在事件处理之前传递附加的数据。

③ 参照【例 7-3】练习使用 bind()方法禁止网页弹出右键菜单的方法。

④ 参照【例 7-4】练习使用 delegate ()方法绑定到指定的事件处理函数的方法。

⑤ 参照【例 7-5】练习使用 unbind()方法移除绑定到匹配元素的事件处理器函数的方法。

（2）使用 Event 对象

参照下面的步骤练习使用 Event 对象。

① 通过实现【例 7-6】，练习使用 Event 对象 pageX 和 pageY 属性的方法。

② 通过实现【例 7-7】，练习使用 Event 对象 type 属性和 which 属性的方法。

③ 通过实现【例 7-8】，练习使用 Event 对象 preventDefault()方法阻止默认事件动作的方法。

（3）使用 jQuery 事件方法

参照下面的步骤练习使用 jQuery 事件方法。

① 参照【例 7-9】练习使用 keypress()方法。

② 参照【例 7-10】练习使用 hover()方法。

③ 参照【例 7-11】练习使用 load ()方法。

④ 参照【例 7-12】练习使用 scroll ()方法。

实验 8　设置 CSS 样式

1.　目的和要求

（1）了解 CSS 的概念和基本功能。

（2）学习在 HTML 文档中应用 CSS 的基本方法。

（3）学习使用 CSS3 的新技术。

（4）学习在 jQuery 中设置 CSS 样式的方法。

2.　实验准备

首先要了解层叠样式表（CSS）是用来定义网页的显示格式的，使用它可以设计出更加整洁、漂亮的网页。jQuery 可以很方便地设置 CSS 样式，从而动态改变页面的显示样式。CSS3 是 CSS 的最新升级版本。

在 jQuery 中，可以很方便地设置 HTML 元素的 CSS 样式、类别、位置和尺寸等属性。

3.　实验内容

本实验主要包含以下内容。

- 练习使用 CSS 的基本功能。

- 练习使用 CSS3 的新技术。

- 练习在 jQuery 中设置 CSS 样式。

（1）CSS 的基本功能

参照下面的步骤练习 CSS 的基本功能。

① 通过实现【例 8-1】练习在 HTML 中使用 CSS 设置显示风格的方法。

② 通过实现【例 8-2】练习使用行内样式表的方法。

③ 参照【例 8-3】练习使用内部样式表的方法。

④ 参照【例 8-4】练习使用外部样式表的方法。

⑤ 参照【例 8-5】练习使用 CSS 设置网页背景图像的方法。

⑥ 参照【例 8-6】练习在 CSS 中设置字体的方法。

⑦ 参照【例 8-8】、【例 8-9】和【例 8-10】练习设置超链接的样式。

⑧ 参照【例 8-11】和【例 8-12】练习设置无序列表和有序列表样式。

⑨ 参照【例 8-13】练习设置表格边框的属性。

⑩ 参照【例 8-14】练习设置元素轮廓。

⑪ 参照【例 8-15】练习在 CSS 中设置浮动图片的效果。

（2）使用 CSS3 的新技术

参照下面的步骤练习使用 CSS3 的新技术。

① 通过实现【例 8-16】、【例 8-17】、【例 8-18】和【例 8-19】练习实现圆角效果。

② 通过实现【例 8-20】练习在 CSS3 中实现过渡颜色边框。

③ 参照【例 8-21】练习在 CSS3 中实现阴影。

④ 参照【例 8-22】练习在 CSS3 中控制背景图的尺寸大小。

⑤ 参照【例 8-23】练习在 CSS3 中实现多列。

⑥ 参照【例 8-24】练习在 CSS3 中实现嵌入字体。

⑦ 参照【例 8-25】练习在 CSS3 中实现不同透明度的图像。

⑧ 参照【例 8-26】练习在 CSS3 中实现不同透明度的层。

⑨ 参照【例 8-27】练习使用 RGBA 声明实现不同透明度的层。

⑩ 参照【例 8-28】练习使用 HSL 声明实现不同颜色的层。

⑪ 参照【例 8-29】练习使用 HSLA 声明实现不同透明度的层。

（3）在 jQuery 中设置 CSS 样式

参照下面的步骤练习在 jQuery 中设置 CSS 样式。

① 通过实现【例 8-30】练习使用 css()方法设置 CSS 属性。

② 通过实现【例 8-31】练习使用 addClass()方法为 HTML 元素添加 class 属性。

③ 参照【例 8-32】练习获取 HTML 元素高度。

④ 参照【例 8-33】练习获取 HTML 元素的位置信息。

⑤ 参照【例 8-34】练习设置元素滚动条的水平位置。

⑥ 参照 8.4.1 小节练习动态控制页面字体大小的方法。通过练习进一步理解使用 jQuery 设置 CSS 样式的方法。

⑦ 参照 8.4.2 小节练习快捷切换网页显示样式的方法。通过练习进一步理解使用 jQuery 切换 CSS 样式的方法。

实验 9　jQuery 动画特效

1.　目的和要求

（1）学习以动画效果显示和隐藏 HTML 元素的方法。

（2）学习制作淡入淡出效果的方法。

（3）学习制作滑动效果的方法。

（4）学习使用动画队列。

（5）学习在应用实例中使用 jQuery 动画特效。

2.　实验准备

首先要了解 jQuery 可以很方便地在 HTML 元素上实现动画效果，例如显示、隐藏、淡入淡出和滑动等。

了解 jQuery 可以定义一组动画动作，把它们放在队列（queue）中顺序执行。队列是一种支持先进先出原则的数据结构（线性表），它只允许在表的前端进行删除操作，而在表的后端进行插入操作。

3.　实验内容

本实验主要包含以下内容。

- 练习显示和隐藏 HTML 元素。
- 练习实现淡入淡出效果。
- 练习实现滑动效果。
- 练习使用动画队列。
- 练习执行自定义的动画和实现焦点视频切换栏。

（1）显示和隐藏 HTML 元素

参照下面的步骤练习显示和隐藏 HTML 元素。

① 参照【例 9-1】练习使用 show ()方法显示 HTML 元素。

② 参照【例 9-2】练习使用 hide()方法隐藏 HTML 元素。

（2）实现淡入淡出效果

参照下面的步骤练习实现淡入淡出效果。

① 参照【例 9-3】练习使用 fadeIn ()方法实现淡入效果。

② 参照【例 9-4】练习使用 fadeOut()方法实现淡出效果。

③ 参照【例 9-5】练习使用 fadeTo ()方法直接调节 HTML 元素透明度。

④ 参照【例 9-6】练习使用 fadeToggle()方法以淡入淡出效果切换显示和隐藏 HTML 元素。

（3）实现滑动效果

参照下面的步骤练习实现滑动效果。

① 参照【例 9-7】练习使用 SlideDown ()方法以滑动效果显示隐藏的 HTML 元素。

② 参照【例 9-8】练习使用 SlideUp ()方法以滑动效果隐藏 HTML 元素。

③ 参照【例 9-9】练习使用 SlideToggle ()方法实现以滑动效果切换显示和隐藏 HTML 元素。

（4）使用动画队列

参照下面的步骤练习使用动画队列。

① 参照【例 9-10】练习使用 queue()方法显示动画队列。

② 参照【例 9-11】练习使用 queue()方法和 dequeue()方法。

③ 参照【例 9-12】练习使用 ClearQueue()方法删除匹配元素的动画队列中所有未执行的函数。

④ 参照【例 9-13】练习使用 delay()方法延迟动画队列里函数的执行。

（5）执行自定义的动画和实现焦点视频切换栏

参照下面的步骤练习执行自定义的动画和实现焦点视频切换栏。

① 参照【例 9-14】练习使用 animate()方法实现自定义动画效果。

② 创建 css、images 和 js 目录用于保存焦点视频切换栏应用实例的文件。

③ 参照 9.6.2 小节设计 index.html。

④ 注意源代码的 image 目录下的图片，如果需要使用其他的图片，可以替换对应的图片。

⑤ 参照 9.6.3 小节设计 js、js.js。

实验 10　jQuery 与 Ajax

1. 目的和要求

（1）了解 Ajax 的基本概念和基本功能。

（2）学习使用 XMLHttpRequest 对象与服务器通信的方法。

（3）学习在 jQuery 中实现 Ajax 编程的方法。

2. 实验准备

首先要了解 Ajax 是 Asynchronous JavaScript and XML（异步的 JavaScript 和 XML）的缩写。它由一组相互关联的 Web 开发技术组成，用于在客户端创建异步的 Web 应用程序。使用 Ajax 开发的 Web 应用程序可以在不刷新页面的情况下，与 Web 服务器进行通信，并将获得的数据显示在页面。jQuery 提供了很多与 Ajax 技术相关的 API，可以很方便地实现 Ajax 的功能。

了解在 Ajax 中，可以使用 XMLHttpRequest 对象与服务器进行通信。

3. 实验内容

本实验主要包含以下内容。

- 练习使用 XMLHttpRequest 对象与服务器通信。
- 练习在 jQuery 中实现 Ajax 编程。

（1）使用 XMLHttpRequest 对象与服务器通信

参照下面的步骤练习使用 XMLHttpRequest 对象与服务器通信。

① 搭建一个 Web 服务器，可以使用 IIS 或 Apache。

② 搭建成功后将【例 10-1】的网页和请求的 example.xml 复制到网站的根目录下。

③ 在浏览器中访问 Web 服务器的【例 10-1】网页。单击按钮，确认可以接收到 example.xml 的内容。

（2）在 jQuery 中实现 Ajax 编程

参照下面的步骤练习在 jQuery 中实现 Ajax 编程。

① 参照【例 10-2】练习使用 load()方法从服务器获取文本文件的内容。

② 参照【例 10-3】练习使用$.get()方法从服务器获取文本文件的内容。

③ 参照【例 10-4】练习使用$.post()方法从服务器获取 asp 文件的内容。

④ 参照【例 10-5】练习使用 getJSON()方法从服务器获取图片。

⑤ 参照【例 10-6】练习使用$.ajax()方法从服务器获取文件的内容。

⑥ 参照【例 10-7】练习使用 FormData 对象向服务器发送数据的方法。

⑦ 参照【例 10-8】练习 Ajax 事件编程，注意观察 Ajax 的事件流。

⑧ 参照 10.3 小节练习使用 Ajax 实现登录页面的实例。确认登录后，在页面中可以显示服务器端 PHP 脚本发回的用户名和密码。

实验 11　jQuery 与 HTML5

1. 目的和要求

（1）了解什么是 HTML5。

（2）了解 HTML 的基本概念。

（3）学习 HTML5 的新特性。

（4）学习 jQuery lITML5 实用编程。

2. 实验准备

首先要了解 HTML5 是最新的 HTML 标准。目前 HTML5 的标准草案已进入了 W3C 制定标准五大程序的第 1 步，预期要到 2022 年才会成为 W3C 推荐标准，因此 HTML5 无疑会成为未来 10 年最热门的互联网技术。jQuery 可以很好地支持 HTML5 的新特性，从而使设计出的网页更加美观、新颖、有个性。

了解尽管 HTML5 还只是草案，但它已经引起了业内的广泛重视，对 HTML5 的支持程度已经是衡量一个浏览器的重要指标。目前绝大多数主流浏览器都支持 HTML5，只是支持的程度不同。

3. 实验内容

本实验主要包含以下内容。

* 测试浏览器对 HTML5 的支持程度。
* 练习实现支持进度显示的文件上传。
* 练习 jQuery+HTMl5 localstorage 编程。
* 练习 Canvas 绘图。
* 练习使用基于 HTMl5 播放声音的 jQuery 插件 audioPlay。
* 使用 jQuery+HTML5+CSS3 设计页面布局。
* 使用 jQuery+HTML5+CSS3 设计视频播放器。

（1）测试浏览器对 HTML5 的支持程度

参照下面的步骤测试浏览器对 HTML5 的支持程度。

① 下载并安装 Internet Explorer、GoogleChrome、Opera 和苹果浏览器 Safari for Windows 等的最新版本。

② 参照 11.1.3 节的方法测试这些浏览器对 HTML5 的支持程度，并填写表 T1-1。也可以对你喜欢的其他国外厂商浏览器进行测试。

表 T1-1　　　　　　　　国外厂商的主流浏览器对 HTML5 支持程度的测试结果

浏　览　器	版　　　本	得　　　分
GoogleChrome		
Opera		
Firefox		
苹果浏览器 Safari for Windows		
Internet Explorer		

③ 下载并安装表 T1-2 中所列国内厂商浏览器的最新版本。

④ 参照 11.1.3 节的方法测试这些浏览器对 HTML5 的支持程度，并填写表 T1-2。也可以对你喜欢的其他国内厂商浏览器进行测试。

表 T1-2　　　　　　　　国内厂商的主流浏览器对 HTML5 支持程度的测试结果

浏　览　器	版　　本	得　　分
360 极速浏览器		
QQ 浏览器		
搜狗高速浏览器		
猎豹浏览器		
360 安全浏览器		
傲游浏览器		
百度浏览器		

（2）实现支持进度显示的文件上传

参照下面的步骤练习实现支持进度显示的文件上传。

① 搭建一个 Apache 服务器。

② 参照 11.2.1 小节设计 upload.html 和 upfile.php。然后将 upload.html、upfile.php 和 jquery.js 上传至 Web 服务器上的 Apache 网站根目录下。

③ 在浏览器中访问 upload.html，选择要上传的文件，然后单击"上传文件"按钮，开始上传文件。确认可以看到上传文件的进度。上传文件完成后，确认可以在服务器 Apache 网站根目录的 upload 目录下找到上传的文件。注意，上传的文件不要太大。

（3）jQuery+HTMl5 localstorage 编程

参照下面的步骤练习 jQuery+HTMl5 localstorage 编程。

① 参照【例 11-4】设计网页。

② 浏览该网页，在文本框里填写内容，然后刷新网页，确认填写内容没有丢失。说明文本框里的内容已经保存在 localstorage 里，而且在加载页面时程序会读取 localstorage 数据并显示在文本框和文本区域中。

③ 单击"提交"按钮，然后刷新网页，确认填写内容已经丢失。说明提交表单时，程序已经清空了 localstorage 数据。

（4）Canvas 绘图

参照下面的步骤练习 Canvas 绘图。

① 准备好 jcanvas.min.js 和 jquery.js，并复制到本例的目录下。

② 参照【例 11-6】设计网页，绘制一个绿色的圆形。

③ 参照【例 11-7】实现使用 jCanvas 插件绘制动画。浏览此网页，确认可以绘制一个小型太阳系模型，由地球、月球和太阳组成。在漆黑的夜空中，地球围着太阳转、月球围绕地球转。

（5）基于 HTML5 播放声音的 jQuery 插件 audioPlay

参照下面的步骤练习基于 HTML5 播放声音的 jQuery 插件 audioPlay。

① 准备好 jquery-audioPlay.js 和 jquery.js，并复制到本例的目录下。

② 准备好背景音多媒体文件 beep.mp3 和 beep.ogg，并复制到本例的 media 目录下。

③ 参照【例 11-8】设计网页和 CSS 文件。浏览此网页，确认可以看到一个菜单，鼠标经过菜单时可以播放背景音乐。

（6）使用 jQuery+HTML5+CSS3 设计页面布局

参照下面的步骤练习基于 HTML5 使用 jQuery+HTML5+CSS3 设计页面布局。

① 准备好 jquery.js，并复制到本例的目录下。

② 参照 11.3.1 小节设计网页和 CSS 文件。浏览此网页，确认应用 CSS 样式后的网页如图 11-15 所示。当鼠标快速划过一组菜单项时，菜单项们会纷纷动起来，有的滑出、有的收回。

（7）使用 jQuery+HTML5+CSS3 设计视频播放器

参照下面的步骤练习基于 HTML5 使用 jQuery+HTML5+CSS3 设计视频播放器。

① 准备好 jquery.js，并复制到本例的目录下。

② 参照 11.3.2 小节设计网页和 CSS 文件。浏览此网页，播放视频时如图 11-17 所示。

③ img 目录用于保存视频播放器的控制面板上的控制按钮图片。替换控制按钮图片，然后再浏览页面观察效果。

实验 12 jQuery 特效应用实例

1. 目的和要求

进一步了解 jQuery 特效编程的实际应用，增强实战能力，将本书所学的技术直接应用到实际开发中。

2. 实验准备

了解使用 jQuery 操作 HTML 元素、设置 CSS 样式、制作动画编程以及 HTML5 编程的方法。了解使用 CSS 定义网页显示格式的基本方法。

准备好 jQuery 脚本文件。

3. 实验内容

本实验主要包含以下内容。

- 练习实现图片播放。
- 练习设计菜单和选项卡。
- 实现广告播放。

（1）实现图片播放

参照下面的步骤练习实现图片播放。

① 参照 12.2.1 小节练习实现幻灯片特效。

② 参照 12.2.2 小节练习实现魔幻盒特效。

③ 参照 12.2.3 小节练习实现滚动展示图片。

④ 参照 12.2.4 小节练习实现图片的翻转。

⑤ 参照 12.2.5 小节练习实现幻灯片式画廊。

⑥ 参照 12.2.6 小节练习实现图片的 Blockster 过渡特效。

⑦ 参照 12.2.7 小节练习实现自动滑动播放图片。

（2）设计菜单和选项卡

参照下面的步骤练习设计菜单和选项卡。

① 参照 12.3.1 小节练习设计选项卡和侧边栏菜单。

② 参照 12.3.2 小节练习设计动画菜单。

③ 参照 12.3.3 小节练习设计动画文本和图标菜单。

④ 参照 12.3.4 小节练习设计悬停切换的栏目。

⑤ 参照 12.3.5 小节练习设计悬停下拉菜单。

⑥ 参照 12.3.6 小节练习设计动态导航菜单。

（3）实现广告特效

参照下面的步骤练习实现广告特效。

① 参照 12.4.1 小节练习自定义动画广告条。

② 参照 12.4.2 小节练习设计弹性伸缩广告。

实验 13　jQuery Mobile

1. 目的和要求

（1）了解什么是 jQuery Mobile。

（2）学习引用 jQuery Mobile 开发包的方法。

（3）学习使用 jQuery Mobile 组件。

2. 实验准备

首先要了解 jQuery Mobile 是基于 jQuery 的针对触屏智能手机与平板电脑的 Web 开发框架，是兼容所有主流移动设备平台的、支持 HTML5 的用户界面设计系统。jQuery Mobile 并不是 jQuery 的一部分。

了解 jQuery Mobile 提供一组用于设计移动终端用户界面的组件，包括页面、对话框、工具栏、按钮和列表等。

3. 实验内容

本实验主要包含以下内容。

- 练习编写简单的 jQuery Mobile 程序。
- 练习设计 jQuery Mobile 页面。
- 练习设计 jQuery Mobile 对话框。
- 练习设计 jQuery Mobile 弹出框。
- 练习设计 jQuery Mobile 工具栏。
- 练习设计 jQuery Mobile 按钮。
- 练习设计 jQuery Mobile 列表。

（1）编写简单的 jQuery Mobile 程序

参照下面的步骤练习编写简单的 jQuery Mobile 程序。

① 参照【例 13-1】设计一个 jQuery Mobile 页面。

② 浏览【例 13-1】设计的 jQuery Mobile 页面，确认页面中包含页头、页脚和内容 3 个部分。

（2）设计 jQuery Mobile 页面

参照下面的步骤练习设计 jQuery Mobile 页面。

① 参照【例 13-2】练习定义多个页面。

② 浏览【例 13-2】设计的 jQuery Mobile 页面，确认单击"跳转到页面 2"超链接（按钮），会打开页面 2。单击页面 2 中的"返回页面 1"超链接（按钮），会打开页面 1。

③ 参照【例 13-3】练习显示和隐藏加载网页的对话框。

④ 浏览【例 13-4】设计的 jQuery Mobile 页面，确认页面中定义了 2 个按钮，即"显示加载网页的对话框"按钮和"隐藏加载网页的对话框"按钮。单击"显示加载网页的对话框"按钮时显示加载网页的对话框；单击"隐藏加载网页的对话框"按钮时隐藏加载网页的对话框。

（3）设计 jQuery Mobile 对话框

参照下面的步骤练习设计 jQuery Mobile 对话框。

① 参照【例 13-4】练习定义对话框。

② 将【例 13-4】设计的两个 jQuery Mobile 页面文件上传至 Web 服务器然浏览，确认单击"打开对话框"按钮，就可以打开一个对话框。

③ 单击对话框中的"Close"链接（按钮），确认可以关闭对话框，然后返回主页面。

（4）设计 jQuery Mobile 弹出框

参照下面的步骤练习设计 jQuery Mobile 对话框。

① 参照【例 13-5】练习显示 jQuery Mobile 弹出框的方法。

② 参照【例 13-6】练习设置弹出框的主题的方法。

③ 参照【例 13-7】练习使用 jQuery Mobile 弹出框定义菜单的方法。

④ 参照【例 13-8】练习使用 jQuery Mobile 弹出框嵌套菜单的方法。

⑤ 参照【例 13-9】练习使用 jQuery Mobile 弹出框定义对话框的方法。

⑥ 参照【例 13-10】练习使用 jQuery Mobile 弹出框定义表单的方法。

（5）设计 jQuery Mobile 工具栏

参照下面的步骤练习设计 jQuery Mobile 工具栏。

① 参照【例 13-11】练习在页头工具栏中定义按钮的方法。

② 参照【例 13-12】练习在页脚工具栏中定义按钮的方法。

③ 参照【例 13-13】练习在导航条工具栏中定义按钮的方法。

④ 参照【例 13-14】和【例 13-15】练习设计导航条工具栏的方法。

⑤ 参照【例 13-16】练习在页头和页脚中定义导航条工具栏的方法。

（6）设计 jQuery Mobile 按钮

参照下面的步骤练习设计 jQuery Mobile 按钮。

① 参照【例 13-17】练习在按钮中显示各种图标的方法。

② 参照【例 13-18】练习定义内联按钮的方法。

③ 参照【例 13-19】练习定义分组按钮的方法。

（7）设计 jQuery Mobile 列表

参照下面的步骤练习设计 jQuery Mobile 列表。

① 参照【例 13-20】练习定义列表的方法。

② 参照【例 13-21】练习定义带图片的列表的方法。

附录 2
jQuery 常用工具函数

本附录列举一些 jQuery 的常用工具函数及其功能和基本用法，如表 T2-1 所示，以便读者在需要时参考。

表 T2-1　　　　　　　　　　　　　　　jQuery 常用工具函数

函　　数	具体功能
$.trim()	去除字符串两端的空格
$.each (collection, callback(indexInArray, valueOfElement))	遍历一个数组或对象。参数说明如下。 • collection：需要遍历的数组或对象。 • callback：对遍历到的对象执行的函数
$.inArray()	返回一个值在数组中的索引位置。如果该值不在数组中，则返回-1
$.grep((array, function(elementOfArray, indexInArray) [, invert])	返回数组中符合某种标准的元素。参数说明如下。 • array：需要遍历的数组。 • function(elementOfArray, indexInArray)：对遍历到的数组执行的函数，该函数返回一个布尔值。 • invert：可选参数。如果为 false 或不提供，则$.grep()函数返回的数组包含所有调用 function 函数返回 true 的元素，否则$.grep()函数返回的数组包含所有调用 function 函数返回 false 的元素
$.extend(target [, object1] [, objectN])	将多个对象合并到第一个对象，参数说明如下。 • target：用于接受新属性生成的对象。 • [, object1] [, objectN]：用于合并的对象
$.makeArray(obj)	将对象转化为数组
$.type(obj)	判断对象的类别（函数对象、日期对象、数组对象、正则对象等）
$.isArray(obj)	判断某个参数是否为数组
$.isEmptyObject(obj)	判断某个对象是否为空（不含有任何属性）
$.isFunction(obj)	判断参数是否为函数
$.isPlainObject(obj)	判断参数是否为用 "{}" 或 "new Object" 建立的对象
$.support()	判断浏览器是否支持某个特性